U0281584

高等学校碳中和城市与低碳建筑设计系列教材
高等学校土建类专业课程教材与教学资源专家委员会规划教材
碳中和城市与绿色智慧建筑系列教材
教育部高等学校建筑类专业教学指导委员会规划推荐教材

丛书主编　刘加平　王建国

建筑碳中和概论

General Introduction to Carbon Neutrality in Buildings

刘加平　主编

中国建筑工业出版社

图书在版编目（CIP）数据

建筑碳中和概论 = General Introduction to
Carbon Neutrality in Buildings / 刘加平主编 .
北京：中国建筑工业出版社，2024. 9. -- （高等学校
碳中和城市与低碳建筑设计系列教材 / 刘加平主编）（
高等学校土建类专业课程教材与教学资源专家委员会规划
教材）（碳中和城市与绿色智慧建筑系列教材 / 王建国
主编）等 . -- ISBN 978-7-112-30268-0

Ⅰ . F426.9

中国国家版本馆 CIP 数据核字第 2024EV6247 号

策　　划：陈　桦　柏铭泽
责任编辑：柏铭泽　陈　桦
责任校对：张惠雯

高等学校碳中和城市与低碳建筑设计系列教材
高等学校土建类专业课程教材与教学资源专家委员会规划教材
碳中和城市与绿色智慧建筑系列教材
教育部高等学校建筑类专业教学指导委员会规划推荐教材
丛书主编　刘加平　王建国

建筑碳中和概论

General Introduction to Carbon Neutrality in Buildings

刘加平　主编

*

中国建筑工业出版社出版、发行（北京海淀三里河路9号）
各地新华书店、建筑书店经销
北京海视强森图文设计有限公司制版
北京中科印刷有限公司印刷

*

开本：787毫米 × 1092毫米　1/16　印张：18　字数：342千字
2024 年 9 月第一版　2024 年 9 月第一次印刷
定价：59.00元（赠教师课件）
ISBN 978-7-112-30268-0
（43657）

《高等学校碳中和城市与低碳建筑设计系列教材》编审委员会

《碳中和城市与绿色智慧建筑系列教材》编审委员会

《高等学校碳中和城市与低碳建筑设计系列教材》

总序

党的二十大报告中指出要“积极稳妥推进碳达峰碳中和，推进工业、建筑、交通等领域清洁低碳转型”，同时要“实施城市更新行动，加强城市基础设施建设，打造宜居、韧性、智慧城市”，并且要“统筹乡村基础设施和公共服务布局，建设宜居宜业和美乡村”。中国建筑节能协会的统计数据表明，我国2020年建材生产与施工过程碳排放量已占全国总排放量的29%，建筑运行碳排放量占22%。提高城镇建筑宜居品质、提升乡村人居环境质量，还将会提高能源等资源消耗，直接和间接增加碳排放。在这一背景下，碳中和城市与低碳建筑设计作为实现碳中和的重要路径，成为摆在我们面前的重要课题，具有重要的现实意义和深远的战略价值。

建筑学（类）学科基础与应用研究是培养城乡建设专业人才的关键环节。建筑学的演进，无论是对建筑设计专业的要求，还是建筑学学科内容的更新与提高，主要受以下三个因素的影响：建筑设计外部约束条件的变化、建筑自身品质的提升、国家和社会的期望。近年来，随着绿色建筑、低能耗建筑等理念的兴起，建筑学（类）学科教育在课程体系、教学内容、实践环节等方面进行了深刻的变革，但仍存在较大的优化和提升空间，以顺应新时代发展要求。

为响应国家“3060”双碳目标，面向城乡建设“碳中和”新兴产业领域的人才培养需求，教育部进一步推进战略性新兴领域高等教育教材体系建设工作。旨在系统建设涵盖碳中和基础理论、低碳城市规划、低碳建筑设计、低碳专项技术四大模块的核心教材，优化升级建筑学专业课程，建立健全校内外实践项目体系，并组建一支高水平师资队伍，以实现建筑学（类）学科人才培养体系的全面优化和升级。

“高等学校碳中和城市与低碳建筑设计系列教材”正是在这一建设背景下完成的，共包括18本教材，其中，《低碳国土空间规划概论》《低碳城市规划原理》《建筑碳中和概论》《低碳工业建筑设计原理》《低碳公共建筑设计原理》这5本教材属于碳中和基础理论模块；《低碳城乡规划设计》《低碳城市规划工程技术》《低碳增汇景观规划设计》这3本教材属于低碳城市规划模块；《低碳教育建筑设计》《低碳办公建筑设计》《低碳文体建筑设计》《低碳交通建筑设计》《低碳居住建筑设计》《低碳智慧建筑设计》这6本教材属于低碳建筑设计模块；《装配式建筑设计概论》《低碳建筑材料与构造》《低碳建筑设备工程》《低碳建筑性能模拟》这4本教材属于低碳专项技术模块。

本系列丛书作为碳中和在城市规划和建筑设计领域的重要研究成果，涵盖了从基础理论到具体应用的各个方面，以期为建筑学（类）学科师生提供全面的知识体系和实践指导，推动绿色低碳城市和建筑的可持续发展，培养高水平专业人才。希望本系列教材能够为广大建筑学子带来启示和帮助，共同推进实现碳中和城市与低碳建筑的美好未来！

刘加平

丛书主编、西安建筑科技大学建筑学院教授、中国工程院院士

《碳中和城市与绿色智慧建筑系列教材》

总序

建筑是全球三大能源消费领域（工业、交通、建筑）之一。建筑从设计、建材、运输、建造到运维全生命周期过程中所涉及的“碳足迹”及其能源消耗是建筑领域碳排放的主要来源，也是城市和建筑碳达峰、碳中和的主要方面。城市和建筑“双碳”目标实现及相关研究由2030年的“碳达峰”和2060年的“碳中和”两个时间节点约束而成，由“绿色、节能、环保”和“低碳、近零碳、零碳”相互交织、动态耦合的多途径减碳递进与碳中和递归的建筑科学迭代进阶是当下主流的建筑类学科前沿科学研究领域。

本系列教材主要聚焦建筑类学科专业在国家“双碳”目标实施行动中的前沿科技探索、知识体系进阶和教学教案变革的重大战略需求，同时满足教育部碳中和新兴领域系列教材的规划布局和“高阶性、创新性、挑战度”的编写要求。

自第一次工业革命开始至今，人类社会正在经历一个巨量碳排放的时期，碳排放导致的全球气候变暖引发一系列自然灾害和生态失衡等环境问题。早在20世纪末，全球社会就意识到了碳排放引发的气候变化对人居环境所造成的巨大影响。联合国政府间气候变化专门委员会（IPCC）自1990年始发布五年一次的气候变化报告，相关应对气候变化的《京都议定书》（1997）和《巴黎气候协定》（2015）先后签订。《巴黎气候协定》希望2100年全球气温总的温升幅度控制在1.5℃，极值不超过2℃。但是，按照现在全球碳排放的情况，那2100年全球温升预期是2.1~3.5℃，所以，必须减碳。

2020年9月22日，国家主席习近平在第七十五届联合国大会向国际社会郑重承诺，中国将力争在2030年前达到二氧化碳排放峰值，努力争取在2060年前实现碳中和。自此，“双碳”目标开始成为我国生态文明建设的首要抓手。党的二十大报告中提出，“积极稳妥推进碳达峰碳中和，立足我国能源资源禀赋，坚持先立后破，有计划分步骤实施碳达峰行动，深入推进能源革命……”，传递了党中央对我国碳达峰、碳中和的最新战略部署。

国务院印发的《2030年前碳达峰行动方案》提出，将碳达峰贯穿于经济社会发展全过程和各方面，重点实施“碳达峰十大行动”。在“双碳”目标战略时间表的控制下，建筑领域作为三大能源消费领域（工业、交通、建筑）之一，尽早实现碳中和对于“双碳”目标战略路径的整体实现具有重要意义。

为贯彻落实国家“双碳”目标任务和要求，东南大学联合中国建筑出版传媒有限公司，于2021年至2022年承担了教育部高等教育司新兴领域教材研究与实践项目，就“碳中和城市与绿色智慧建筑”教材建设开展了研究，初步架构了该领域的知识体系，提出了教材体系建设的全新框架和编写思路等成果。2023年3月，教育部办公厅发布《关于组织开展战略性新兴领域“十四五”高等教育教材体系建设工作的通知》（以下简称《通知》），《通知》中明确提出，要充分发挥“新兴领域教材体系建设研究与实践”项目成果作用，以《战略性新兴领域规划教材体系建议目录》为基础，开展专业核心教材建设，并同步开展核心课程、重点实践项目、高水平教学团队建设工作。课题组与教材建设团队代表于2023年4月8日在东南大学召开系列教材的编写启动会议，系列教材主编、中国工程院院士、东南大学建筑学院教授王建国发表系列教材整体编写指导意见；中国工程院院士、西安建筑科技大学教授刘加平和中国工程院院士、清华大学教授庄惟敏分享分册编写成果。编写团队由3位院士领衔，8所高校和3家企业的80余位团队成员参与。

2023年4月，课题团队向教育部正式提交了战略性新兴领域“碳中和城市与绿色智慧建筑系列教材”建设方案，回应国家和社会发展实施碳达峰碳中和战略的重大需求。2023年11月，由东南大学王建国院士牵头的未来产业（碳中和）板块教材建设团队获批教育部战略性新兴领域“十四五”高等教育教材体系建设团队，建议建设系列教材16种，后考虑跨学科和知识体系完整性增加到20种。

本系列教材锚定国家“双碳”目标，面对建筑类学科绿色低碳知识体系更新、迭代、演进的全球趋势，立足前沿引领、知识重构、教研融合、探索开拓的编写定位和思路。教材内容包含了碳中和概念和技术、绿色城市设计、低碳建筑前策划后评估、绿色低碳建筑设计、绿色智慧建筑、国土空间生态资源规划、生态城区与绿色建筑、城镇建筑生态性能改造、城市建筑智慧运维、建筑碳排放计算、建筑性能智能化集成以及健康人居环境等多个专业方向。

教材编写主要立足于以下几点原则：一是根据教育部碳中和新兴领域系列教材的规划布局和“高阶性、创新性、挑战度”的编写要求，立足建筑类专业本科生高年级和研究生整体培养目标，在原有课程知识课堂教授和实验教学基础上，专门突出了碳中和新兴领域学科前沿最新内容；二是注意建筑类专业中“双碳”目标导向的知识体系建构、教授及其与已有建筑类相关课程内容的差异性和相关性；三是突出基本原理讲授，合理安排理论、方法、实验和案例分析的内容；四是强调理论联系实际，强调实践案例和翔实的示范作业介绍。总体力求高瞻远瞩、科学合理、可教可学、简明实用。

本系列教材使用场景主要为高等学校建筑类专业及相关专业的碳中和新兴学科知识传授、课程建设和教研学产融合的实践教学。适用专业主要包括建筑学、城乡规划、风景园林、土木工程、建筑材料、建筑设备，以及城市管理、城市经济、城市地理等。系列教材既可以作为教学主干课使用，也可以作为上述相关专业的教学参考书。

本教材编写工作由国内一流高校和企业的院士、专家学者和教授完成，他们在相关低碳绿色研究、教学和实践方面取得的先期领先成果，是本系列教材得以顺利编写完成的重要保证。作为新兴领域教材的补缺，本系列教材很多内容属于全球和国家双碳研究和实施行动中比较前沿且正在探索的内容，尚处于知识进阶的活跃变动期。因此，系列教材的知识结构和内容安排、知识领域覆盖、全书统稿要求等虽经编写组反复讨论确定，并且在较多学术和教学研讨会上交流，吸收同行专家意见和建议，但编写组水平毕竟有限，编写时间也比较紧，不当之处甚或错误在所难免，望读者给予意见反馈并及时指正，以使本教材有机会在重印时加以纠正。

感谢所有为本系列教材前期研究、编写工作、评议工作、教案提供、课程作业作出贡献的同志以及参考文献作者，特别感谢中国建筑出版传媒有限公司的大力支持，没有大家的共同努力，本系列教材在任务重、要求高、时间紧的情况下按期完成是不可能的。

是为序。

王建國

丛书主编、东南大学建筑学院教授、中国工程院院士

前言

全球气候的变化引起了国际社会的广泛关注。科学研究证明，人类活动引起的温室气体排放是导致地球气温上升，引发冰川消融、极端天气、生物多样性锐减、生态系统功能紊乱等后果的主要原因，气候变化给当前和未来人类社会带来了严重的负面影响和威胁。面对这一全球性的挑战，人们逐渐意识到必须采取积极的应对措施才有可能减缓气候变化。在此背景下，“碳中和”这一概念应运而生，成为全球关注的焦点。

建筑业是我国国民经济碳排放的四个主要（能源、工业、交通、建筑）领域之一。二十大报告对新时期城乡建设提出了新的要求，一是积极稳妥推进碳达峰碳中和，推进工业、建筑、交通等领域清洁低碳转型；二是打造宜居、韧性、智慧城市及建设宜居宜业和美乡村。实施建筑碳中和需要综合考虑建筑物的整个生命周期，从设计、建造、使用到拆除和废弃阶段。建筑运行时的能源消耗、物质资源消耗、气固液态污染物、废弃物排放等均会产生二氧化碳（CO_2），从专业分工和建筑全生命周期角度来看，运行使用阶段的能耗占比最高，节约的潜力也最大。

减少建筑物运行过程碳排放极其困难。建筑运行过程的碳排放量，与每一栋建筑物的形体、空间组织方式、围护结构热性能密切相关（客观）；同时也与每一位建筑使用者的行为方式密切相关（主观）。建筑供暖、通风、空调、照明等用能和碳排放，单位时间、单位建筑面积的碳排放量很小，但总量很大。全国超过 650 亿 m^2 建筑，2020 年排放总量 21.7 亿 t（占比约 22%），所以，减少建筑运行碳排放，需要从设计建造好每一栋建筑做起。

建筑碳中和概论是低碳建筑设计的科学基础。掌握一定的建筑碳中和知识，可保证在降低建筑碳排放同时营造出舒适的室内热环境，同时对提高低碳建筑设计质量、推进建筑领域清洁低碳转型具有重大意义。在专业教育中，应加强建筑碳中和相关知识的教学工作；在设计工作中，应充分应用低碳建筑技术。长期以来，尽管学界一再强调重视绿色低碳建筑高质量发展，但少有相关教材问世。

“碳中和”涉及领域太多、专业太多，因此，本教材从一般意义的碳中和内容出发，重点聚焦建筑碳中和。教材介绍了碳达峰与碳中和背景，明确国家“双碳”目标重大需求，全球气候变化现象、效应、影响因素，温室气体排放与全球气候变化关系，应对气候变化的主要途径、减排措施及相关政策；使学生正确认知相关概念，掌握建筑全生命周期各阶段碳排放现状及减排措施与技术，了解建筑碳排放的时间与空间分布特征，分析地域气候与建筑类型、建筑节能设计因素、建筑节能技术因素及建筑结构与材料因素对建筑碳排放的影响；了解低碳建筑各类技术的基本原理、基本方法和应用手段，熟悉低碳建筑评估相关标准，掌握建筑碳排放计算及定量分析方法，并进一步了解低碳建筑碳排放相关计算工具及软件，初探低碳社区发展及理论、国内外低碳社区评价体系及社区低碳更新策略；最终以三个建筑碳中和指引下的建筑设计工程案例解析为低碳 / 零碳建筑设计提供方法和依据。

本书由刘加平院士主编。

具体编写分工如下：

刘加平院士承担了本教材的策划、统筹、审阅和第 1 章的编写工作；

杨雯承担了第 1 章、第 2 章、第 3 章、第 6 章的编写以及附录的编辑和范图制作等；

董晓承担了第 7 章、第 9 章的编写；

何文芳承担了第 5 章、第 8 章的编写；

邓新梅承担了第 4 章、第 8 章的编写；

王雪承担了第 5 章的编写；

杨雯负责全书统稿。

除此之外，本教材在编写、插图制作、数字资源开发和在线课程制作期间，得到了以下师生、兄弟院校、相关单位的大力支持和参与，在此一并致以诚挚的谢意：

绿色建筑全国重点实验室，中国 21 世纪议程管理中心，清华大学气候变化与可持续发展研究院，清华大学建筑节能研究中心，中国建筑节能协会建筑能耗与碳排放数据专业委员会，中国建筑科学研究院有限公司，中国建筑标准设计研究院有限公司，中国建筑节能协会等；东南大学建筑学院张彤、韩冬青、鲍莉、吴刚等；西安建筑科技大学王怡、雷振东、叶飞、杨柳、刘艳峰、王登甲、王莹莹、刘衍等；中国建筑工业出版社陈桦、柏铭泽等；西安建筑科技大学建筑学院硕士研究生李朝明、周成彦、文均、史子涵、张冠杰等；长安大学建筑学院博士研究生于德海、童海燕等。

以及其他提供过帮助的人士，恕未能一一列举。

目录

扫码下载本书附录。

为了更好地支持相应课程的教学，我们向采用本书作为教材的教师提供课件，有需要者可与出版社联系。
建工书院：https://edu.cabplink.com
邮箱：jckj@cabp.com.cn 电话：（010）58337285

第1章 绪论

> ➢ 为什么要提出碳达峰及碳中和?
> ➢ 碳排放一定与经济发展水平呈正相关吗?
> ➢ 建筑是怎么排放 CO_2（二氧化碳）的?

本章整体知识框架，如图 1-1 所示。

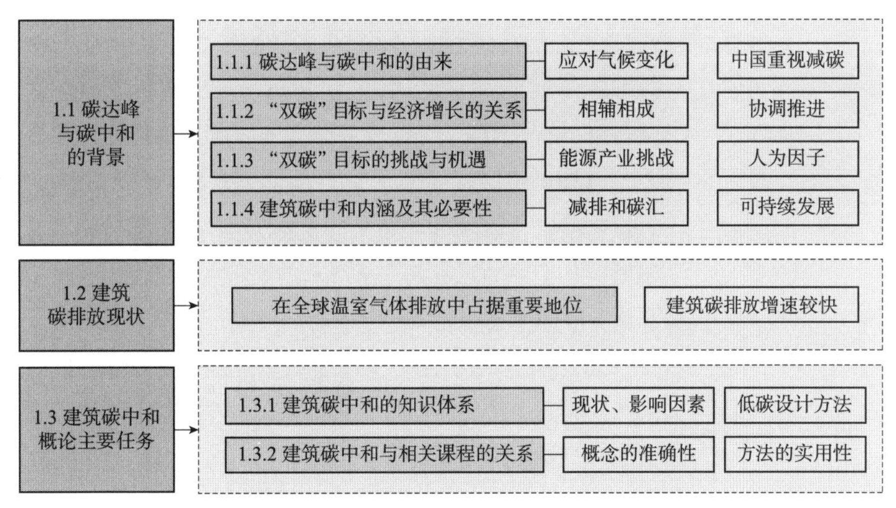

图 1-1　第 1 章知识框架图

1.1 碳达峰与碳中和的背景

近年来，全球气候变化引起了国际社会的广泛关注。科学研究表明，温室气体的大量排放导致地球气温上升，引发了极端天气事件、海平面上升、生物多样性受损等严重后果，给人类社会和生态系统带来了巨大威胁。面对这一全球性的挑战，国际社会开始意识到必须采取积极的行动来减缓气候变化的影响。在此背景下，“碳达峰”和“碳中和”这两个概念应运而生，成为全球关注的焦点。

在过去几十年里，全球工业化和经济发展导致了大量的温室气体排放，尤其是 CO_2（二氧化碳）的排放。科学家们警告，如果继续保持高水平的排放，地球将继续面临气候变化的严重威胁。为了控制气候变暖的速度，各国开始制定碳达峰目标，即在特定时间内温室气体排放量达到峰值后开始逐渐减少。这意味着各国需要采取措施来改变其能源结构，提高能源利用效率，减少对化石燃料的依赖，推动清洁能源的发展。

我国积极应对气候变化提出碳达峰、碳中和目标的原因：一方面是我国实现可持续发展的内在要求，是加强生态文明建设、实现美丽中国目标的重要抓手；另一方面积极应对气候变化也是我国履行国际责任、推动构建人类命运共同体的责任担当。

2020 年 9 月 22 日，习近平主席在第七十五届联合国大会一般性辩论上讲话时郑重宣布：“中国将提高国家自主贡献力度，采取更加有力的政策和措施，二氧化碳排放力争于 2030 年前达到峰值，努力争取 2060 年前实现碳中和。”[①] 这是中国在碳达峰、碳中和上对世界的庄严承诺，体现了大国的担当。

在联合国生物多样性峰会、第三届巴黎和平论坛、金砖国家领导人第十二次会晤、二十国集团领导人利雅得峰会、气候雄心峰会、世界经济论坛“达沃斯议程”对话会、中法德领导人视频峰会、领导人气候峰会等会议上，习近平主席再三强调了中国实现碳达峰、碳中和目标的决心。这不仅描绘了中国未来实现绿色低碳高质量发展的蓝图，也为落实《巴黎协定》、推进全球气候治理进程注入了强大的政治推动力。

1.1.1 碳达峰与碳中和的由来

碳达峰是指全球、国家、城市、企业等主体的碳排放在由升转降的过程中，碳排放的最高点即碳峰值。大多数发达国家已经实现碳达峰，碳排放进入下降通道。我国目前碳排放虽然比 2000—2010 年的快速增长期增速放缓，但仍呈增长态势，尚未达峰。

---

① 新华社．习近平在第七十五届联合国大会一般性辩论上的讲话 [EB]. 中国政府网，2020-09-22.

碳中和是指人为排放源与通过植树造林、碳捕集与封存（Carbon Capture Storage，CCS）技术等人为碳吸收汇达到平衡。碳中和目标可以设定在全球、国家、城市、企业活动等不同层面，狭义指 CO_2 排放，广义也可指所有温室气体排放。对于 CO_2，碳中和与净零碳排放概念基本可以通用，但对于非 CO_2 类温室气体，情况比较复杂。由于 CH_4（甲烷）是短寿命的温室气体，只要排放稳定，不需要零排放，长期来看也不会对气候系统造成影响。

根据 2020 年 12 月全球碳项目（Global Carbon Project，GCP）发布的《2020 年全球碳预算》报告估计，陆地和海洋大约吸收了全球 54% 的碳排放，那么是否全球减排一半就可以实现碳中和了呢？答案是否定的。需要特别强调的是，碳中和目标的碳吸收汇只包括通过植树造林、森林管理等人为活动增加的碳汇，而不是自然碳汇，也不是碳汇的存量。海洋吸收 CO_2 造成海洋的不断酸化，对海洋生态系统造成不利影响。陆地生态系统自然吸收的 CO_2 是碳中性的，并非永久碳汇。如森林生长期吸收碳，成熟期吸收能力下降，死亡腐烂后 CO_2 重新排放到空气中。一场森林大火还可能将森林储存的碳变为 CO_2 快速释放。因此，人为排放到大气中的 CO_2 必须通过人为增加的碳吸收汇清除，才能达到碳中和。

传统工业化的经济发展模式本质上是一种高碳经济，这就带来了 CO_2 的过量排放。我国是在人口数量巨大、人均收入低、能源强度大、能源结构不合理的背景下实现经济高速发展的，这就使得我国的资源和环境严重透支。要不断降低碳排放量，尽早实现碳达峰、碳中和，就必须建立健全绿色低碳循环发展经济体系，促进经济社会发展全面绿色转型，这是解决我国资源环境生态问题的基础之策。

中国历来高度重视气候变化问题，是最早制定实施应对气候变化国家方案的国家之一，主动承担相应责任，并积极参与国际对话，努力推动全球气候谈判。我国早在 1994 年就发布了《中国 21 世纪议程——中国 21 世纪人口、环境与发展白皮书》，2007 年制定了《中国应对气候变化国家方案》，2008 年发布了《中国应对气候变化的政策与行动》白皮书，2013 年制定了《国家适应气候变化战略》，2014 年发布了《国家应对气候变化规划（2014—2020 年）》，2015 年向《联合国气候变化框架公约》秘书处提交了《强化应对气候变化行动——中国国家自主贡献》文件，2016 年签署了《巴黎协定》，2016 年发布了《中国落实 2030 年可持续发展议程国别方案》，2021 年 3 月，十三届全国人大四次会议表决通过的《中华人民共和国国民经济和社会发展第十四个五年规划和 2035 年远景目标纲要》明确提出落实 2030 年应对气候变化国家自主贡献目标和制定 2030 年前碳排放达峰行动方案，2022 年印发了《国家适应气候变化战略 2035》。在积极参与气候变化国际谈判的同时，中国还通过切实行动推动和引导建立公平合理、合作共赢的全球气候治理体系，推动构建人类命运共同体。

为了完成全球最高碳排放强度降幅，用历史上最短的时间实现从碳达峰到碳中和，中国已经作了大量有效的工作。截至 2020 年底，中国碳强度较 2005 年降低约 48.4%，非化石能源占一次能源消费比例达 15.9%，大幅超额完成 2020 年气候行动目标。中国力争于 2030 年前 CO_2 排放达到峰值，努力争取 2060 年前实现碳中和。到 2030 年，中国单位国内生产总值 CO_2 排放将比 2005 年下降 65% 以上，非化石能源占一次能源消费比例将达到 25% 左右，森林蓄积量将比 2005 年增加 60 亿 m^3，风电、太阳能发电总装机容量将达到 12 亿 kW 以上。中国将坚定不移推进应对气候变化工作，一如既往落实《联合国气候变化框架公约》和《巴黎协定》，持续推动气候多边进程，为应对全球气候变化、构建人类命运共同体贡献中国力量。气候行动不仅不会阻碍经济发展，还能实现协同增效。目前最重要的任务是实现能源体系的低碳转型，将碳达峰和碳中和目标与经济社会发展、生态环境保护及能源革命目标结合起来，实现绿色、低碳、循环的高质量协同发展。

1.1.2 “双碳”目标与经济增长的关系

我国的“双碳”目标与经济增长之间存在着密切的关系。长期以来，我国一直致力于经济的快速增长和发展，但这也伴随着高能耗和高排放的现象。为了实现“双碳”目标，我国必须在经济增长与碳减排之间找到一种平衡，如图 1-2 所示。

为实现中华民族伟大复兴，党对我国社会主义发展作出了多次战略安排。1987 年 10 月，党的十三大首次将“三步走”战略目标明确为经济建

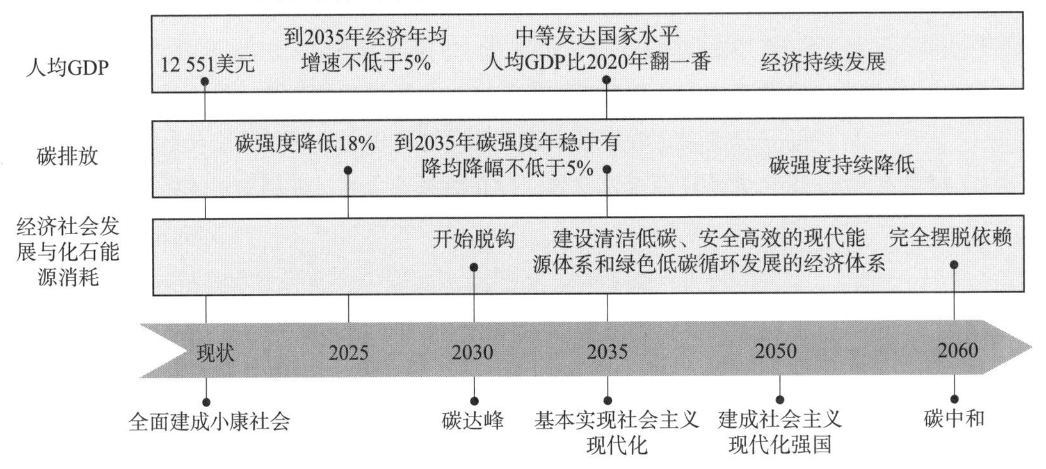

图 1-2 “双碳”目标与经济增长的关系
（图片来源：根据中国 21 世纪议程管理中心资料，整理改绘）

设目标：第一步，从1981年到1990年实现国内生产总值比1980年翻一番，解决人民的温饱问题；第二步，从1991年到20世纪末，使国内生产总值再翻一番，达到小康水平；第三步，到21世纪中叶，国内生产总值再翻两番，达到中等发达国家水平，基本实现现代化。1997年9月，党的十五大把第三步战略目标进一步具体化，提出了三个阶段性目标：第一步，21世纪第一个10年，实现国内生产总值比2000年翻一番，使人民的小康生活更加富裕，形成比较完善的社会主义市场经济体制；第二步，再经过10年的努力，到中国共产党建党100周年时，使国民经济更加发展，各项制度更加完善；第三步，到21世纪中叶中华人民共和国成立100周年时，基本实现现代化，建成富强民主文明的社会主义国家，从而使“三步走”的战略和步骤更加具体明确。2017年11月，党的十九大又将第二个百年奋斗目标细分为两个阶段来实现，并提出了具体时间表：第一个阶段，从2020年到2035年，在全面建成小康社会的基础上，再奋斗15年，基本实现社会主义现代化；第二个阶段，从2035年到本世纪中叶，在基本实现现代化的基础上，再奋斗15年，把我国建成富强民主文明和谐美丽的社会主义现代化强国。目前，我国正处于全面建成小康社会初期，为实现建成社会主义现代化强国目标，必须在减碳减排的同时保持社会的稳步发展。

我国的发展战略需求要求我国经济持续增长。2022年，我国人均国内生产总值（GDP）为12 700美元，经济增长总体稳定、具有持续增长的态势，虽然增速逐渐放缓，但仍保持在相对较高的水平。为实现2035年人均GDP比2020年翻一番的目标，到2035年经济年均增速不应低于5%，且在之后要保持持续增长。

然而，为了实现2020年习近平主席在第七十五届联合国大会上宣布的中国2030年前碳达峰、2060年前碳中和的“双碳”目标，到2035年，在保持经济增速的同时，我国碳强度年均降幅不得低于5%。

能源结构、能源利用效率是碳排放的重要影响因素。通过能源结构转型和提高能源利用效率，可以减少化石燃料的消耗，降低碳排放强度，从而有助于实现碳达峰与碳中和目标。这不仅对应对气候变化具有重要意义，还可以促进经济可持续发展，提高能源安全性，并推动清洁能源产业的发展。为实现“双碳”目标，我国必须建设清洁低碳、安全高效的现代化能源体系和绿色低碳循环发展的经济体系，以期完全摆脱化石能源依赖。

总体而言，“双碳”目标与经济增长并非相互排斥，而是相辅相成的关系。实施“双碳”目标可以促进中国经济的转型升级，推动绿色技术的创新和应用，为未来可持续发展奠定基础。然而，在实现“双碳”目标的过程中，需要在政策制定和执行方面找到平衡，确保经济增长和碳减排的双重目标得到协调推进。

1.1.3 双碳目标的挑战与机遇

在碳达峰到碳中和的时间方面，我国明显短于其他国家，如图1-3所示。虽然受我国发展阶段的限制，导致我国碳达峰时间较欧美更晚，但我国碳达峰到碳中和的进程在全球范围内可以说是相对迅速的。我国宣布的碳达峰目标是在2030年，碳中和目标是2060年，这就意味着我国计划在30年的时间内实现由最大碳排放到零碳排放的转变。欧盟于1979年已实现碳达峰，美国于2007年实现碳达峰，二者碳达峰的时间明显早于中国。但美国和欧盟均宣布预计到2050年实现碳中和，就碳达峰到碳中和的时间来看，欧盟为71年，美国为43年，二者均明显长于中国。

由于我国是世界上较大的碳排放国之一，且碳中和将导致整个能源体系和产业体系发生颠覆性变革，因此我国实现“双碳”目标仍然具有挑战性：

（1）能源结构转型的挑战：我国目前仍然依赖化石燃料，尤其是煤炭，将其作为主要能源来源。实现“双碳”目标需要大规模推进清洁能源的开发和利用，减少对化石燃料的依赖。这需要投入大量资金和技术来推动能源结构转型，并确保清洁能源的稳定供应。

（2）产业结构调整的挑战：我国经济的快速发展导致了大量高能耗、高排放的行业的发展，如钢铁、水泥、化工等。实现“双碳”目标需要对这些行业进行结构调整和技术升级，以降低它们的碳排放强度。这可能涉及资源调配、技术创新和转型支持等方面的挑战。

（3）区域差异和社会包容性的挑战：我国地域广大，不同地区的经济发展水平和能源结构存在差异。一些发达地区已经在能源转型方面取得了进

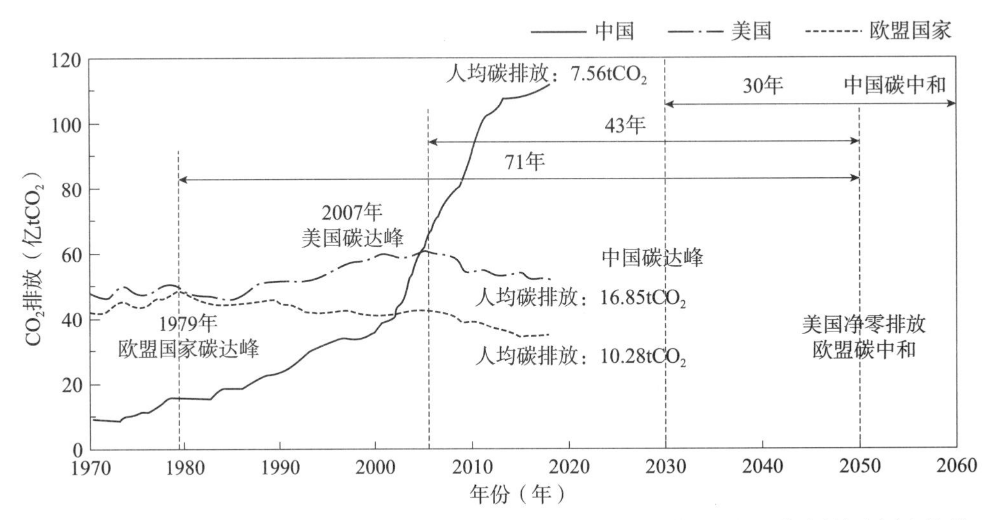

图1-3 中国、美国及欧盟国家碳达峰到碳中和的时间
（图片来源：根据中国21世纪议程管理中心资料，整理改绘）

展，但一些贫困地区面临更大的挑战。确保“双碳”目标的实现不仅要考虑经济效益，还要兼顾区域发展平衡和社会公平。

实现“双碳”目标为我国的可持续发展提供了方向和动力，并促进了相关产业和领域的发展，为我国带来了新的机遇：

（1）“换道超车”发展范式转变：在第一次工业革命与第二次工业革命时期，我国错过了与欧洲和北美等地同时进行工业化的进程。虽然，党和政府、企业在近几十年来已经取得了巨大进步，但在一些领域我国始终落后于西方国家。在“双碳”目标下的新一轮能源革命中，我国政府和社会各界对于清洁能源和可持续发展的重视程度不断提高，有望在此次新的能源革命中实现“换道超车”。

（2）健康和环境改善：实现“双碳”目标将减少污染物的排放和对环境的破坏，促进空气质量的改善，改善人民的生活质量和健康状况。这将带来社会效益，提高人民的幸福感和生活品质。

（3）技术创新和研发投资：实现“双碳”目标需要在能源、环境和气候领域进行大量的技术创新和研发。这将激励企业和研究机构加大投资，推动新技术的出现和应用，如可再生能源技术、高效能源利用技术、碳捕捉利用储存（Carban Capture Utilization and Storage，CCUS）技术等。这将为企业提供商机，并带动相关产业链的发展。

1.1.4 建筑碳中和内涵及其必要性

建筑碳中和是指通过采取一系列措施，以抵消建筑碳排放所产生的温室气体排放量。它的目标是实现建筑行业的碳中和，即在建筑物的整个生命周期内对碳排放实现零净排放。

实施建筑碳中和需要综合考虑建筑物的整个生命周期，从设计、建造、使用到拆除和废弃阶段。这需要建筑业各个环节的合作，包括建筑师、开发商、施工方、能源供应商等，以确保减排措施的有效实施和碳抵消的可靠性。它包括以下两个关键步骤。

（1）减少碳排放：建筑行业可以通过采取节能建筑设计和技术、提高能源利用效率、使用低碳材料、推广可再生能源等措施，尽量减少建筑碳排放量。以上目标可通过改进建筑设计、施工和运行过程，以及优化能源使用和管理来实现。

（2）碳抵消：对于无法避免或减少的碳排放，建筑行业可以通过采取碳抵消措施来抵消这部分排放。碳抵消是通过在其他地方实施减排项目或提供碳汇，来抵消建筑碳排放所产生的温室气体，包括植树造林、森林保护、可再生能源项目、碳捕捉和储存技术等。

建筑碳中和的必要性在于助力建筑行业实现可持续发展和应对气候变化的目标。通过减少和抵消碳排放，建筑行业可以减少对气候变化的负面影响，为低碳经济和绿色建筑的发展作出贡献，表现在以下三方面。

（1）推动可持续发展：建筑业是全球温室气体排放的主要来源之一，通过建筑碳中和研究，可以探索和开发创新的技术和方法，以减少建筑行业的碳排放，推动建筑行业朝向可持续发展转型。通过减少碳排放，建筑业可以降低对资源的依赖、减少能源消耗，同时改善环境质量和人类居住条件。碳中和研究为建筑行业提供了实现可持续发展目标的科学依据和技术支持。

（2）促进创新与技术进步：碳中和研究推动了建筑行业的创新和技术进步。通过研究和开发新的建筑材料、节能技术和智能建筑解决方案，可以提高建筑能效、降低碳排放，并为建筑行业带来更高的经济效益和可持续发展。

（3）有利于绿色建筑标准的制定：建筑碳中和研究对于制定和推广绿色建筑标准具有重要意义。绿色建筑标准要求建筑在设计、建造和运行阶段都要考虑碳排放的减少。通过研究和评估碳中和技术和方法的有效性，可以为绿色建筑的标准制订提供科学依据，推动建筑行业向更可持续的方向发展。

1.2 建筑碳排放现状

建筑碳排放是指建筑行业在建筑物的整个生命周期中产生的温室气体（主要是 CO_2）排放量，以 CO_2 当量表示。它包括建材生产及运输、建造及拆除、运行阶段产生的温室气体排放。

建筑碳排放在全球温室气体排放中占据重要地位。建筑碳排放自 2000 年以来持续增长，主要受到城镇化、人口增长和经济发展的影响。随着新兴经济体对建筑需求的增加，碳排放量进一步上升。建筑物在使用阶段消耗大量能源，尤其是供暖、冷却、照明和电气设备。燃煤、燃气和石油等化石燃料的使用导致了大量的碳排放，建造过程中使用的材料也会导致碳排放。例如，水泥生产是一个高碳排放的过程，因为它需要大量的能源并释放大量 CO_2。此外，木材的采伐和加工也会导致碳排放。我国在城镇化和经济发展过程中迅速扩大了建筑规模，大量的新建筑和城市基础设施建设带来了巨大的能源需求和碳排放。我国建筑业在一定程度上仍然依赖传统的建筑材料，例如水泥和钢铁等，这些材料的生产过程会产生大量碳排放。另外，我国一些老旧建筑存在能源利用效率低下的问题，缺乏保温、旧式供暖系统和不合理的能源使用等因素导致能源浪费和碳排放增加。因此，实现建筑碳达峰、碳中和是我国兑现 2030 碳达峰及 2060 碳中和承诺的重要一步。

1.3.1 建筑碳中和的知识体系

“碳中和”涉及领域太多、专业太多。因此，本教材从一般意义的碳中和内容出发，重点聚焦建筑碳中和。通过学习“建筑碳中和概论”，我们要完成这样的任务：①了解建筑碳中和内涵及建筑碳排放现状；②了解建筑碳排放特征及如何受各因素影响；③掌握低碳/零碳建筑设计的基本方法和技术。

“建筑碳中和概论”的课程内容主要由气候变化与温室气体排放、建筑碳排放及其特征、建筑碳排放影响因素、低碳建筑技术体系、低碳建筑评估与碳排放计算、低碳社区评价及更新、建筑碳中和指引下的建筑设计工程案例解析七个主要部分组成。

针对第一个任务，我们需要先了解碳达峰与碳中和背景，明确国家“双碳”目标重大需求；了解全球气候变化现象、效应、影响因素，温室气体排放与全球气候变化关系；了解应对气候变化的主要途径、减排措施及相关政策等。

针对第二个任务，我们需要先理清相关概念，掌握建筑全生命周期各阶段碳排放现状及减排措施与技术；了解建筑碳排放的时间与空间分布特征；分析地域气候与建筑类型、建筑节能设计因素、建筑节能技术因素及建筑结构与材料因素对建筑碳排放的影响。

针对第三个任务，我们要了解低碳建筑各类技术的基本原理、基本方法和应用手段；熟悉低碳建筑评估相关标准，掌握建筑碳排放计算及定量分析方法，并进一步了解低碳建筑碳排放相关计算工具及软件；初探低碳社区发展及理论，国内外低碳社区评价体系及社区低碳更新策略；最终以三个建筑碳中和指引下的建筑设计工程案例解析为低碳/零碳建筑设计提供方法和依据。

综上所述，我们可知“建筑碳中和概论”追溯了建筑碳中和的过去并展望未来，揭示了建筑中的碳排放现象及机制并论述了实现建筑碳中和的技术途径（技术科学基础），解析了低碳建筑设计范式（建筑设计原则），完成了技术科学基础到建筑设计原则的转译，解决了低碳建筑设计原理及方法与建筑本体设计的不匹配问题。这样才能完整且准确地描述建筑碳中和，合理地调节并控制建筑碳排放，并给出评估的标准。

1.3.2 建筑碳中和与相关课程的关系

“建筑碳中和概论”与“建筑概论”及“绿色建筑概论”等同属于建筑学学科的概论类专业基础课程，体现着本学科建筑设计及其理论与技术科学双向属性，提供了相关专业学生所需的基础理论和技能，为培养高级建筑设计人才打下不可或缺的学科基础。为了使建筑设计与技术环节协调匹配，建筑学专业授课教材应巧妙融合建筑设计专业及建筑技术专业相关知识，以建筑本体为核心解释物理问题。建筑设计人员必须掌握一定的建筑碳中和知识，否则就难以完满地解决低碳建筑的设计问题，无法保证在降低建筑碳排放的同时营造舒适的室内热环境。

“建筑碳中和概论”与“绿色建筑概论”的相似点在于，一方面，低碳建筑或零碳建筑及绿色建筑的发展均与环境问题和可持续发展密切相关，低碳建筑设计及绿色建筑设计同为实现碳达峰、碳中和目标的关键途径，可持续发展的内在要求，以及加强生态文明建设的重要抓手。另一方面，绿色建筑定义里的“节能、节地、节水、节材、减少污染物和废弃物排放”(简称“四节一环保”)，均可理解为“减碳”。

“建筑碳中和概论”与“绿色建筑概论”的不同之处在于，绿色建筑的重点在“节”一字上，而建筑碳中和虽也强调“节”，但同时关注“收支平衡”，即 CO_2 排放源与吸收汇达到平衡。

综上所述，建筑碳排放贯穿建筑学学科的各个专业领域，从建筑规划、建筑本体设计到建筑热工设计，乃至建筑材料、建筑施工管理等，均涉及建筑碳排放相关知识及技术。在“建筑碳中和概论”教材的编著过程中，特别注重基础概念的准确性、低碳建筑设计原理及方法的实用性、低碳建筑性能指标与相应标准规范的衔接性、建筑碳排放定量分析计算与专业开发软件的对应性，以及建筑碳中和相关研究发展的前瞻性。

思考题与练习题

1. 简述碳达峰与碳中和的概念。
2. 简述“双碳”目标与经济增长是否可同时实现，并阐述原因。
3. 简述我国实现“双碳”目标具有的挑战和机遇。
4. 简述建筑碳排放在全球温室气体排放中的地位。
5. 简述实现建筑碳中和的意义。

参考文献

[1] 中国长期低碳发展战略与转型路径研究课题组，清华大学气候变化与可持续发展研究院.读懂碳中和：中国2020—2050年低碳发展行动路线图[M].北京：中信出版社，2021.
[2] 安永碳中和课题组.一本书读懂碳中和[M].北京：机械工业出版社，2021.
[3] 陈迎，巢清尘，等.碳达峰、碳中和100问[M].北京：人民日报出版社，2021.
[4] BCG中国气候与可持续发展中心.中国碳中和通用指引[M].北京：中信出版社，2021.

第2章 气候变化与温室气体排放

> ➢ 气候变化与温室气体排放的关系是什么？
> ➢ 气候变化对我们有什么影响？
> ➢ 我们能做些什么来减缓气候变化？

气候，一般是指一地多年天气的综合表现，包括该地或该地区多年天气的平均状态和极端状态。而气候变化是指气候平均值和气候极端值出现了统计意义上的显著变化。当研究某一确定区域内的“气候”，关键在于若干种要素的变化特性，以及它们的组合情况。而当研究人的舒适程度及建筑设计时，涉及的主要气候要素有：太阳辐射、空气温度及相对湿度、风、雨、雪等，各气候要素之间的相互联系。

全球气候变化是由自然演变和人类活动影响的共同作用结果，气候的形成受多种因素的影响和制约。毋庸赘言，建筑性能的优劣所导致的建筑碳排放的多寡与全球气候变化息息相关。厘清二者关系可使读者更为深刻地认知降低建筑碳排放的紧迫性，这也正是现在大力推行绿色建筑、低能耗建筑、零碳排建筑的意义。本章整体知识框架，如图2-1所示。

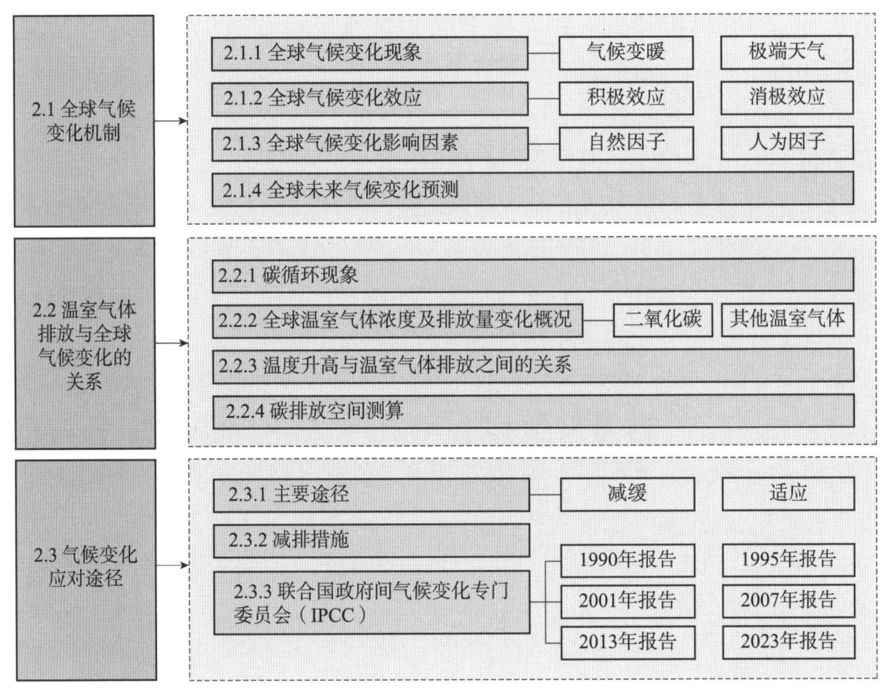

图2-1 第2章知识框架图

2.1.1 全球气候变化现象

气候平均状态的变化可通过气候平均值的升降确定，气候状态的稳定性可通过气候极端值确定，根据气候平均值和极端值可知气候异常愈加明显。近百年来全球气候出现了以变暖为主要特征的系统性变化，并且气候变暖会导致各种异常事件的出现，如极端天气的出现、海平面上升和动植物习性改变等。

美国气象学家詹姆斯·汉森在1988年首次提出：全球气候变化主要指温室气体增加导致的全球变暖。全球变暖是指由于人类活动，温室气体大量排放，全球CO_2（二氧化碳）、CH_4（甲烷）等温室气体浓度显著增加，使地球大气不断升温。有科学家指出，20世纪后半叶是北半球1300年来最为温暖的50年。在过去100年中，全球平均气温上升了0.74℃，冰川大范围消融，世界各地酷热、干旱、台风、洪水等异常气象事件频发。到了20世纪中期，全球海平面平均上升了17cm。过去的几十年里，不仅海平面上升，海洋表面温度及海水热含量也逐年上升。并且由于海洋升温、海水蒸发加快，空气湿度不断升高，暴雨、洪水等灾害频发；其次动植物的生活习性也因此改变，例如春天来临得更早，许多植物开花时间不断提前，动植物开始向两极或高纬度地区迁徙或转移。

世界气象组织在《2022年全球气候状况》中表明，2022年全世界大部分陆地的温度都比往年高，亚洲北部、中亚、西亚、欧洲北部和西部、格陵兰比往年高1℃以上，北美洲中部部分地区低1~2℃。地球年平均陆地温度比1850—1900年的平均值高1.67℃，是1850年以来的第四高。2022年地球月平均温度，除12月低于往年0.2℃外，其他月份均高于往年同期，温度变化，如图2-2所示。在降水方面，2022年世界年平均降水量虽然比往年多，但空间分布差异较大。2022年1月、3—6月、8—11月的世界平均降水量比往年同期要多，而2月、7月、12月比往年同期要少。2022年全世界大部分海域的平均海平面温度接近或高于往年。全球气象灾害频发，主要表现为北半球夏季高温干旱，以及全球区域性暴雨和洪水等。

从上文中可以看出，近100年来地球温度一直在上升，并且根据联合国政府气候变化专门委员会（Intergovernment Panel on Climate Change，IPCC）（以下简称IPCC）的历年气候变化评估报告显示，2014年，IPCC发表的第五次评估报告显示，1901年至2012年，地球地表平均温度约上升0.89℃。2021年，IPCC发表的第六次评估报告称，2011年至2020年，地球表面温度将比工业化前上升1.09℃。到2020年，全球变暖趋势将持续，全球平均温度将比工业化前高1.2℃。

根据对未来的平均温度变化预测来看，未来20年内全球温度上升预计将达到或超过1.5℃，并且大部分地区的气候变化都将加剧。除非立刻、快速

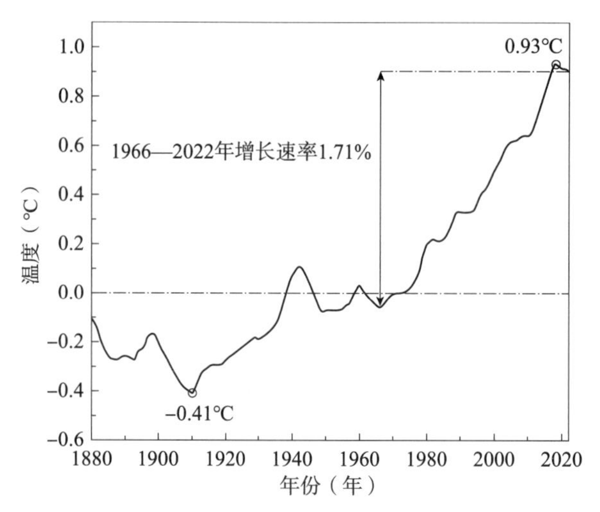

图 2-2　1850—2020 年地球表面温度化曲线

（图片来源：根据联合国政府间气候变化专门委员会资料，整理改绘）

和大范围、大力度地减少温室气体排放，否则限制温度上升在 1.5℃左右或 2℃这一要求，都将难以实现。

气候变暖使不同类型天气出现的概率发生不同程度的变化，尤其是极端天气的增加。“极端”的天气事件是指一个地区一定时间内的天气严重偏离常态气候的事件，并且事件可以持续几天，甚至几个月且分布范围很广。极端天气包括极端高低温、极端降水、极端干旱、冰雹、强风、龙卷风、雷暴、热带气旋等。其主要表现有：

1. 极端降水与洪涝

极端降水或洪涝的增多与全球变暖有直接联系，极端降水指日降水强度大，并达到日累积降水量的前 5%。研究表明全球大部分地区，无论是最潮湿还是最干旱的地区，极端降水天气都在增加，并且暴雨的严重程度也在增加。其主要原因是全球变暖导致大气层里的水汽增多，越来越多的水汽将会为暴雨提供源源不断的能量，其强度也会随之增大。2013 年，IPCC 第五次评估报告指出，大多数陆地地区的强降雨事件数量可能正在增加。严重的洪水更频繁地发生，不仅是因为暖空气比冷空气能容纳更多的水蒸气，还因为暖空气为大型风暴系统的形成创造了条件。

2. 热浪频繁

全球变暖使得热浪事件（热浪是指极端天气事件，温度异常偏高）呈现出频率提高、持续时间延长、强度增大的趋势。地球平均温度随着全球气候变暖而不断升高。其中，人类活动导致的全球变暖，使得极端高温天数不断增加，极端低温天数明显减少。我们还可以观察到，极端高温在夏季出现的频率越来越高，极端天气的分布范围越来越广，因此，虽然我们在世界各地都观测到破纪录的寒冷天气事件，但是极端高温日数与极端低温日数的比率在不断变大。然而，全球平均气温只要略微升高，极端热浪就会对更多的人造成巨大影响。此外，极端炎热夏天破坏力极强的热浪给人类、动物和农作物带来了巨大的伤害。

3. 干旱严重

全球变暖也将直接导致干旱的严重程度加深。由于全球变暖导致空气蒸发更多，土壤变干，进而导致干旱。由于干旱、变暖和冰雪融化的共同作用，地球上的许多地方将遭受更长时间和更严重的干旱。近年来，科学家们观察到，由于全球变暖，干旱的严重程度和数量都有所增加。

4. 野火猖獗

全球变暖使野火更加猖獗、破坏力更加强大。随着气温上升和夏季延长，植被干涸，森林更容易燃烧，野火蔓延得更快。由于全球变暖导致野火变得更加频繁，它们燃烧所释放的 CO_2 反过来又加速了全球变暖，这意味着野火是一种危险的放大反馈。对以往野火的分析表明，火灾模式从大、低频率、短持续时间（平均一周）到大、高频率、长持续时间（五周）的转变，其后果是异常温暖的春天，夏季更加干燥，植被更加干燥，以及更长的森林火灾周期。

5. 飓风

全球变暖导致的海平面上升也可能使风暴更具破坏性。研究表明，由于飓风从温暖的海洋表面的水蒸气中获得能量，因此随着海洋变暖，最强的风暴会变得更加强大和频繁。一旦飓风形成，温暖的海水提供了持续的能量供应，反过来又加剧飓风的破坏性。因此，全球变暖也将导致更强、更频繁的飓风。

6. 北极放大效应

北极持续变暖的速度比其他地区快得多，这通常被称为北极放大效应。北极放大加速了北半球陆地冰的流失，这导致海平面上升并增加了风暴潮。最近的一系列研究补充说，北极放大削弱了北半球的高空急流，使极端天气，包括干旱、洪水和热浪，持续时间更长，更加严重。

2.1.2 全球气候变化效应

气候变化直接或间接影响人类及其生产生活，全球性的气候变暖不仅会造成自然环境和生物区系的变化，而且对生态系统、经济和社会发展，以及人类健康都将产生重大的有害影响。就目前的观测和研究结果来看，气候变暖对全球的总体影响有利有弊，但总体来讲是弊大于利，且对不同地区和不同行业情况有所不同。气候变化对人类健康造成不良影响；其次近期的极端天气事件，如热浪、干旱、洪水和山火等气候灾害频发，给全球多地造成了大量的经济损失和人员伤亡；除此之外气候变暖使海平面升高，导致部分国家国土受损，海洋酸化导致海洋生物的死亡加剧。

1. 积极效应

（1）大气湿度增加

全球气候变化使大气湿度增加，从而使降水的频率和程度增加。例如非洲北部、亚洲中部及我国中西部湿度增加。非洲的撒哈拉沙漠面积将会渐渐变小，我国的戈壁滩将逐步被绿植覆盖，这些地方可能变得更加宜居。

（2）植被覆盖率增加

全球气候变化和 CO_2 浓度及排放量的增加还会促进植物茁壮成长，在一定程度上增加植被覆盖，扩大绿化面积。据统计，近年来我国的森林覆盖率增长得越来越快，除了植树造林等措施之外，全球气候变化的影响亦不容忽视。

（3）农作物增产

全球气候变化有助于增加农作物的产量。全球变暖为部分地区农作物的种植创造了新的条件，比如温暖季节的延长可以使局部地区农作物繁茂生长，产量增加。例如，加拿大和西伯利亚等冷冻地区也可种植农作物。近年来，全球作物产量持续增加，主要是因为气候变化所带来的降雨增加和低温冻害减少。

2. 消极效应

（1）冰川消融

近几十年来，气候变暖导致北极海冰面积持续缩小，山地冰川面积显著缩小，北半球积雪减少。北极海冰的范围每 10 年减少大约 10%，如果变暖趋势继续下去，到 21 世纪末，夏季北极海冰可能会消失。自 1980 年以来，冰川和积雪的消融在世界范围内变得更加普遍和迅速，预计到 2050 年，世界上大多数冰川将失去其平均体积的 60%。冰川的消失直接导致山体滑坡、山洪暴发和其他灾害，并增加了当地季节性洪水的风险。

（2）海平面上升

气候变暖增加了海洋的热含量，随着海水变暖，海洋扩张，融化的陆地冰，包括格陵兰岛和南极洲的冰，流入大海，导致海平面上升。海平面上升是全球变暖较明显和较危险的后果之一。从 20 世纪中叶到 21 世纪，全球海洋从海平面到 700m 深度的平均温度上升了 0.1℃。由于海平面不断上升，加

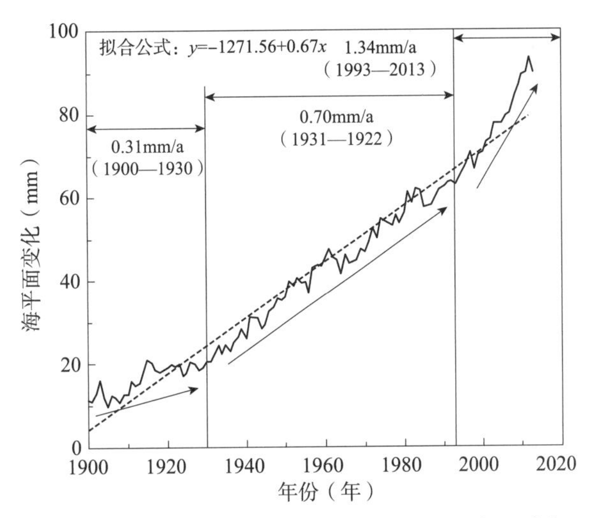

图 2-3　全球平均海平面变化

（图片来源：根据 Our World in Data 资料，整理改绘）

上冰川的持续融化，全球平均海平面以平均 1.8mm/a 的速度上升，如图 2-3 所示。此外，大量的 CO_2 排放会导致海洋酸化，特别是在极地地区。除了影响海洋生态系统外，海洋酸化还降低了它们的碳汇能力。

（3）极端天气

气候变暖不同程度地改变了不同类型天气发生的概率，特别是极端天气的增加。主要表现为：①全球大部分地区极端降水频发。研究表明，世界大部分地区的极端降水正在增加，其中约 18% 的陆地极端降水事件与工业化以来的气温升高密切相关；②许多地区火灾发生的频率和强度都有所增加，在过去的 30 或 40 年里，热浪变得更加频繁和严重，高湿度对人类健康构成威胁，低湿度导致更容易引发火灾的干燥条件；③部分地区干旱严重程度和频率增加。

（4）水资源减少

随着温室气体浓度的增加，21 世纪许多干旱和亚热带地区的干旱风险将显著增加，可再生地表水和地下水资源将显著减少，区域间的水资源竞争将加剧。气温每上升 1℃，全球受水资源减少影响的人数将增加 7%。

（5）生物多样性锐减

气候变化将导致许多动植物的灭绝。随着气温上升和自然环境的变化，一些物种被迫离开它们的栖息地，将它们的活动范围转移到更高的纬度或海拔。同时，生态系统中气候因子的不稳定性也会导致入侵物种的增加，进而导致全球生物多样性的丧失。

（6）生态系统功能紊乱

气候变化正通过影响食物链和食物网来影响陆地和海洋生态系统的功能。由于气温上升，全球淡水水体数量减少，河流和溪流系统的循环水流减少，依赖淡水生态系统的生物的觅食、交配和迁徙受到干扰。生态系统内植物和动物物种的变化直接影响依赖于它的人类活动。

（7）健康风险

气候变化对人类健康造成危害，会加剧现有的健康问题，如极端天气导致人类直接死亡。气候变化引起的介质变化导致传染病的增加，传染病在温暖的气候中更容易传播，例如登革热、疟疾和埃博拉出血热，这些疾病更容易对儿童产生危害。

世界卫生组织（World Health Organization，WHO）预测到2030—2050年，全球变暖将导致每年约25万人死于高温暴露及传染病感染。同时，气候变化会增加严重污染事件的风险。研究发现，到2050年气候变化将对中国半数以上地区的空气质量产生不利影响，主要表现在细颗粒物和臭氧浓度分别增加3%和4%。

（8）社会安全

气候变化对粮食安全和经济社会发展也有不同程度的威胁。对于大多数经济部门来说，温度升高约2℃可能导致全球每年经济损失0.2%~2.0%。大量研究表明，气候变化对当前和未来人类社会的负面影响将继续存在。

2.1.3 全球气候变化影响因素

气候系统的变化是近几十年来世界面临的共同问题。引起气候系统变化的原因可分为自然因子和人为因子两大类。前者包括了太阳活动、地球轨道椭圆的变化和轨道倾角的变化，板块运动，海水运动，以及地球地质活动的变化，如火山喷发等；后者包括人类燃烧化石燃料，以及毁林引起的大气温室气体浓度的增加、大气中气溶胶浓度的变化、土地利用和陆面覆盖的变化等。

自工业化以来，由于大量使用煤炭、石油等化石能源，排放了大量的CO_2，使大气中CO_2浓度增加，进而导致气候变暖。更多的观测和研究证明，人类活动引起的温室气体排放是全球极端温度事件变化的主要原因，也可能是全球范围内陆地强降雨加剧的主要原因。更多的证据还揭示了人类活动对极端降水、干旱和热带气旋等极端事件的影响。此外，土地利用和土地覆盖变化或气溶胶浓度变化等人类活动也可影响极端温度事件的变化，城镇化可能加剧城市区域的变暖速度。

1. 自然因子对气候变化的影响

（1）太阳活动

太阳是地球热量的主要来源，地球温度的变化与太阳活动密切相关，但太阳活动对地球温度的影响程度是不确定的。一些学者认为，太阳活动的增加将导致地球变热。例如，太阳活动的强度和北极地区时间尺度的温度变化之间有很好的一致性。太阳黑子的变化和全球温度的变化之间有很好的相关性。

（2）地球轨道波动或改变

地球轨道的微小波动会改变地球接收到的太阳辐射量，从而影响太阳辐射在地球表面的分布。虽然对年辐射强度影响不大，但会影响区域和季节分布。与关于太阳活动对气候影响的理论类似，轨道变化是否影响气候变化的问题是现代气候理论中一个重要的争论点。

（3）板块运动

板块运动产生了全球陆地和海洋区域的各类地形，大陆的位置决定了海洋的几何形状，而海洋的几何形状又影响大气—海洋环流模式，而大气—海洋环流模式又影响全球或区域气候环境。海洋的位置控制着全球热量和水的转移，对全球气候极其重要。板块运动影响气候的一个最近的例子是大约 500 万年前巴拿马地峡的形成，它切断了大西洋和太平洋之间的直接联系，强烈地影响了墨西哥湾流的海洋动力学并可能是促使北半球冰盖形成的原因。

（4）海水运动

海洋是气候系统的重要组成部分之一，无论是短期的涨落变化还是长期存在的洋流运动，都会对气候环境产生影响甚至改变，通过深海和大气的热交换或改变云、水蒸气、海冰分布等对全球地表平均温度产生影响。比如暖流会使温湿度升高，而寒流会使温湿度降低。

（5）火山活动

影响气候变化的重要因素之一是火山活动。火山喷发产生的火山灰和气体通过影响大气的辐射传递，改变大气环流和水平垂直增温差，影响地表平均温度，从而对气候变化产生影响。由于火山喷发存在季节、纬度和强度的不同，喷发物的空间分布特点不同，进入的大气层不同，产生的辐射强迫也会不同，大规模火山喷发产生的辐射强迫更大。

2. 人为因子对气候变化的影响

1）温室气体增加

温室气体在大气中浓度升高引起的升温，其作用原理与温室内温度升高是相同的。太阳辐射穿过大气层，照射到地表使地表升温。从地球表面接收到的太阳能，一部分以热的形式散发出去（长波辐射）。在长波穿越大气层的过程中，温室气体像裹在地球周围的毯子一样，吸收了一部分热量。由于温室效应的存在，昼夜温差的缩小，如果没有温室效应，地球在白天就会过热，在夜间就会过冷，不适合动植物生存。

《温室气体　第一部分　组织层次上对温室气体排放和清除的量化和报告的规范及指南》ISO 14064-1：2018 标准中关于温室气体的定义是："温室气体（Greenhouse Gas，GHG）是大气层的气体成分，包括天然和人为的在地球表面、大气层和云层发射的红外光谱中吸收和发射特定波长的辐射。"

1997 年于日本京都召开的联合国气候化纲要公约第三次缔约国大会上通过的《京都议定书》认为，以下六种为主要温室气体：CO_2（二氧化碳），CH_4（甲烷），N_2O（氧化亚氮），CFC_S、HFC_S、$HCFC_S$（氢氟碳化物），PFC_S（全氟碳化物）和 SF_6（六氟化硫）。上述气体中前三类气体的温室效应能力最强，其中 CO_2 对全球升温的影响占比最大，约为 25%。

60% 以上的"温室效应"是由 CO_2 浓度上升引起的。CO_2 主要来自人们的化石能源消费消耗。煤炭、石油、天然气等在燃烧过程中将地球亿万年形成的以化石燃料形式埋在地底下的碳重新释放到空气中，扰乱了地球自然进化过程中形成的空气、海洋和陆地植被碳交换构成的碳循环平衡，提高了大气中的 CO_2 浓度。目前，大气中 CO_2 的浓度每 20 年上升 10% 左右。

（1）二氧化碳（CO_2）

CO_2 在温室气体中占比最大，约占大气总容量 0.04%。CO_2 分子热稳定性很高，在 2000℃的高温下，只有 1.8% 分解成 CO 和 O_2，因此 CO_2 在低空大气中相当稳定，不发生任何化学反应，一般在大气中停留 5~10 年。大气中 CO_2 浓度的上升，主要是人为因素造成的，包括土地利用破坏植被的自然排放和燃烧矿物燃料的人工排放。根据联合国环境规划署（United Nations Environment Programme，UNEP）估算，热带地区的土地利用释放出的 CO_2 每年约 1.33 亿 t 碳，而燃烧矿物燃料、生产水泥等人工排放的 CO_2 量则高达每年 55 亿 t 碳见表 2-1。海洋是大气中 CO_2 的最重要来源，地幔是大气中 CO_2 的另一个来源。与人类活动有关的 3 个主要来源是化石燃料燃烧、水泥生产和土地利用变化，向大气排放的碳总量约为 75 亿 tC/a，其中约有一半留在大气圈中增加大气 CO_2 浓度，而另外一半被海洋和陆地生态系统这两个主要碳库所吸收。

全球人为因素排放 CO_2 情况（以 C 计）（$\times 10^6$t/a）　　表 2-1

年度	固体燃料	液体燃料	天然气	气体着火	火泥生产	合计
1950	1078	423	97	23	18	1639
1952	1127	504	124	26	22	1803
1954	1123	557	138	27	27	1872
1956	1281	679	161	32	32	2185
1958	1344	732	192	35	36	2339

续表

年度	固体燃料	液体燃料	天然气	气体着火	火泥生产	合计
1960	1419	850	235	39	43	2586
1962	1358	981	277	44	49	2709
1964	1442	1138	328	51	57	3016
1966	1485	1325	380	60	63	3313
1968	1456	1552	445	73	70	3596
1970	1571	1838	515	88	78	4090
1972	1587	2056	582	95	89	4409
1974	1591	2244	616	107	96	4654
1976	1723	2313	644	110	103	4893
1978	1802	2384	672	106	116	5080
1980	1921	2409	721	78	120	5249
1982	1986	2188	724	56	121	5075
1984	2080	2200	783	47	128	5238
1986	2250	2297	827	45	136	5555

（2）甲烷（CH_4）

仅次于 CO_2 含量的温室气体是 CH_4。CH_4 主要由厌氧微生物活动产生，其增长与世界人口的增长趋势一致。CH_4 也与 CO_2 一样，从 18 世纪中叶开始增加，进入 20 世纪后期，呈急剧增加势态。大气中 CH_4 现在存留 49 亿 t，每年以 1% 的比例增加。按目前的速度发展，到 2030 年，预计大气中甲烷约比现在增加 40%。

大气中 CH_4 浓度的纬度分布与 CO_2 一致，北半球中，高纬度的 CH_4 浓度高，南半球中高纬度低。北半球中、高纬度与南半球的平均浓度差约 $13 \times 10^{-7}\%$ 南半球比北半球滞后 7~8 年。与此相比，南北半球的 CO_2 浓度相差约 0.003%，南半球仅比北半球滞后 2 年。这表明，CH_4 在大气中易被氧化成其他物质，寿命不长。现每年平均排放到大气中的 CH_4 约有 4.25 亿 t，但积累量只有约 5000 万 t，约有 3.75 亿 t 被氧化破坏了。CH_4 的主要来源是沼泽、稻田，其他来源包括生物燃烧、固体有机物地下分解和天然气逸散及煤矿逸出等见表 2-2。

大气中（CH_4）的来源 **表 2-2**

来源	排出量（$\times 10^{-6}$t/a）	来源	排出量（$\times 10^{-6}$t/a）
反刍动物	70~100	燃烧天然气	55~100
稻田释放	70~100	煤矿释放	35

续表

来源	排出量（$\times 10^{-6}$t/a）	来源	排出量（$\times 10^{-6}$t/a）
沼泽地 / 湿地	25~70	其他来源	1~2
海洋湖泊和其他生物活动场	15~35	合计	300~550

在通过人类活动排放的温室气体中，CH_4 对温室效应的作用仅次于 CO_2，人类活动排放的 CH_4 要比自然界排放的 CH_4 量多。全球 CH_4 的释放途径有两种：一种是源于自然，如沼泽和其他湿地中的厌氧腐烂，其排放量不到甲烷总排放量的 25%；另一种是源于人为，有水稻种植、家畜饲养、生物质燃烧、化石燃料生成和使用、固体废物堆存，以及污水处理等。

（3）氧化亚氮（N_2O）

N_2O 是一种极稳定的化合物，它在大气中平均存在 150 年，因而可在大气中不断积累。在对流层，它是一种重要的温室气体，当它上升到平流层时，它将破坏地球的臭氧层。N_2O 既由天然产生，也由人为产生。N_2O 浓度的历史性增长率与矿物燃料，特别是煤和燃油的利用增长密切相关。

据 UNEP 报告，每年由土壤产生的 N_2O 为 600 万 t，海洋和淡水水域产生 200 万 t，燃烧矿物燃料产生 190 万 t，燃烧沼气产生 100 万 ~200 万 t，含氮肥料的施用产生 60 万 ~230 万 t，其他来源包括毁林和发电等，总计每年约产生 500 万 ~1200 万 t。

在 1880—1980 年这 100 年间，排入大气中的 N_2O 已由每年 900 万 t 上升至 1400 万 t。从 1940 年开始，大气中 N_2O 浓度出现明显增长趋势，当时的含量约为 285×10^{-9}t/a。目前，大气中 N_2O 的含量约为 31×10^{-9}t，每年增加 0.08×10^{-9}t 左右，约以 0.26% 的速度增加，增长情况见表 2–3。

大气中 N_2O 含量增长情况（$\times 10^{-9}$t/a）　　表 2–3

年度	南半球	北半球	年度	南半球	北半球
1975	29.7	29.7	1985	30.73	30.75
1980	30.34	30.38	1988	31.04	30.89

N_2O 的来源包括天然来源（海洋、土壤、森林等）和人为来源。人类活动中的 N_2O 释放源主要来自化肥施用，毁林（特别是森林变成牧场、农田），化石燃料和生物物质的燃烧，以及其他农业活动（可加速土壤中氮的释放）。

（4）氟氯烃（CFCs）

CFCs 是破坏大气臭氧层主要物质之一，同时也是主要的温室气体之一。CFCs 化学性质稳定，能在大气中长期存留。随着生产和消费的增加，大气中的 CFCs 也在逐步增加，见表 2–4。CFC–11 和 CFC–12 是最重要的氟氯烷烃，

大气中 CFCs 增长情况（$\times 10^{-12}$t/a）　　表 2-4

年度	CFC-11		CFC-12	
	北半球	南半球	北半球	南半球
1975	120	86	200	165
1980	179	59	307	270
1985	223	505	384	354
1988	261	388	46	392

由于化学性质不活泼，它们会在大气中滞留 100~200 年。CFCs 排放源较为简单，主要来自工业生产。

2）气溶胶浓度变化

除了温室气体浓度的增加，气溶胶浓度的变化也是导致气候变化的原因之一。气溶胶是大气中的一种微小颗粒，主要包括火山喷发产生的火山灰、化石燃料燃烧产生的 SO_2（二氧化硫）及生物质燃烧释放的颗粒等。气溶胶通过影响大气化学、辐射和云物理过程，进而影响近地表的辐射平衡和气温。绝大部分气溶胶因反射太阳辐射而对大气产生降温作用；但也有少量的气溶胶的燃烧产物黑炭具有增温效果，如化石燃料。

由此可知人类活动很可能使得极端高温频率、强度和持续时间增加，极端低温频率、强度和持续时间减少，同时使得夏日日数和热夜日数增加，霜冻日数和冰冻日数减少。人类活动很可能增加了高温热浪的发生概率，并且可能减少低温寒潮的发生概率。

2.1.4　全球未来气候变化预测

稳定的气候是现代文明进步、全球农业发展和维持全球庞大人口基数的基础，现在全球总人数已超过 70 亿，空气中 CO_2 浓度已经达到了历史新高，那么眼下出现人类历史上前所未有的气候变化便也不足为奇。

为了预测未来气候变化的趋势和影响，科学家通常利用气候模式。其发展示意图如图 2-4 所示，地球系统是由不同的圈层构成，包括大气圈、岩石圈、水圈、冰冻圈、生物圈。各圈层之间的相互影响是个复杂的过程。气候系统随时间变化的过程既要受到自然因子，如火山爆发、太阳活动等的影响，还要受到人为因子，如人类活动排放的温室气体和土地利用变化的影响。气候系统模式就是对上述气候系统的动量、质量和能量的物理和动力学过程的一种数学表达方式，从而使得人们可以借助巨型计算机对涉及的复杂演变过程进行定量的、长时间的大数据量的运算，了解气候系统的演变过程、模拟外强迫变化和人类活动的影响以及预测未来气候变化趋势。为了预估全球和区域气候变化，还需要假设未来温室气体和硫酸盐气溶胶等排放的情况，也就是所谓的排放情景。排放情景通常是根据一系列因子，包括人口增长、经济发展、技术进步、环境条件、全球化、公平原则等假设得到的。近几十年来，全球气候系统模式由简单逐渐发展到复杂，包括气溶胶、碳循环、大气化学等地球生物化学循环过程以及陆冰，形成了地球系统模式。现在对于未来的气候变化的预估，经常基于同一个模式不同试验和不同模式不同试验的集合进行。

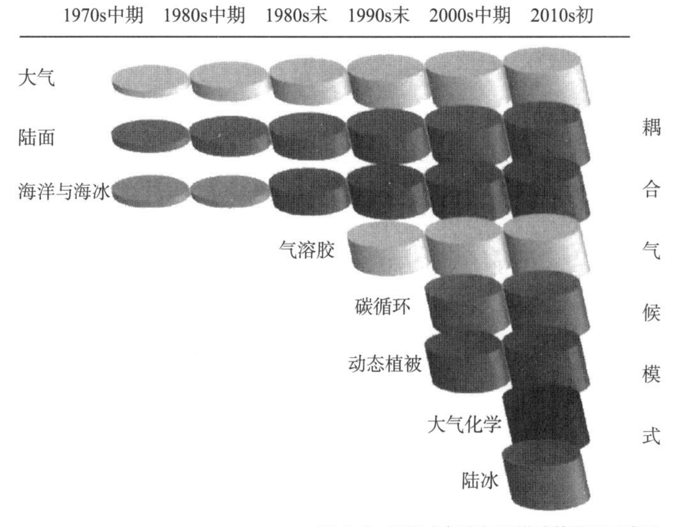

图 2-4　近几十年来气候模式的发展示意图
（图片来源：根据 IPCC 第五次评估报告资料，整理改绘）

1. 未来气候变化预测及其造成的影响

根据气象资料可知，直到 20 世纪，在此前的 11 000 年间，全球气温变化十分缓慢，其数千年间的变化几乎没有超过 0.56℃。并且 IPCC 在 2014 年发表了一份基于 3 万项科研成果总结的综合报告，总结称："气候系统变暖已经没有什么疑义了。" 自 20 世纪 50 年代以来，许多被观测到的之前的几十年间都是"史无前例"。

地球大气中的 CO_2 体积分数上一次超过 400×10^{-6}，还是几百万年前的事，早在智人出现之前。当时的地球温度比工业革命前要高 2~3℃，海平面也比现在高 50~80ft（约为 15.24~24.38m）。2009 年《科学》杂志刊登的一篇分析文章显示，在 2000 万年前到 1500 万年前，CO_2 体积分数曾达到 400×10^{-6}，当时全球气温比现在高 3~5℃，海平面比现在高 75~120ft（约为 22.86~36.58m）。因此，今天 CO_2 浓度的升高会导致气温迅速升高，这并不奇怪。

2012 年，在美国国家科学基金会（National Science Foundation，NSF）的支持下，科学家们重建了过去 1.1 万年的全球气温纪录。研究表明："地球平均温度在过去5000年中降低了约0.7℃。”直到过去100年，气温又上升了约0.7℃。

IPCC会于2014年4月发布第五次气候评估报告。世界科学家和各国政府共同审阅了减缓气候变化和减少温室气体排放的科学文献，并解释说：“基线情景（即那些不采取更多减缓措施的情景）得出的结果是：2100年全球平均地面温度将比工业化前升高3.7~4.8℃。”此外，这种升温还将持续到2100年以后。近十几年来，各种科学文献都清楚地表明，我们正在向21世纪末气温升高3~4℃的道路迈进。

相关研究表明，除CO_2的绝对浓度达到人类有史以来前所未有的高度外，其变化速度也刷新了历史纪录。首先，CO_2浓度增长越快，地球变暖的速度就越快，气候变化的速度也就越快，留给人类和其他物种的响应时间也就越短。气候变化过快，如果不采取行动，那么等到2050年之后再去寻找适应方案就变得特别困难了。其次，地球上的确存在着一些非常缓慢的自然过程（如负反馈，其是比较常见的一种反馈，它的作用是能够使生态系统保持相对稳态。反馈的结果是抑制或减弱最初发生变化的那种成分所发生的变化），这些过程能使大气中的CO_2浓度下降，但为了使地球系统处于平衡状态，它的时间跨度长达数万年。如果CO_2浓度过高，超过自然系统所能吸收的能力，反而会造成气候系统变暖，造成反馈性的放大效应，促使自然界更多地释放CO_2。目前全球气候变化主要是人类活动将温室气体排放到大气中造成的。如果人类不控制自己排放的温室气体，未来的地球就会不断变暖，而且这个变暖的地球对各个方面都会产生影响。

根据科学家对未来气候的估计结果，到21世纪末全球平均气温将比工业化前升高3~4℃，极地升温幅度要高得多。大气中CO_2浓度的升高会导致海洋酸化，2100年3~4℃或以上的增温相当于海洋酸性升高150%。到2100年，3~4℃的增温将可能导致0.5m的海平面上升，并在随后的几个世纪里带来数米的上升。届时，北极可能在每年9月出现无海冰现象。气候变化会对水源供应、农业生产、极端温度、森林山火风险，以及海平面上升造成严重冲击。全球干旱地区未来会更加干旱，湿润区也会更加湿润。如果我们依然延续今天的温室气体排放模式，那么在未来几十年内，气候变化将带来多种重大风险。

2. 影响未来气候变化的因素

在与气候变化相关的讨论中，最令人困惑的问题是，地球在21世纪内究竟会变暖多少，这一估计究竟有哪些不确定因素。基于当今温室气体排放路径和气候对温室气体敏感度的最佳估算值，全球气温在2100年（或此后不久）上升3~4℃的预测是非常合理的。虽然这个数字包含了很多不确定因素，但不幸的是，每一个都不能排除地球加速变暖的可能。21 世纪及以后地球究竟会变暖多少？主要取决于以下 4 个因素。

（1）平衡气候敏感性

对气候快速反馈机制的敏感度，包括解冻和大气水蒸气的增加。气候敏感度是指大气中 CO_2 体积由工业时代以前的水平增加到 550×10^{-6} 时地球表面温度的年平均变化。气候问题上没有重要的缓慢反馈机制。许多研究结果表明，包括水蒸气变化在内的反馈都是很强的快速反馈机制。

（2）二氧化碳体积率

按照当前的排放路径，大气中 CO_2 的实际体积率将远远超过 550×10^{-6}。目前大气中 CO_2 的体积率已达到 400×10^{-6}，每年以超过 2×10^{-6} 的增长率上升。近几十年来，这一增长率在持续提高。从 20 世纪 60 年代到 70 年代，CO_2 体积率的年平均增长率只有现在的一半，每年约增加 1×10^{-6}。

（3）缓慢的反馈机制

永久冻土层融化排放 CO_2 和 CH_4 等“十年”范围内相对缓慢的反馈机制。这种反馈一直被认为在 2100 年之前不会有问题。但根据目前的研究结果，缓慢的反馈机制会导致全球变暖——如果永久冻土融化，全球气温将到 2100 年将进一步上升 0.83℃。

（4）人们的居住地点

据预测，包括美国和欧洲在内的中纬度地区的温室效应将远远高于全球平均水平。因此，如果全球平均温度上升 3~4℃，大部分中纬度地区的气温至少会上升 5℃。

大众对未来气候变暖的讨论产生疑惑的原因之一是媒体及科学技术人员把焦点放在了第一个问题，即气候敏感性上。2007 年 IPCC 在第四次评估报告中表示："气候敏感的 2~4.5℃之间，最佳值是 3℃，并且低于 1.5℃以下的可能性几乎不存在。虽然不能排除大大高于4.5℃的值，但是对于那些更高值而言，模型与观测值的一致性不如上述值好。" 2013 年 IPCC 在第五次气候评估报告中，将这一可能值扩大到 1.5~4.5℃。

10 年前，科学家预估大气中 CO_2 体积分数当量有可能维持在 550×10^{-6}（约为工业化前的 2 倍）。然而事实并非如此，CO_2 体积分数的实际当量很有可能大幅超过 550×10^{-6}，甚至比当前排放量还要高 50%。的确，早在 2007 年的第四次评估报告中，IPCC 就已经表明，照常排放情景（不采取任何气候措施）将会导致 CO_2 体积分数当量达到 1000×10^{-6}。当温室气体排放量和浓度如此之高时，无论是 3℃还是 2.5℃的快速反馈敏感性都变得无关紧要。因为不管怎样，地球都会变得无比之热。

2.2.1 碳循环现象

碳循环是指碳元素在地球上的生物圈、岩石圈、水圈及大气圈中交换、循环的现象。绿色植物从大气中吸收 CO_2，在水的参与下经光合作用转化为碳水有机化合物。有机化合物又被动物和细菌等还原为 CO_2 和水。植物在生长过程中会吸收 CO_2，动物在生长过程中会呼出 CO_2。动植物在分解、发酵、腐烂、变质的过程中都可释放出 CO_2。化石能源例如石油、煤炭、天然气，在燃烧过程中，会释放出大量 CO_2。

地球上的碳循环主要表现为自然生态系统的绿色植物从空气中吸收 CO_2，经光合作用转化为碳水化合物并释放出氧气，同时又通过生物地球化学循环过程及人类活动将 CO_2 释放到大气中。自然生态系统的绿色植物将吸收的 CO_2 通过光合作用转化为植物体的碳水化合物，并经过食物链的传递转化为动物体的碳水化合物，而植物和动物的呼吸作用又把摄入体内的一部分碳转化为 CO_2 释放入大气，另一部分则构成了生物的有机体，自身贮存下来；在动植物死亡之后，大部分动植物的残体通过微生物的分解作用又最终以 CO_2 的形式排放到大气中，少部分在被微生物分解之前被沉积物掩埋，经过漫长的年代转化为化石燃料（煤、石油、天然气等），当这些化石燃料风化或作为燃料燃烧时，其中的碳又转化为 CO_2 排放到大气中，如图 2-5 所示。

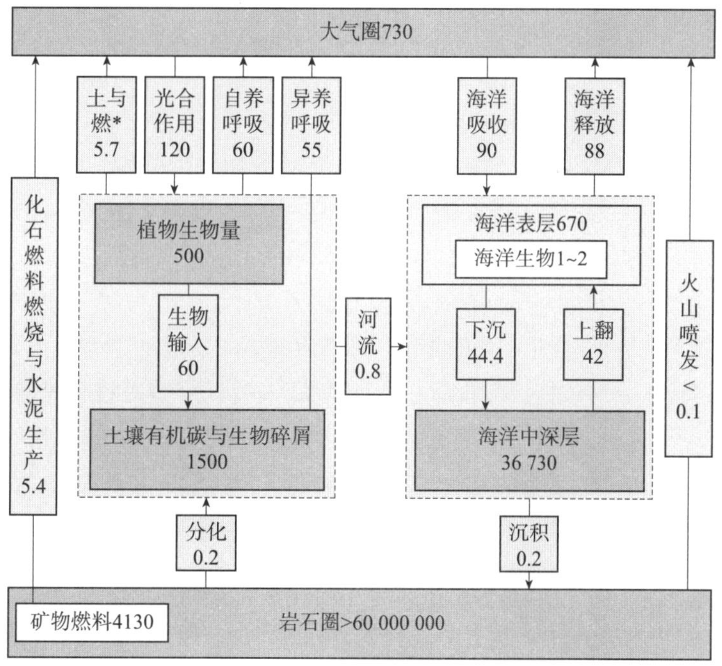

图 2-5 全球碳循环示意图（单位：10 亿 t/a）
图注：* 土地利用变化与利用率燃烧
（图片来源：根据《中国气象百科全书·气象预报预测卷》资料，整理改绘，数据来自 IPCC 第三次评估报告，2001 年）

大气和海洋、陆地之间也存在着碳循环，CO_2 可由大气进入海水，也可由海水进入大气，这种碳交换发生在大气和海水的交界处；大气中的 CO_2 也可以溶解在雨水和地下水中成为 H_2CO_3（碳酸），并通过径流被河流输送到海洋中形成碳酸盐，而这些碳酸盐通过沉积过程又形成石灰岩、白云石和碳质页岩等；在化学和物理作用下，这些岩石风化后所含的碳又以 CO_2 的形式排放到大气中。人类活动通过燃烧化石燃料向大气中释放了大量的 CO_2，所释放的这些 CO_2 大约有 57% 被自然生态系统所吸收，约 43% 留在了大气中。留在大气中的这部分 CO_2 使全球大气中 CO_2 浓度由工业化前时代（1750 年）的 0.028% 增加到 2019 年的 0.041%，导致了全球气候系统的变暖。

2.2.2 全球温室气体浓度及排放量变化概况

地球大气中温室气体浓度的增加已经成为全球气候和环境变化的主要原因。分析大气中主要温室气体浓度的变化，对于研究其来源、集合和运输规律，对理解气候变化，减少能源消耗和污染排放都具有重要意义。CO_2（二氧化碳）、CH_4（甲烷）、N_2O（氧化亚氮）是最重要的三种温室气体，CO（一氧化碳）作为间接温室气体在大气化学中也对温室效应有重要影响。

近几十年来，全球温室气体排放量明显增加，特别是 21 世纪以来，温室气体排放量增幅约为 2.2%。到 2019 年，全世界人类的温室气体排放量约为 524 亿 t（以 CO_2 当量计），其中 CO_2 排放量（364.4 亿 t）占 70%。如图 2-6 所示，反映了全球平均温度变化与温室气体排放的关系。

1. 二氧化碳浓度及排放量变化概况

工业化前时代，大气中的 CO_2 浓度为 0.028%，到 2000 年则上升为 0.0368%，2019 年全球大气中 CO_2 平均浓度为（0.041 05 ± 0.000 02）%，较工业化前时代水平增加了 46%，达到过去 80 万年来的最高水平，其浓度的变化，如图 2-7 所示。大气中 CO_2 浓度增加的主要原因有两个：①产业化的发展和人口的大量增加，人类社会消费的矿物燃料（煤炭、石油、天然气、煤气等）的急剧增加、燃烧，生成大量的 CO_2 流入大气中使得 CO_2 浓度上升；②森林遭到破坏，植被吸收、利用 CO_2 大量减少，CO_2 的消耗速度也随之下降，使大气中 CO_2 浓度升高。由于人类的活动，大气中的其他温室气体也可能产生不同程度上的差异，如 CFCs、HFCs、HCFCs（氢氟碳化物）、CH_4（甲烷）和 N_2O（氧化亚氮）。

1980 年全球 CO_2 排放量约为 50 亿 t，此后持续增加，到 2004 年超过了 73 亿 t。为了维持经济规模而增加温室气体排放量的国家正在增加。世界权威机构公布的一项研究也显示，2000—2004 年期间，全球 CO_2 排放量每年

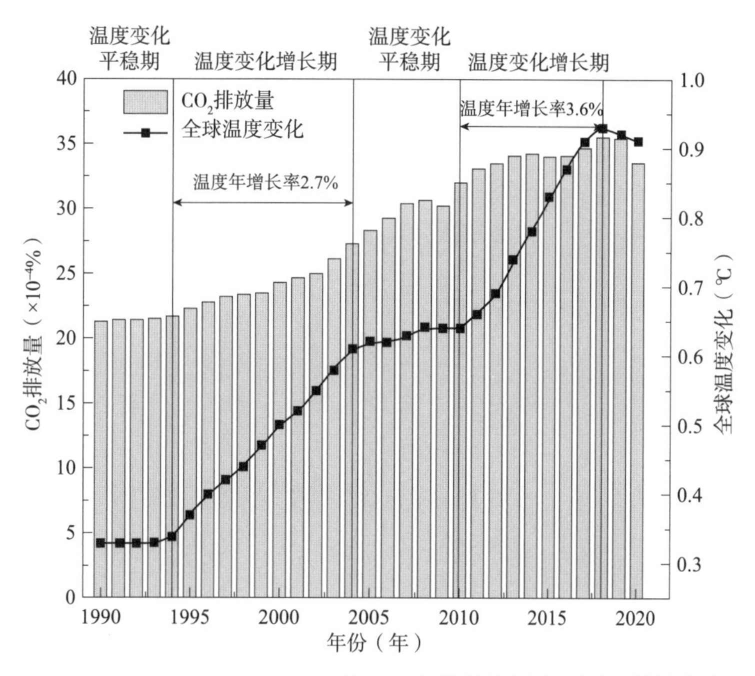

图 2-6　全球平均温度变化与温室气体排放的关系

（图片来源：根据国际能源署发布的“*CO_2 Emissions in 2022*”资料，整理改绘）

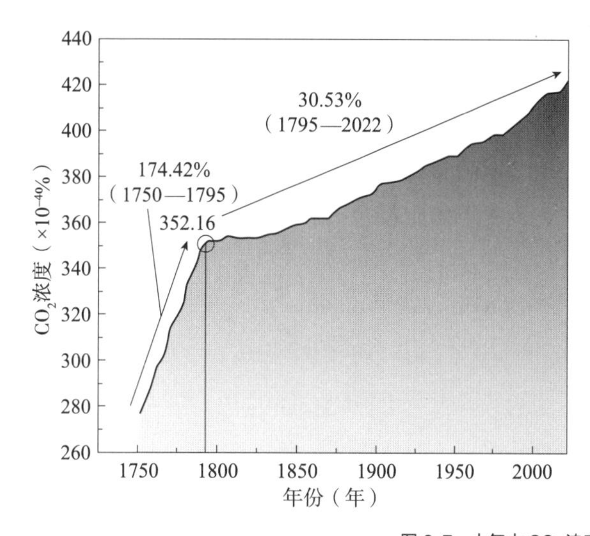

图 2-7　大气中 CO_2 浓度的变化

（图片来源：根据国际能源署资料，整理改绘）

增加 3.2%，大幅超过了 1990—1999 年 1.1% 的年平均增长率。

2015—2022 年 CO_2 排放量增速将于 2020 年达到最低值。2021 年排放量由 303.5 亿 t 增加到 368 亿 t，增长了 11.35%，如图 2-8 所示。现在的 CO_2 浓度至少比过去 65 万年的任何时候都高。如果人类社会不理会气候变化，继续过度消费化石燃料，大气的 CO_2 浓度最终将上升到 650~750ppm，由于人类活动导致的地球升温幅度将达 2.4~6.4℃。

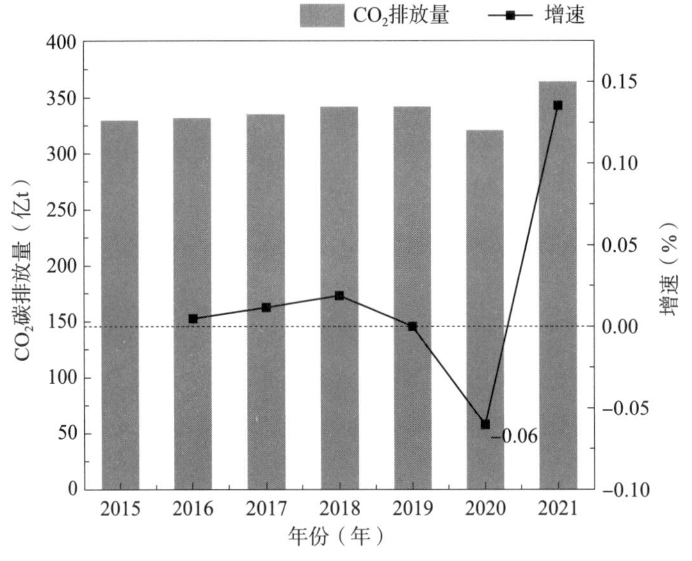

图 2-8　2015—2021 年全球 CO_2 排放量及增速情况
（图片来源：根据国际能源署发布的"*CO_2 Emissions in 2022*"资料，整理改绘）

2. 其他温室气体浓度及排放量变化概况

与过去 80 万年相比，当前全球大气中 CH_4、N_2O 浓度为历史新高。自工业革命后，大气中温室气体浓度大幅增加，如图 2-9 所示，CH_4 浓度增加了一倍多，已达到 $180\times10^{-7}\%$ 以上。在过去 80 万年中，大气中的 N_2O 浓度很少超过 $280\times10^{-7}\%$，但自 1850 年以来显著上升，2019 年达到了 $330\times10^{-7}\%$。

2018 年，世界气象组织发布了《温室气体公报》，公报显示 1990 年以

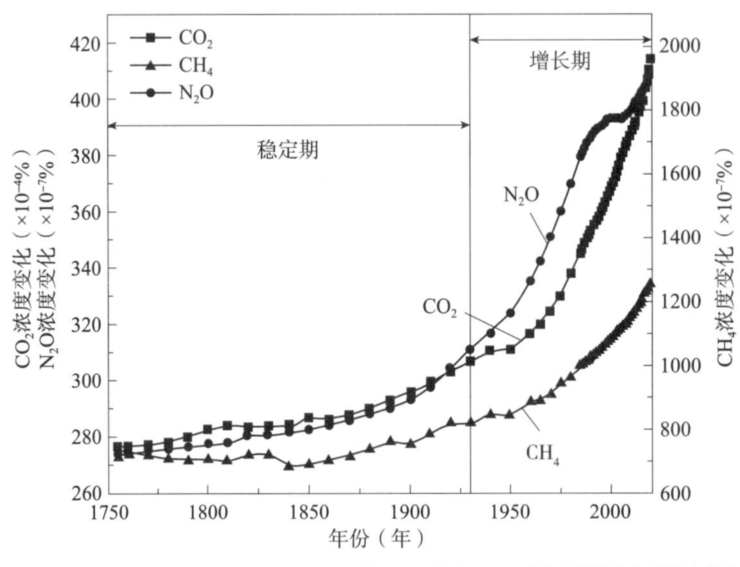

图 2-9　过去 2000 多年主要温室气体浓度变化
（图片来源：根据 Our World in Data 资料，整理改绘）

来全球“辐射强迫”效应增量中，CO_2 的贡献占比高达 82%。仅在 2019 年，人类就向大气中排放了 364.4 亿 t CO_2，其中约 40% 将在大气中滞留数百年。因此，CO_2 分子在整个大气层中形成了一层保温膜。

（1）甲烷（CH_4）

CH_4 是气候变化的第二大贡献者，它来源于许多方面，因此很难按来源类型来量化排放。

自 2007 年以来，全球平均大气 CH_4 浓度一直在持续上升，如图 2-10、图 2-11 所示。2019 年全球大气中 CH_4 的平均浓度为（1877 ± 2）$\times 10^{-7}\%$，较工业化前时代（1750 年）水平增加 160%。2020 年和 2021 年度的年增长率（分别为 $15 \times 10^{-7}\%/a$ 和 $18 \times 10^{-7}\%/a$）是自 1983 年开始系统记录以来的最大增幅。

科学界目前还在查明全世界的温室气体含量和浓度的上升现象产生的原因。据分析，2007 年以后 CH_4 再次增加的最大原因是湿地和稻田等生物学原因。2020 年和 2021 年的急剧增长是否意味着气候变暖、有机物分解得更快，目前还不确定。如果有机物在水中（没有氧气）分解，就会诱发 CH_4 的释放。因此，如果热带湿地变得更加湿润和温暖，可能会产生更多 CH_4 的排放。

（2）氧化亚氮（N_2O）

N_2O 是第三重要的温室气体。它既可通过自然来源（约 57%）也可通过人为来源（约 43%）排放到大气中，包括海洋、土壤、生物质燃烧、化肥使用和各种工业过程等。2019 年全球大气中 N_2O 的平均浓度为（332.0 ± 0.1）$\times 10^{-7}\%$，较工业化前时代（1750 年）水平增加 23%。2020 年全球平均的 N_2O 达到 $333.2 \times 10^{-7}\%$，与 2019 年相比增加了 $1.2 \times 10^{-7}\%$。2020 年至

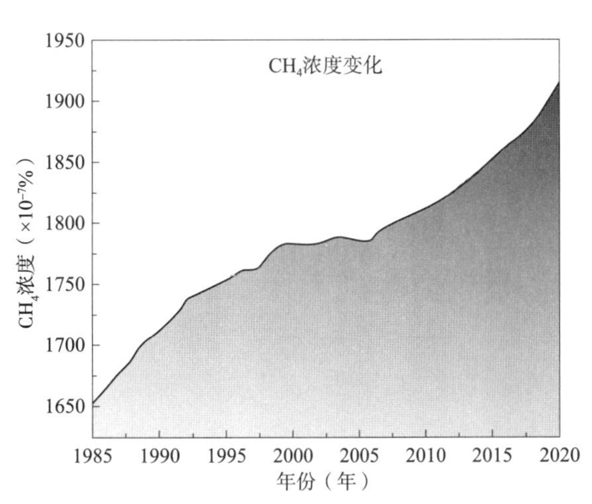

图 2-10　CH_4 的平均浓度变化
（图片来源：根据世界气象组织《2022 年全球温室气体公报》资料，整理改绘）

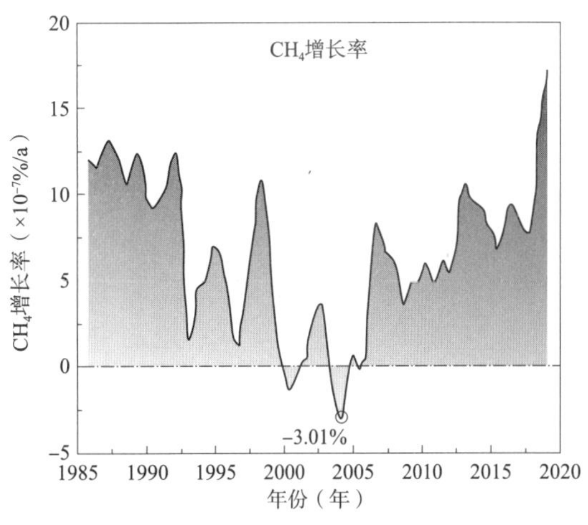

图 2-11　CH_4 的年增长率
（图片来源：根据世界气象组织《2022 年全球温室气体公报》资料，整理改绘）

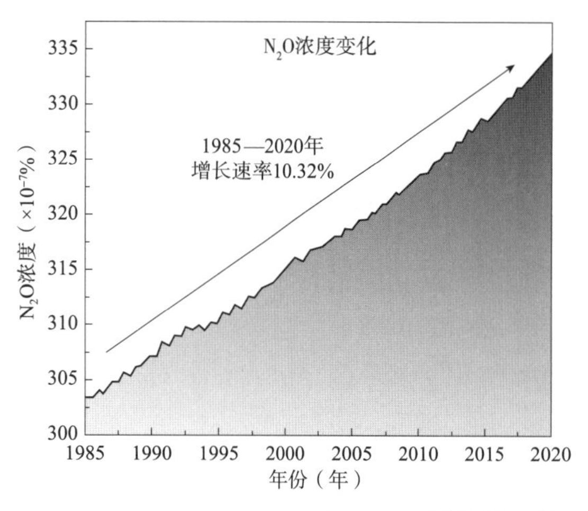

图 2-12 N_2O 的平均浓度变化
（图片来源：根据世界气象组织《2022 年全球温室气体公报》资料，整理改绘）

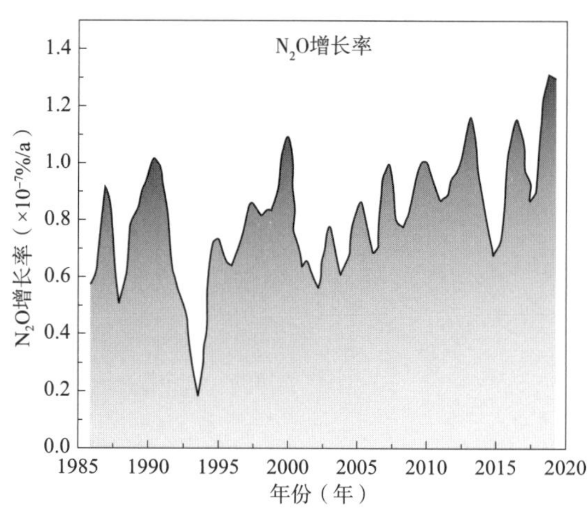

图 2-13 N_2O 的年增长率
（图片来源：根据世界气象组织《2022 年全球温室气体公报》资料，整理改绘）

2021 年的增幅略高于 2019 年至 2020 年观测到的增幅，也高于过去 10 年的年平均增长率，如图 2-12、图 2-13 所示。

2.2.3 温度升高与温室气体排放之间的关系

人类排放的温室气体和温度升高之间的关系非常复杂。全球变暖的幅度和全球 CO_2 的累积排放量之间存在着一定关系，全球 CO_2 的累积排放量越大，全球变暖的幅度就越高。IPCC 第五次气候变化评估报告称，如果工业化后全球温室气体的累计排放量被限制在 1 万亿 t 碳，那么人类有三分之二的可能性把全球升温幅度控制在 2℃以内（与 1861—1880 年相比）；如果累计排放量增加到 1.6 亿 t，达到 2℃的概率仅为三分之一。

在过去的 100 多年里（1900—2020 年），气温和 CO_2 浓度也呈现出高度相关关系。2021 年诺贝尔物理学奖获得者证明 CO_2 是地球变暖的主要原因。如果不加以控制，到 21 世纪末，升温可能会达到 3~4℃，如图 2-14 所示。这可能会引起生命、生态及气候系统等崩溃性的紊乱，对全球气候和生态系统产生巨大影响。

工业革命开始之前，全球平均 CO_2 浓度约为 0.028%，2013 年 5 月 9 日，在美国冒纳罗亚火山测得的日均 CO_2 浓度有记录以来首次超过 0.04%，而在 2015 年全球平均 CO_2 浓度首次超过 0.04%。大气 CO_2 浓度持续高速增长，到 2020 年，全球平均 CO_2 浓度已经达 0.041 5%，较 21 世纪初上升约 12%，如图 2-15 所示。

以中国大陆为例，其大气中的 CO_2 平均浓度逐年增长。2019 年，青海瓦里关站观测到的 CO_2 浓度为 0.041 14%，与北半球中纬度地区平均浓度

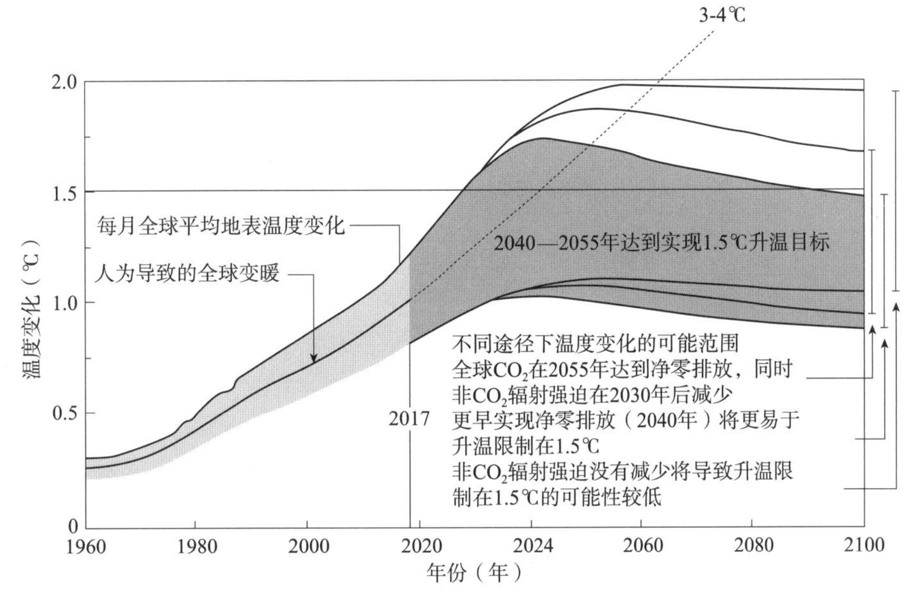

图 2-14 全球温度变化情景模式（IPCC，2018）

（图片来源：根据 IPCC 2018 年相关报告资料，整理改绘）

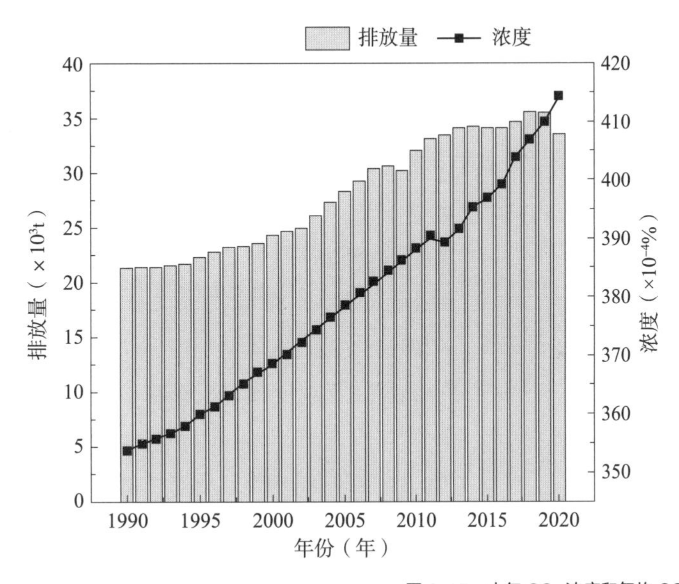

图 2-15 大气 CO_2 浓度和年均 CO_2 排放量

（图片来源：根据国际能源署发布的"*CO_2 Emissions in 2022*"资料，整理改绘）

相当，较 2010 年中国大陆平均浓度（0.038 78%）增长约 6.1%，年增长率约为 0.000 26%/a，略高于全球过去 10 年的平均增长水平（0.000 21%/a）。

如果全球能源需求仍以化石燃料为主，且需求持续增长，预计到 21 世纪末，大气中的 CO_2 浓度将超过 900ppm（美国国家海洋和大气管理局 National Oceanic and Atmospheric Administration，NOAA）。大气中的 CO_2 浓度水平和变化速度也因人为原因而逐渐加快。自然碳循环中大气浓度的变化往往需要数世纪甚至几千年，但由于人为因素，这种变化只需要几十年。这大大减少了生物、生态系统和地球系统的适应时间。高浓度 CO_2 带来的气候变化对生态界和人类生活产生了严重的影响。

2.2.4 碳排放空间测算

如果不控制目前的气候变化趋势，未来全球变暖将更加严重，到 21 世纪末，全球变暖将超过工业化前的水平 3~4℃。《巴黎协定》提议将地球平均气温上升幅度在产业化之前的水平限制在 2℃以内，并力争不超过工业化前水平 1.5℃。科学与政治的综合研究认为，一旦地球平均气温上升超过 2℃的阈值，人类生活将面临较大的危险。为了避免这种危险，应该将温室气体控制在一定水平以下。因此，我们常说的碳排放空间主要是为了避免地球表面平均温度上升，而推测满足排放累积限制的温室气体排放轨迹的区间。这些排放空间可以定义为全球水平、国家水平或低于国家水平。根据目前的研究，目前人为的 CO_2 排放量为 420 亿 t，剩余的排放空间在 4200 亿 t 以下，如果保持目前的排放速度，将在 10 年内被消耗殆尽。目前在《巴黎协定》的约束下，各国提出的国家自主贡献度不足以达到 1.5℃的温度调节目标。

其中 CO_2 人为排放是全球气候变化的主要原因，了解 CO_2 历史排放如何演变、分布及其关键驱动因素，对于缓解气候变化至关重要。

1. 全球碳排放时间分布

19 世纪中叶工业革命之后，化石燃料的消耗导致 CO_2 排放量明显增加，扰乱了全球碳循环并导致了全球变暖，1950 年排放量已达 60 亿 t，但增长相对缓慢。随着全球工业化进程加快，排放量急剧上升，2000 年排放量达 251.2 亿 t，较 1950 年增加了 3.2 倍。2019 年全球排放量超过 360 亿 t，排放量在过去几年增速虽显趋缓，但尚未达到峰值。

2. 全球碳排放空间分布

20 世纪以前，欧洲和美国是全球 CO_2 排放的主要经济体，1900 年欧洲和美国的排放量占总排放量的 90%，至 1950 年占总排放量的 85% 以上。但近几十年来，一些发展中国家如印度的碳排放总量不断增加，许多发达国家的碳排放已经稳定，并在近几十年呈现一定程度的下降，如图 2-16（a）所示。而由于发展中国家的 CO_2 排放呈现增长趋势，且目前这些经济转型体的排放增长已主导了全球 CO_2 的排放，所以亚洲的 CO_2 排放量占全球的 53%，是第一大排放区域。以美国为主导的北美是第二大排放区域，排放量占全球的 18%。欧洲是第三大排放区域，占全球的 17%。由于中国人口基数相对于

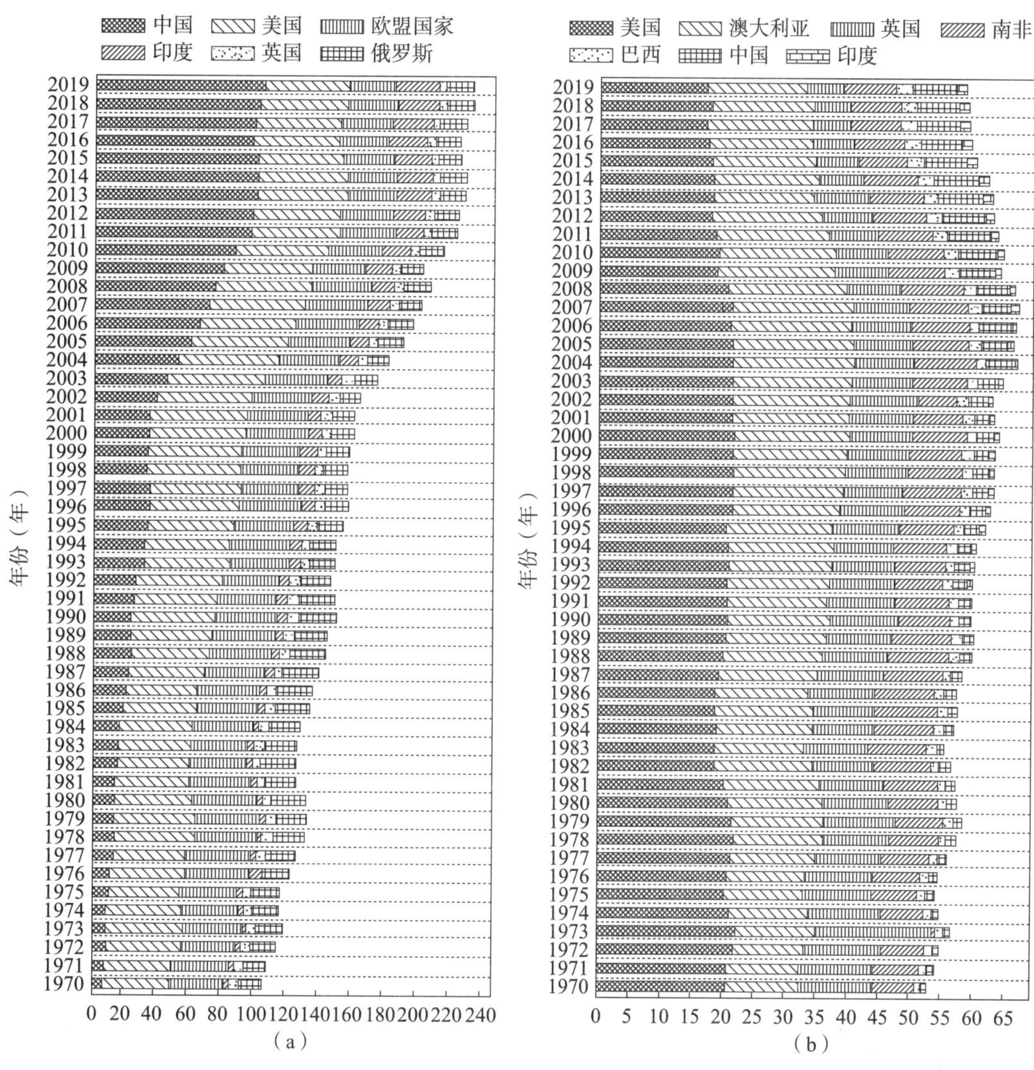

图 2-16　CO_2 排放量

（a）全球主要国家 CO_2 排放量变化；（b）人均 CO_2 排放量变化

（图片来源：根据 Our World in Data 资料，整理改绘）

其他国家都较大，虽然中国自 2006 年以来一直是世界碳排放总量最大的国家，近年来其排放量占全球的 25% 以上，但是其人均碳排放量相比于发达国家，如美国、加拿大等都不足其人均排放量的一半。迄今为止，美国的累计排放量超过任何其他国家，占全球累计排放量的 25.5%，中国为累计排放量第二的国家，占比为 13.7%，见表 2-5。

3. 人均碳排放时空分布

各个国家 CO_2 排放量存在较大差异。为公平比较 CO_2 排放，需关注各国家和地区的人均 CO_2 排放水平。

2019 年全球主要国家 CO_2 排放情况和累计排放情况　　表 2-5

国家	CO_2 年排放量（$10^8t\cdot a^{-1}$）	年排放量占比（%）	CO_2 累计排放量（1750—2019 年）（$\times 10^8t$）	累计排放量占比（%）	人均排放量（t）
中国	101.7	27.9	2 199.9	13.7	7.1
美国	52.8	14.5	4 102.4	25.5	16.1
印度	26.2	7.2	519.4	3.2	1.9
俄罗斯	16.8	4.6	1 138.8	7.1	11.5
日本	11.1	3.0	645.8	4.0	8.7
德国	7.0	1.9	919.8	5.7	8.4
加拿大	5.8	1.6	331.1	2.1	15.4
南非	4.8	1.3	207.2	1.3	8.2
巴西	4.7	1.3	151.3	0.9	2.2
英国	3.7	1.0	778.4	4.8	5.5
其他	129.8	35.7	5121.9	31.7	—
全球	364.4	100.0	16 116.0	100.0	5.5

石油生产国是全球人均排放较高的主要国家，尤其在小规模人口国家更明显。生活水平高的国家往往具有高碳足迹，但在生活水平相似的国家之间，人均排放量也可能存在显著差异。例如，欧洲国家的人均排放量普遍远低于美国、加拿大，如表 2-5 所示。事实上，一些欧洲国家的人均排放量与全球平均水平相差不远。虽然 CO_2 排放与经济发展密切相关，但政策和技术选择也会产生影响，例如，英国 2019 年的人均排放量远低于美国，这主要是因为核能和可再生能源的应用。

亚洲拥有世界 60% 的人口，人均排放量略低于全球平均水平。同时，中国人均排放水平不到美国的一半。自 21 世纪以来，主要发达国家和全世界的人均排放已经不同程度地下降，而发展中国家，尤其是中国和印度的人均排放量仍在不断上升，如图 2-16（b）所示。这种差异主要是由能源供应和经济发展水平的不同造成的。

尽管应对气候变化是全人类共同的责任，但由于经济发展和历史排放总量的限制，各国应该承担“共同但有区别的责任”。

4. 主要行业碳排放情况

全球 CO_2 排放的主要来源可以分为能源利用、农业和土地利用、直接工业过程和废物处理过程。其中，能源利用产生的 CO_2 排放量目前占全球总排放量的 75%。主要能源利用行业包括电力和热力生产、工业、交通运输、制造和建筑等，近几十年来各行业的排放量都有显著增加。

2019 年，全球 CO_2 的排放有约 70% 来源于电力和热力生产、工业生产及交通运输过程，其中电力和热力生产占比为 33.33% 是最大贡献者，工业生产排放占比为 25%，交通运输排放占比为 16.67%，农业及土地利用排放占比为 16.67%，其他（如住宅和商业等）排放占比为 8.33%。同年，我国电力和热力生产业 CO_2 排放占比为 20%，工业排放占比为 26.67%，交通运输排放占比为 33.33% 是最大贡献源，农业及土地利用排放占比为 6.67%，其他（如住宅和商业等）排放占比为 13.33%。

5. 主要燃料碳排放情况

能源和工业生产中的 CO_2 排放主要来自各种类型的燃料燃烧，如图 2-17 所示。在 18 世纪，欧洲和北美首先出现了工业规模以煤炭发电为主的 CO_2 排放源。直到 19 世纪中期，来自石油和天然气的 CO_2 排放开始增加，水泥生产的 CO_2 排放也逐渐显现。

2019 年，中国、美国、印度、英国、俄罗斯和日本这 6 个全球最大的温室气体排放国家，以及欧盟（27 国）占据了全球人口的 51%，占全球总国内生产总值（GDP）的 62.5%，同时贡献了全球化石燃料使用总量的 62%，并释放了全球化石 CO_2 总排放量的 67%。

碳排放相关概念包括国家碳排放总量、累积碳排放、人均碳排放和历史累积碳排放。一个国家人均碳排放水平主要受以下社会经济因素影响。

（1）经济发展

体现在产业结构、人均收入和城市化水平等方面。产业结构变动影响能源消费和碳排放。人均收入增加提高环境产品支付能力。发达国家处于后工业化时代，城市化已经完成，碳排放主要由消费社会驱动，发展中国家如

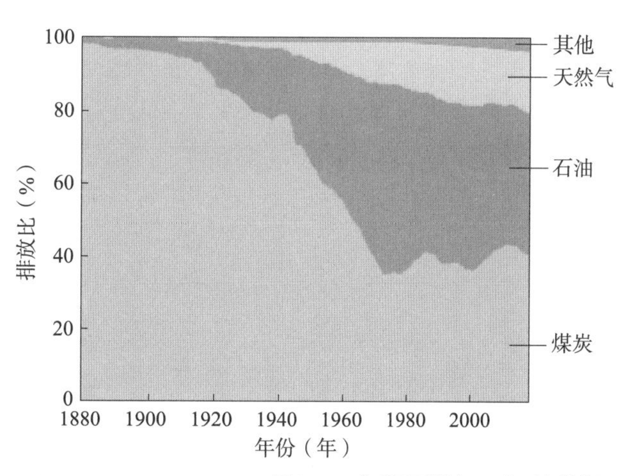

图 2-17　全球不同燃料 CO_2 相对年排放量
（图片来源：根据 Our World in Data 资料，整理改绘）

中国处于积累阶段，主要是生产投资和基础设施投入带动的资本存量累积的碳排放。

（2）能源资源禀赋

碳排放主要来自于使用化石能源，如煤炭、石油和天然气，它们的碳排放系数逐渐降低；而绿色植物是碳中性的，太阳能、风能、水能和其他可再生能源，以及核能都是零碳能源。一个国家的能源资源禀赋对碳排放量有显著影响，拥有丰富低碳资源对于降低碳排放非常重要。提高清洁能源比例，推动能源结构转换，将有助于降低碳排放的强度。

（3）技术因素

通过提高能耗和碳减排技术的开发及优化应用程度，可以加速科技革新并达到减少温室气体排放的目的。

（4）消费模式

能源消耗和碳排放受到社会消费活动的驱动，各国的能源消耗和碳排放量存在巨大差异，这取决于各国的发展水平、自然条件和生活方式。此外，消费模式和行为习惯对碳排放有着显著影响，例如，美国人均碳排放水平是欧盟国家人均碳排放水平的两倍以上。

此外，人口变化和环境政策，以及国际环境也会对本国碳排放产生重要影响。

温室气体的持续排放将导致全球气候进一步变暖，而适应和减缓是应对气候变化的基本途径，也是减少和管理气候变化风险的战略。除此之外，各个行业应对气候变化的采取不同减排措施和新兴的技术手段也是应对气候变化的重要部分之一。并且 IPCC 定期发布的关于气候现状、影响和减缓变化相关方面的报告也是重要的理论支撑。

2.3.1 主要途径

应对气候变化主要采用两种途径，即减缓和适应。减缓是指通过各种政策、措施和手段，包括经济、技术和生物等方面，来控制温室气体排放和增加温室气体汇。减缓可以减少未来几十年和长期气候变化的影响，减缓气候变化的核心措施是大幅降低 CO_2 等温室气体的人为排放量，同时提高全球碳汇水平，增强 CO_2 的吸收能力，最终实现 CO_2 排放量和吸收量的平衡。

适应是自然或人类系统在实际或预期的气候变化刺激下作出的一种调整反应，这种调整可以减缓气候变化的不利影响，并充分利用其带来的各种有利条件。适应能够有效地降低当前气候变化带来的风险，并在未来应对新出现的风险。

控制温室气体排放的途径主要包括：改变能源结构，减少化石燃料使用，增加可再生能源的比例；提高发电和其他能源转换部门的效率；提高工业生产部门的能源效率，降低单位产品能耗；提高建筑供暖等民用能源效率；提高交通运输部门的能源效率；减少森林植被破坏，控制水田和垃圾填埋场排放 CH_4 等，以此来减少和降低 CO_2 等温室气体的排放量。目前降低 CO_2 排放所面临的最大挑战是减少化石燃料的使用，增加可再生能源或非化石能源的使用比例，推动能源减排。通过发展低碳发电、燃料转电等关键技术，可以提高资源利用效率，努力将大气中的 CO_2 浓度控制在 0.045%~0.05% 的水平。低碳电力供应的比例到 2050 年，将从目前的 30% 左右增加到 80% 以上。此外，还应通过各种生态建设手段加强森林、土地和海洋生态系统的保护，提高生态系统吸收和储存碳的能力。

2.3.2 减排措施

应对气候变化的减排措施是通过经济、技术和生物等多种政策和手段来控制温室气体排放、增加温室气体汇。核心措施是减少温室气体排放，而能源供应部门的重大转型是保证温室气体排放减少的关键保障。

（1）能源供应部门：发电装置必须实现脱碳，需要大幅度提升使用可再生能源、核能，以及采用碳捕集与封存技术（CCS）的化石能源等零碳或低碳能源供给在一次能源供给中所占比例，同时需要淘汰不使用碳捕集与封存技术的煤电。

（2）能源应用领域：通过采用节能技术、改善交通工具、改变行为、改进基础设施和城市发展等方式，来减少对能源的需求。制定新的政策和标准，应用新技术和知识来促进建筑部门减少能源使用。工业部门通过技术升级、换代等措施，提高能效、降低能源排放、回收利用材料并减少产品需求。

（3）农业和林业领域：有效的减排方法之一是造林、减少砍伐和可持续的森林管理。在农业领域，最有效的手段是农田、牧场管理和恢复有机土壤。城镇化带来的收入增长也伴随着高能耗和排放，因此需要在提高能效、土地规划，以及跨部门协同措施的基础上实现减排目标。

（4）部门协同：尽早实行全面的减排策略，可以让政府在遏阻排放及消耗能量的过程中降低开支并获得更好的效果；因为对于政府而言必须同时跟进管理能源供应商，以及服务使用者才能达成目标。

除此之外，实施碳排放交易制度作为主要的减排措施之一，可以借助确定实际价格或者潜在价值的政策来促进产业界和消费群体加大在低排放领域中的投入力度，进而达到减缓排放量的目的。

实现碳中和目标，需要应用负排放技术（NETs）从大气中移除 CO_2 并将其储存起来，以抵消那些难减的碳排放。碳移除（CDR）可分为两类：一类是基于自然的方法，如利用生物过程增加碳移除并储存于森林、土壤或湿地；另一类是技术手段，即直接从空气中去除碳或控制自然碳移除过程以加速碳储存。表 2-6 列举了一些负排放技术的例子，不同技术的机理、特点和成熟度差异较大。

负排放技术举例 **表 2-6**

技术	描述	碳移除机理	碳封存方式
造林 / 再造林	通过植树造林将大气中的碳固定在生物和土壤中	生物	土壤 / 植物
生物碳（Biochar）	将生物质转化为生物炭并使用生物炭作为土壤改良剂	生物	土壤
生物质能源耦合碳捕集与封存（BECCS）	植物吸收空气中的 CO_2 并作为生物质能源利用，产生的 CO_2 被捕集并封存	生物	深层地质构造
直接从空气中捕集并封存（DACCS）	通过工程手段从大气中直接捕集 CO_2 并封存	物理 / 化学	深层地质构造
强化风化 / 矿物碳化	增强矿物的风化使大气中的 CO_2 与硅酸盐矿物反应形成碳酸盐岩	地球化学	岩石
改良农业种植方式	采用免耕农业等方式来增加土壤碳储量	生物	土壤
海洋施肥	向海洋投放铁盐增加海洋生物碳汇	生物	海洋
海洋碱性	通过化学反应提高海洋碱性以增加海洋碳汇	化学	海洋

在短期内，基于自然的碳移除可以发挥重要作用，并带来改善土壤水质和保护生物多样性的协同效果。然而，从长期来看，基于自然的碳移除难以永久地从大气中去除 CO_2，一场森林大火，原本储存的碳最终可能会再释放到大气中。同时，通过技术手段的负排放，如生物质能源耦合碳捕集与封存（以下简称 BECCS）的广泛应用，也面临诸多挑战。例如，BECCS 需要大规模生产生物能源，对土地和水资源构成压力。此外，BECCS 涉及生物能源的生产和提取、碳捕集、运输、储存和利用等多个环节，要实现负排放的效果，还需要对整个生命周期进行详细评估。

2.3.3 联合国政府间气候变化专门委员会（IPCC）

1. IPCC 概况

IPCC，中文名为：联合国政府间气候变化专门委员会（以下简称 IPCC）。IPCC 是世界气象组织及联合国环境规划署于 1988 年联合建立的政府间机构。该机构的核心任务是对气候变化科学知识的现状、对社会和经济的潜在影响，以及应对和适应气候变化的对策进行评估。其主要职能是在全面、客观、公开和透明的基础上，评估全球气候变化领域内最高水平的现有科学、技术和社会经济信息。

IPCC 下设三个工作组，分别是对气候系统与气候变化的科学问题、气候变化的影响与适应气候变化的方法，以及减缓气候变化的可能性进行评估。IPCC 发布的评估报告可以为全球政策制定者和其他相关领域的科研工作者提供与气候变化相关的科学依据和具体数据。然而，IPCC 本身不从事气候变化的具体研究，也不对气候现象和气候变化进行监测，而是每年对全球关于气候变化的研究论文进行审查，并对气候相关状况、问题和应对策略进行综合评估。

从 1990 年到 2023 年，IPCC 共发布了六次正式的评估报告见表 2-7，其总结了 IPCC 历次评估报告的全球变暖方面的主要原因描述。

IPCC 评估报告对于全球变暖原因描述　　表 2-7

年份	描述
第一次（1990 年）	极少观测证据可检测到人类活动对气候的影响
第二次（1995 年）	一些证据可识别人类活动对 20 世纪气候变化的影响
第三次（2001 年）	近 50 年观测到的变暖大部分可能是由于温室气体浓度增加造成的
第四次（2007 年）	全球变暖不仅在地表，而且在对流层和洋面，以及海冰都检测到变暖信号；20 世纪中期以来全球变暖很可能是人类活动造成的
第五次（2013 年）	在 5 个圈层都检测到变暖，自 20 世纪中期以来全球变暖人类活动很可能是主因

续表

年份	描述
第六次（2023 年）	毋庸置疑，人类活动已造成大气、海洋和陆地变暖

2. IPCC 历次报告

1）IPCC 第一次评估报告——1990 年

1990 年完成的 IPCC 第一次评估确认了气候变化的科学依据。本次评估报告指出，过去一个世纪内，全球平均地表温度上升了 0.3~0.6℃，海平面及大气中温室气体浓度均有不同程度的上升。如果不对温室气体的排放加以控制，21 世纪末，全球平均温度将较工业革命前水平高出 3~4℃。根据上述气候变化情景 IPCC 对其多方面进行了评估，并初步提出了应对方案，其中包括全球应立即减少 60% 的人类活动所产生的长寿命温室气体的排放，从而将大气温室气体浓度稳定在当前的水平。本次报告的发行推动了《联合国气候变化框架公约》（United Nations Framework Convention on Climate Change，UNFCCC）（以下简称《公约》）的制定与通过，开启了全球应对气候变化的国际治理进程。

《公约》于 1992 年 5 月 9 日在联合国大会期间通过，并于 1994 年 3 月 21 日起正式生效，是由 154 个国家和地区共同签署的一项公约。其旨在推动全球将大气中温室气体浓度控制在一定水平，使生态系统能够自然地适应气候变化，保护粮食生产，并促进经济可持续发展。自 1995 年首次缔约方大会在德国柏林召开以来，缔约方每年都会召开缔约方会议，为未来 20 多年的国际气候提供指导。《公约》核心内容包括如下。

（1）确立了应对气候变化的最终目标，将大气温室气体的浓度稳定在防止气候系统受到危险的人为干扰的水平上，这一水平应当在足以使生态系统能够可持续进行的时间范围内实现。

（2）确立了国际合作应对气候变化的基本原则，主要包括：①“共同而区别”的原则，要求发达国家应率先采取措施，应对气候变化；②考虑发展中国家的具体需求和国情；③各缔约国应当采取必要措施，预测、减少和防止引起气候变化的因素；④尊重各缔约方的可持续发展权；⑤加强国际合作，应对气候变化的措施不能成为国际贸易的壁垒。

（3）明确发达国家应承担率先减排和向发展中国家提供资金技术支持的义务。

（4）承认发展中国家有经济和社会发展、消除贫困的优先需要，它们在全球排放中所占的份额将增加，经济和社会发展，以及消除贫困是发展中国家首要和压倒一切的优先任务。

《公约》是世界上第一个为全面控制 CO_2 等温室气体排放，应对全球气候变暖给人类经济和社会带来不利影响的国际公约，也是国际社会在应对全球气候变化问题上进行国际合作的一个基本框架，它奠定了应对气候变化国际合作的法律基础。

2）IPCC 第二次评估报告——1995 年

1995 年 IPCC 发布了第二次评估报告。本次评估报告指出，CO_2 排放是人为导致气候变化的最重要因素，并表示气候变化带来许多不可逆转的影响。报告还提出“将大气中温室气体浓度稳定在防止气候系统受到危险的人为干扰的水平”，提供了科学信息，并提出制定气候变化政策及落实可持续发展过程中应重点兼顾公平原则，并且还有力地促进了具有法律约束力的定量减排目标的《京都议定书》的通过。

《京都议定书》是在 1997 年 12 月在日本京都召开缔约方第三次会议上通过的，包括 28 个条款和 2 个附件，在 2005 年 2 月 16 日起正式生效。其目标是通过保持适量温室气体浓度来避免严重气候变化给人们带来的危害；同时对于发达国家的过量排放行为加以控制与管理以达到降低全球温度的目的。

《京都议定书》规定，到 2010 年，所有发达国家 CO_2 等 6 种温室气体的排放量，要比 1990 年减少 5.2%。到 2008—2012 年，各国排放量相比 1990 年欧盟国家削减 8%、美国削减 7%、日本削减 6%、加拿大削减 6%、东欧各国削减 5%~8%、新西兰、俄罗斯和乌克兰的排放量可以与 1990 年排放量基本相当，爱尔兰、澳大利亚和挪威的排放量可比 1990 年分别增加 10%、8% 和 1%。除此之外，《京都议定书》规定了多种减排温室气体，包括 CO_2（二氧化碳）、CH_4（甲烷）、N_2O（氧化亚氮）、CFCs、HFCs、HCFCs（氢氟碳化物）、PFCs（全氟碳化物）和 SF_6（六氟化硫）。

《京都议定书》开创了全球范围内以法规的形式限制温室气体排放的先河。为了使各国完成温室气体减排的目标，允许采取以下四种减排方式：①两个发达国家之间可以进行排放额度买卖的“排放权交易”，难以完成削减任务的国家，可以花钱从超额完成任务的国家买进超出的额度；②以“净排放量”计算温室气体排放量，从本国实际排放量中扣除森林所吸收的 CO_2 的数量；③采用绿色开发机制，促使发达国家和发展中国家共同减少温室气体的排放；④采用“集团方式”，欧盟内部的国家可作为一个整体，采取有的削减、有的增加的方法，在总体上完成减少温室气体的排放任务。

3）IPCC 第三次评估报告——2001 年

根据 IPCC 第三次评估报告，可以明确地表示温度上升的主要原因是由人类活动引起的。该报告认为人类活动导致气候变化的可能性为 66%，并预测未来全球平均气温将继续上升，几乎所有地区都可能面临更多热浪天气的袭击。IPCC 本次评估报告还认为，随着气候变化的加剧，全球各地将受到更多不利影响的困扰，其中发展中国家和贫困地区将更容易受到气候变化的不利影响。

4）IPCC 第四次评估报告——2007 年

根据 IPCC 发布的第四次评估报告，全球气候系统变暖是毋庸置疑的，全球平均地面温度的升高非常可能是由人类排放的温室气体浓度增加所致（可能性达到 90%），而太阳辐射变化和城市热岛效应并非气候变化的主要原因。根据 IPCC 的预测，到 21 世纪中叶，全球干旱影响地区范围将进一步扩大，暴雨、洪涝等极端天气的风险也将增加，而极地冰川和雪盖的储水量将会减少。

并且在 2007 年召开的《公约》第十三次缔约方会议上启动了一个为期两年的行动计划，目标是在 2009 年丹麦哥本哈根举行的 COP15 上能够完成对 2012 年以后国际气候制度的谈判，这也就是著名的《巴厘路线图》。

5）IPCC 第五次评估报告——2013 年

在 2013 年 11 月发布的 IPCC 第五次评估综合报告中，以更全面的数据凸显了应对气候变化的紧迫性。报告指出，第一工作组的研究表明人类活动“极有可能（95% 以上可能性）”导致了 20 世纪 50 年代以来的大部分（50% 以上）全球地表平均气温升高。IPCC 在技术摘要中明确指出，可能性超过 90% 意味着“极有可能”。这次评估报告中的可能性数字从第四次评估报告的 90% 上升到 95%，表明气候科学家们比以往更加确信人类活动是导致 1950 年以来全球气候变化的主要原因。此外，IPCC 还指出气候变化将对经济增长、食品安全、公共健康等造成严重影响，并加剧全球水危机、贫困和饥饿等问题。同时，科学家们表示，未来很难准确预测气候变化对特定地区的影响。此外，IPCC 指出 2007 年至 2012 年间，全球海平面上升速度是过去 10 年中的 2 倍。即使各国采取最大限度的减排措施，到 21 世纪末，全球海平面也可能较 20 世纪末的水平上升 0.5m。根据 IPCC 的报告，过去 30 年来每个 10 年地表平均温度都高于过去一个 10 年。这份评估报告认为，为了在 21 世纪末将全球温度控制在比工业革命前水平高出 2℃的范围以内，人类必须大幅度减少温室气体排放。根据 IPCC 的预测，各国如果立即采取积极应对气候变化的措施，实现这一目标的几率将高于 66%，但如果全球到 2030 年才采取行动，实现这一温控目标的成本将会大幅增加。

IPCC 第五次评估报告首次提出了全球碳排放预算的概念。为实现 2℃温控目标，全球可以排放约 1 万亿 tCO_2 的碳预算额度，但目前全球碳排放已经超过了这个预算额的 50%。预测显示，如果按照目前的排放速度，全球将在 30 年的时间内用尽剩余的碳预算额度。基于以上的预测，IPCC 认为，为了实现 2℃温控目标以避免气候变化的灾难性影响，到 2050 年，全球需要将

2010 年的温室气体排放水平减少 40%~70% 的排放量，并在 2100 年前实现净零排放。

本报告的主要结论是基于各国在 2015 年达成新的气候协议《巴黎协定》的情况得出。《巴黎协定》共有 29 项条款，包括目标、减缓、适应损失和损害、资金、技术、能力建设、透明度，以及全球盘点等内容。根据决议，特设工作组应该参考 IPCC 第五次评估报告来确定全球盘点所需的信息。各缔约方也应该使用 IPCC 的方法学及指标来核算各自的温室气体减排力度。

《巴黎协定》的目标是在全球范围内将平均气温上升控制在显著低于 2℃的水平，并朝着将升温控制在工业化前水平 1.5℃的方向努力。该协定旨在不影响粮食生产的情况下，提高适应气候变化负面影响的能力，促进低排放温室气体的发展和气候恢复力的增强，确保资金流动与低排放和气候恢复发展相适应。

《巴黎协定》进一步确立了低碳绿色发展的理念，改变了国际气候谈判的模式从上而下转变为自下而上，使得世界各国广泛参与减排，成为《联合国气候变化框架公约》下第二个具有法律约束力的协议。《巴黎协定》标志着国际社会在应对气候变化进程中的一个重要里程碑，成为解决气候危机的关键一步，为全球气候治理进程画上了重要的句号，标志着全球合作进入新时代，以应对全人类面临的气候问题。

6）IPCC 第六次评估报告——2023 年

由于受到新型冠状病毒感染的影响，IPCC 第六次报告的发布被推迟到 2021 年至 2023 年期间。到了 2023 年 3 月 20 日，IPCC 发布了第六次评估报告综合报告《气候变化 2023》。本报告由当前世界顶级的气候科学家共同撰写，综合了自 2018 年以来 IPCC 发布的三份工作组报告和三份特别报告的调查结果，以对当前气候紧急情况和应对方法进行权威和科学评估。这份报告首次明确指出：人类活动主要通过排放温室气体，毫无疑问地导致了全球变暖，大气、海洋、冰冻圈和生物圈都发生了广泛而迅速的变化。人类活动引起的气候变化已经影响到全球各个地区，并对人类和自然系统造成了不利影响和损失。自 2011 年至 2020 年，全球地表温度已经比 1850—1900 年的水平高出了 1.1℃。全球温室气体排放量持续上升，主要原因是不可再生的能源使用、土地利用和利用方式的变化，以及不同地区、国家和个人生活方式、消费和生产方式的影响。报告还指出，未来几年全球温升可能会达到 1.5℃，甚至存在暂时突破 1.5℃的风险。然而，科学家也指出，我们所在的 10 年（2020—2030 年）是决定未来变暖趋势的关键 10 年，因为有多种可行和有效的技术可以减缓和适应气候变化，这取决于我们的选择和行动。

思考题与练习题

1. 简述全球气候变化现象、成因，以及影响因素。
2. 阐明全球气候将如何变化，以及未来将如何发展。
3. 总述碳排放现象，以及本专业对减少碳排放的相关措施。
4. 阐述温度与温室气体的变化情况，以及二者之间的关系。
5. 思考 IPCC 委员会对全球气候变化作出的贡献及给我们的启示。
6. 如何应对气候变化，讨论减缓和适应气候变化的途径及措施。
7. 结合本专业，为了减缓全球变暖我们能做些什么？

参考文献

[1] 杨柳 . 建筑气候学 [M]. 北京：中国建筑工业出版社，2010.
[2] 陈迎，巢清尘，等 . 碳达峰、碳中和 100 问 [M]. 北京：人民日报出版社，2021.
[3] 杨建初 . 刘亚迪 . 刘玉莉 . 碳达峰、碳中和知识解读 [M]. 北京：中信出版社，2021.
[4] 郭锦鹏 . 应对全球气候变化：共同但有区别的责任原则 [M]. 北京：首都经济贸易大学出版社，2014.
[5] 江霞，汪华林 . 碳中和技术概论 [M]. 北京：高等教育出版社，2022.
[6] 约瑟夫・罗姆 . 气候变化 [M]. 黄刚，等，译 . 湖北：华中科技大学出版社，2020.
[7] Field，C.B，Barros，V，Stocker，T.F. Managing the Risks of Extreme Events and Disasters to Advance Climate Change Asaptation：Special Report of the Intergovernmental Panel on Climate Change[M]. Cambridge：Cambridge Unicersity Press，2012.
[8] 本书编写组 . 温室效应 [M]. 北京：世界图书出版公司，2017.
[9] 庄贵阳 . 朱仙丽 . 赵行姝 . 全球环境与气候治理 [M]. 杭州：浙江人民出版社，2009.
[10] 世界气象组织 . 2021 年全球温室气体公报 [R]. 日内瓦：世界气象组织，2022.

第3章 建筑碳排放及其特征

> ➢ 你知道什么是低碳建筑吗？
> ➢ 你有了解过建筑碳排放吗？
> ➢ 你认为建筑碳排放的来源有哪些呢？

第2章论述了气候变化是当今人类面临的重大全球性挑战，且明确了气候变化与温室气体排放之间的关系。众所周知，建筑业是我国国民经济碳排放的四个主要领域（能源、工业、交通、建筑）之一。为了积极应对气候变化提出碳达峰、碳中和目标，降低建筑全生命周期内的碳排放量，需要从理清建筑碳排放相关概念入手，揭示建筑碳排放特征。本章将建筑行业的碳排放分为直接碳排放和间接碳排放，重点论述了各类建筑碳排放的概念、现状、排放源及其特征、建筑碳汇，并进一步详细给出了全国范围内建筑碳排放的时空分布特征。

本章整体知识框架，如图3-1所示。

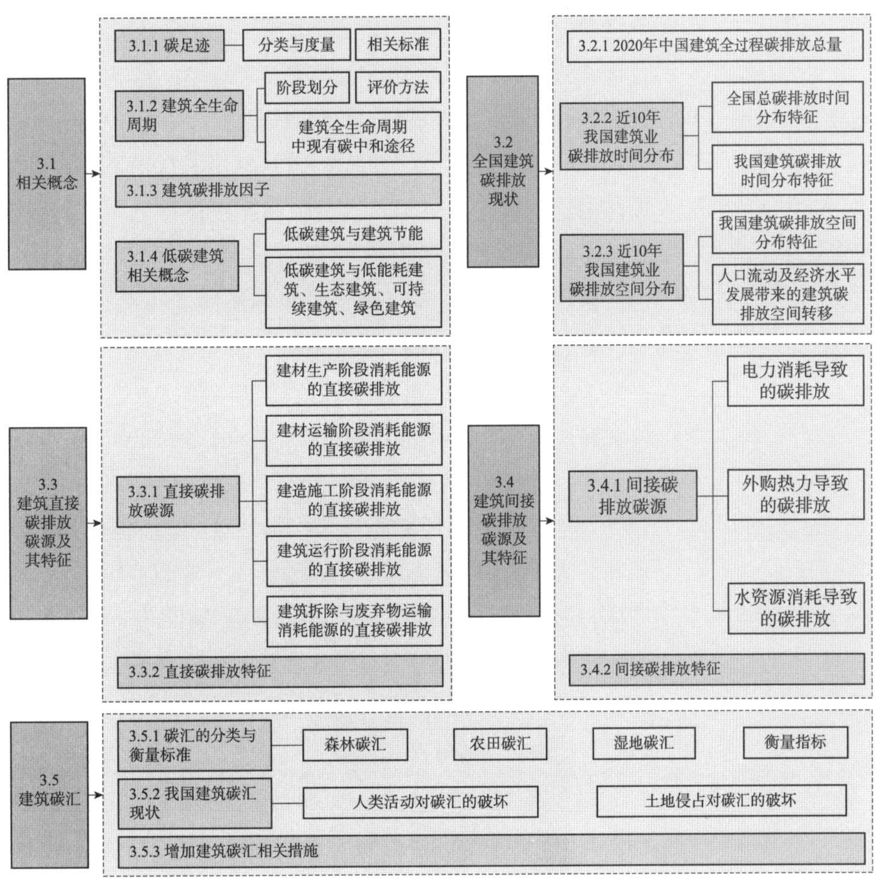

图3-1 第3章知识框架图

3.1 相关概念

随着全球温室效应日益加剧，将节能减排提上人类生产生活的日程已迫在眉睫。目前，建筑领域的碳排放约占全球总碳排放量的三分之一，是导致全球变暖的主要因素之一。在建筑全生命周期内，大部分的建筑活动会伴随着砍伐森林与消耗大量化石燃料等行为，活动过程中会产生大量的 CO_2 及其他温室气体。而为了更好地计算与评估碳排放量，引入了碳足迹等相关概念，通过对建筑碳足迹的介绍并分析建筑碳排放对环境造成的影响，可引导建筑相关行业为客户提供更多的绿色低碳产品，使大众消费方式向低碳化转变。

3.1.1 碳足迹

碳足迹是由哥伦比亚大学提出的“生态足迹”的概念演变而来，指为满足人类生产和消费活动需求而排放的影响气候变化的气体总量。与许多碳排放研究不同，碳足迹从产品生命周期的角度出发，计算衡量在产品生命周期中为满足活动需求直接或间接导致碳排放的过程，其中包含了产品制造、供暖和运输等过程中由于燃烧化石燃料而产生的直接碳排放，以及为满足产品全生命周期中某些需求使用电力或热力资源而产生的间接碳排放。因此，碳足迹常被用来分析人类活动对气候与环境的影响，而碳足迹相关标准的制定也为各种人类活动实现节能减排确定了一个标准线。

由于许多国家或组织均制定并出台了针对不同系统层级的碳足迹核算标准，因此目前碳足迹标准种类较多。根据评估对象的系统层级，碳足迹标准大致可以分为三个层级：

（1）在国家、部门或者区域等层级的相关活动的碳足迹计算中，国际上比较通用的是由联合国政府间气候变化专门委员会（以下简称 IPCC）于 2006 年提出的《IPCC 国家温室气体清单指南》，以及由宜可城—地方可持续发展协会（International Council for Local Environmental Initiatives，ICLEI）于 2009 年提出的《ICLEI 城市温室气体清单指南》。

（2）在企业、组织等层级相关活动的碳足迹计算中，则较常采用由世界资源研究所（World Resources Institute，WRI）与世界可持续发展工商理事会（World Business Council for Sustainable Development，WBCSD）在 2004 年联合制定编写的《温室气体核算体系：企业核算与报告标准》，以及由国际标准化组织（International Organization for Standardization，ISO）在 2006 年编写制定的 ISO 14064 标准系列。

（3）在产品层级的相关活动碳足迹计算中，主要使用的国际标准有三个，第一个为《PAS2050：2011 产品与服务生命周期温室气体排放的评价规范》（PAS2050：2011 Specification for The Assessment of The Life Cycle

Greenhouse Gas Emissions of Goods and Services），该标准是由英国标准协会（British Standards Institution，BSI）于 2011 年编写制定的；第二个为《温室气体核算体系产品寿命周期核算与报告标准》（GHG Protocol），由世界资源研究所与世界可持续发展工商理事会于 2011 联合编写制定；第三个为由国际标准化组织于 2018 年编写制定的《ISO 14067：2018 温室气体—产品碳足迹—量化要求及指南》（ISO 14067：2018 Greenhouse Gases Carbon Footprint of Products Requirements and Guidelines for Q uantification）。

3.1.2 建筑全生命周期

建筑全生命周期主要是指建筑物从最初的制造建筑材料到最终的整体建筑物拆除、建材回收的整个过程，主要可划分为 4 个阶段：建筑材料生产阶段、建筑施工建造阶段、建筑运行维护阶段、建筑拆除回收阶段。在建筑全生命周期中，建筑碳排放存在于各个阶段，因此在评估建筑全生命周期的碳排放前，需要明确建筑碳排放的概念。建筑碳排放主要是指，建筑物在全生命周期内各个阶段所产生的温室气体排放量的总和，统一采用 CO_2 当量作为单位来表示。

1. 评价方法

关于碳足迹的测算与评价方法最早应用在商品领域，随着后期相关研究的深入，逐渐形成系统的评价方法体系与计算衡量模型，并出现几类在各个领域都应用较为广泛的评价模型与方法。在建筑全生命周期的各个阶段中，大多数建筑碳足迹的计算评估方法是普遍类似的，其原理是以“碳排放量 = 活动数据 × 排放因子”为基础。其主要计算流程为：先获取各类活动的碳排放量，最终求和。如今，在碳排放核算数据库的基础之上，国际上把常用的碳排放测算与评估方法大致分为“自下而上型”与“自上而下型”两类。在这两大类中，建筑行业较为主流的碳足迹评价方法主要有，生命周期测算法（Life Cycle Assessment，LCA），IPCC 清单法和投入产出法（Input–Output，I–O）。

（1）生命周期测算法（以下简称 LCA）

LCA 属于“自下而上型”，通过实地监测调研或者其他数据库资料收集来获取产品或服务在生命周期内所有的输入及输出数据，来核算研究对象的总碳排量和环境影响。随着研究的深入，国际上针对 LCA 模型的计算边界和对象范围制定并出台了多种计算方法与标准，以此来增加其准确性和通用性，主要有由世界资源研究所与世界可持续发展工商理事会（WBCSD）提出的《温室气体核算体系》（GHG Protocol）、《PAS2050：2008 商品和服务在生命周期内的温室气体排放评价规范》、《ISO/DIS 14067产品碳足迹——量化和沟通的要求与指导》。

生命周期的碳排放评估（以下简称LCCO$_2$A）为生命周期测算法（LCA）的衍生计算评价方法，其重要性与LCA相当，近些年该方法广泛应用在单体建筑的全生命周期，为设计规划阶段提供指导，在行业取得了广泛关注。现有的大量研究在此模型的基础上将建筑从设计到拆除回收全生命周期相关的能源消耗与对环境的影响进行量化，从而能够更好地分析建筑全过程相关碳排放，并将其结果用于建筑生命周期中各个阶段的降碳指导。LCCO$_2$A方法通常被认为是一个对建筑的“从摇篮到坟墓”全过程相关碳排放进行评价的方法，能够帮助相关工作者系统地衡量从最初建造材料的采集、制造、运行，以及废弃处理与回收利用等每个阶段的碳排放。

（2）IPCC清单法

“自上而下型”主要指，以国家或区域作为计算范围进行衡量与评估，该方法又称IPCC清单法。在现有研究中，大部分均使用了“自上而下型”的方法对碳排放进行测算与评估。

另外，IPCC的报告也多次提出在计算建筑碳足迹等多个部门碳足迹的过程中引入时间加权的概念，即考虑建筑运行阶段的时间相较于全生命周期中其他阶段的时间性。在此种环境下，明确建筑全生命周期各个阶段时长及在整个全生命周期中的相对时长就变得十分重要。

（3）投入产出法（以下简称I–O）

I–O最早是应用于计算衡量多个经济领域部门之间的“投入”与“产出”关系的数学模型。而后，有学者以碳足迹定义为基础，将投入产出模型与生命周期评价方法融入其中，开发出了经济投入产出—生命周期评价模型（以下简称EIOLCA），此类模型被广泛应用在建筑、交通等多个工业部门，以及企业、家庭、政府组织等不同单位层级的碳足迹测算与评价。在官方组织给出的碳足迹的定义的基础上，EIOLCA通常从三个层面对碳足迹进行测算。例如工业部门，第一个层面为在生产及运输过程中由工业部门燃烧消耗化石能源所产生的直接碳排放；第二个层面把第一层面的碳排放测算范围延展至工业部门所消耗的能源，主要是指各能源产能全过程所产生的碳排放；第三层面包括了以上两个层面，主要指所涉及工业部门产能各个环节的直接与间接碳排放，即开端至终结的全过程。

2. 建筑全生命周期中现有碳中和途径

以建筑全生命周期的阶段划分为依据与基础，分析了每个阶段的具体情况后，从现有技术与现实情况出发，通过将科学技术与设计策略相结合，能成功实现建筑行业的碳中和目标，如图3–2所示。详细技术与策略说明见第5章。

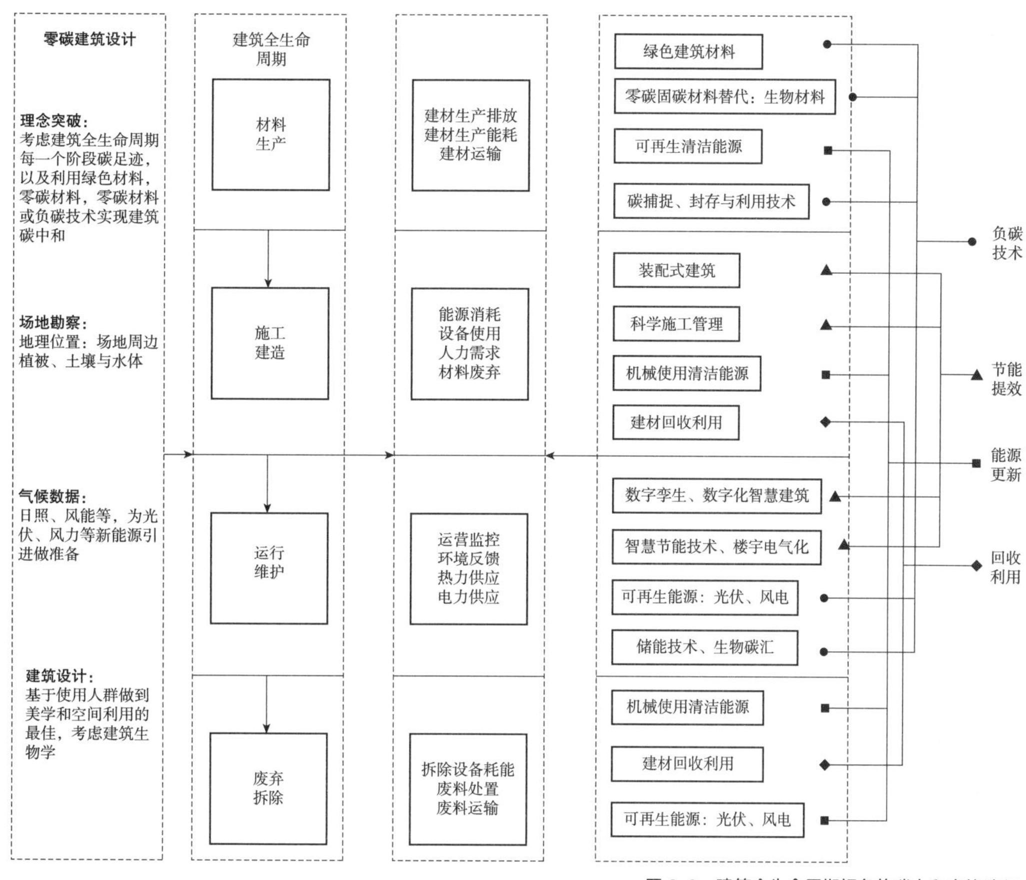

图 3-2 建筑全生命周期视角的碳中和实施路径

（图片来源：根据 2022 年《建筑碳中和白皮书》资料，整理改绘）

3.1.3 建筑碳排放因子

碳排放因子又称为碳排放系数，其概念从碳排放系数法①中的“碳排放系数”演变而来，IPCC 将碳排放系数定义为，某一种能源燃烧或使用过程中单位能源所产生的碳排放数量，常用来将建筑全生命周期内不同阶段的相关碳排放进行量化。根据 IPCC 的假定，可认为某种能源的碳排放因子是固定不变的。

碳排放因子具体可分为 CO_2（二氧化碳）、CO（一氧化碳）、NO_2（二氧化氮）、SO_2（二氧化硫）、粉尘颗粒等因子。表 3-1 列举了几种建筑中常用材料的碳排放因子，详细建材碳排放因子与建材运输碳排放因子见本书附录 1 与附录 2。

① 碳排放系数法是由 IPCC 提出的一种碳排放估算方法，也是目前广泛应用的方法。其基本思路是依照碳排放清单列表，针对每种排放源活动数据与排放系数，以活动数据和排放因子的乘积作为该排放项目的碳排放量估算值。

建筑常用材料碳排放因子　　表 3-1

<table>
<tr><th>材料名称</th><th>数据来源</th><th colspan="2">碳排放因子（kg CO_2e/m^3 或 kg CO_2e/t）</th></tr>
<tr><td rowspan="9">水泥</td><td rowspan="3">《温室气体核算体系》（GHG Protocol）</td><td>硅酸盐水泥（波特兰水泥）</td><td>0.502</td></tr>
<tr><td>混合水泥</td><td>0.396</td></tr>
<tr><td>砌筑水泥</td><td>0.396</td></tr>
<tr><td>IPCC</td><td>熟料</td><td>0.507</td></tr>
<tr><td>《水泥行业二氧化碳减排议定书》《水泥行业二氧化碳排放统计与报告标准》</td><td colspan="2">0.525（熟料）</td></tr>
<tr><td>《绿色奥运建筑评估体系》</td><td colspan="2">0.8</td></tr>
<tr><td rowspan="2">《水泥生产企业二氧化碳排放量的计算》</td><td colspan="2">0.653 38</td></tr>
<tr><td colspan="2">0.836 34（熟料）</td></tr>
<tr style="display:none"></tr>
<tr><td rowspan="3">钢铁</td><td>IPCC</td><td colspan="2">1.060</td></tr>
<tr><td>《温室气体核算体系》（GHG Protocol）</td><td colspan="2">1.220</td></tr>
<tr><td>《绿色奥运建筑评估体系》</td><td colspan="2">2.0</td></tr>
<tr><td>混凝土</td><td>《谈废旧混凝土的资源化》</td><td colspan="2">260.2</td></tr>
<tr><td>混凝土砌块</td><td>《绿色奥运建筑评估体系》</td><td colspan="2">0.12</td></tr>
<tr><td>实心黏土转</td><td>《绿色奥运建筑评估体系》</td><td colspan="2">0.2</td></tr>
<tr><td>木材制品</td><td>《绿色奥运建筑评估体系》</td><td colspan="2">0.2</td></tr>
<tr><td rowspan="6">石灰</td><td rowspan="3">IPCC</td><td>高钙石灰</td><td>0.75</td></tr>
<tr><td>含白云石石灰</td><td>0.86 或 0.77</td></tr>
<tr><td>水硬石灰</td><td>0.59</td></tr>
<tr><td rowspan="3">《温室气体核算体系》（GHG Protocol）</td><td>高钙石灰</td><td>0.730 05</td></tr>
<tr><td>含白云石石灰</td><td>0.776 05</td></tr>
<tr><td>水硬石灰</td><td>0.5925</td></tr>
<tr><td>铅</td><td>IPCC</td><td colspan="2">0.52</td></tr>
<tr><td rowspan="3">铝</td><td rowspan="2">IPCC</td><td>预焙 7 技术</td><td>1.6</td></tr>
<tr><td>Soderberg 技术</td><td>1.7</td></tr>
<tr><td>《全球气候变化和温室气体清单编制方法》</td><td colspan="2">1.22</td></tr>
<tr><td rowspan="2">陶瓷</td><td>《建筑陶瓷的生命周期评价》</td><td colspan="2">16.635</td></tr>
<tr><td>《绿色奥运建筑评估体系》</td><td colspan="2">1.4</td></tr>
<tr><td>玻璃</td><td>《绿色奥运建筑评估体系》</td><td colspan="2">1.4</td></tr>
</table>

（表格来源：根据《建筑中常用的能源与材料的碳排放因子》资料，整理改绘）

3.1.4 低碳建筑相关概念

加深对低碳建筑的认识与了解，在全国范围内推广低碳建筑是我国进行低碳经济与低碳社会转型的必经之路。

1. 低碳建筑与建筑节能

建筑节能并非一个新提出的理念，最初的建筑节能理念主要是指减少能源的消耗，中心主旨为减少能源使用的绝对数量；随着时代的发展，人们对建筑节能的概念产生了全新的认识，即需要找到居住舒适性与节能减排之间的平衡点，由此开始，建筑节能逐渐将概念重心向提高能源的使用效率方面倾斜，该理念凸显了以人为本的特点，是“建筑节能”概念发展的一个重大转折点。

建筑节能是指减少建筑物建造、运行使用和拆除中的能源消耗，其中，建筑供暖、空调、照明、电器使用能耗占比 70% 以上。而低碳建筑是指建筑物在运行使用中，将消耗的物质资源（洁净水、维修部品、能源等）、排放的固废物（固、液、气）都折算为 CO_2 排放后，CO_2 排放量低的建筑。低碳建筑与节能建筑这两者在定义、评估角度与侧重点上有着一定的区别，但共同点都是在设计与建造时遵循节地、节能、节水、节材、环境保护等原则。在实际工程项目中，通常使用建筑节能的概念与标准来评估、发展低碳建筑，主要原因如下。

（1）要想得到建筑较为精确的碳排放量，就必须从全生命周期角度进行测算，但整个测算过程非常复杂、统计与测算范围确定较为困难，且在整个建筑全生命周期中涉及多个行业、需要采集大量的数据，以上均导致建筑碳排放量的精确测算在实际工程中难以进行广泛应用。而在无特殊情况时，大多数建筑运行维护阶段的碳排放量在建筑全生命周期的总碳排放量中占比最大，于是在实际工程中仅仅依靠测算建筑在运行维护阶段的碳排放量来评估建筑的全生命周期碳排放量。

（2）在建筑运行维护阶段的建筑能耗测算已经形成较为成熟与系统的衡量和评价方法体系，具备在实际项目工程中推广的条件。如今，我国已在建筑设计阶段针对建筑能耗方面提出了明确的强制性要求，且在此阶段必须依照相关国家标准进行建筑节能计算，这样就能够利用“节能”的方式来实现减少碳排放量的目标。

（3）在建筑运行维护阶段，建筑的碳排放量主要来源是为了满足建筑正常运行使用能源导致的碳排放，可分为以下两类，一类是为了维持良好的室内环境质量的能源消耗；另一类是除维持室内环境质量外的各类用能设备的能源消耗。第一类的能源消耗主要考虑空调和供暖，空调与供暖产生的能耗从某种程度上来说与建筑物外围护结构的热工性能有着密切关联；而第二类，则主要涉及高效节能设备的选用。以上两类能耗的内容都与建筑设计阶段有着密不可分的联系，且热工性能优良的外围护结构和高效用能设备是构成低碳建筑、节能建筑的必要条件。

2. 低碳建筑与低能耗建筑、生态建筑、可持续建筑、绿色建筑

与低碳建筑类似的概念还有不少，如低能耗建筑、绿色建筑、生态建筑、可持续建筑等与这些概念相比，“低碳建筑”一词出现较晚。尽管上述几个概念的用词不同，但核心内容是接近的，宗旨都是希望通过减少建筑物的能源消耗和资源消耗，减少对自然界的破坏，实现可持续发展的目标。从涵盖范围看，低能耗建筑、绿色建筑、生态建筑、可持续建筑的涵盖范围较大，低碳建筑的涵盖内容较小，主要集中于建筑物全生命周期的 CO_2 排放量（或温室气体排放量），因此低碳建筑在实践中具有更强的针对性和可操作性。

（1）低能耗建筑是指建筑物在建成后、运行使用中的能耗相对来说比较低。低能耗建筑往往都采取了利用可再生能源的设计和技术措施。发展低能耗建筑的目标，是创造出人与自然和谐的环境，一年四季室温适宜，有益于人体身心健康，有充足的日照和良好的通风，还可改善整个城市的生态环境，大大减少有害气体、固体垃圾、CO_2 等污染物及温室气体的排放。为了更好地促进我国建筑业从高能耗向低能耗的转型发展，针对我国建筑行业的发展现状，相关标准内将低能耗建筑进一步划分为超低能耗、近零能耗与零能耗建筑三种表现形式：

①超低能耗建筑作为近零能耗建筑的初级表现形式，室内环境指标和近零能耗建筑是一致的，但能效相关参数相较于近零能耗建筑稍低，其建筑能耗相关参数需在国家标准《公共建筑节能设计标准》GB 50189—2015 和行业标准《严寒和寒冷地区居住建筑节能设计标准》JGJ 26—2018、《夏热冬冷地区居住建筑节能设计标准》JGJ 134—2010、《夏热冬暖地区居住建筑节能设计标准》JGJ 75—2012 的基础上下降至少 50%；

②近零能耗建筑最大的特点为能够适应选址地区的气候特点与场地条件，以被动式建筑设计作为主要方式，最大限度减少建筑供暖、空调、照明需求，同时结合主动式技术辅助手段最大限度提升能源设备与系统效率，提高可再生能源利用率，用最低的能源消耗来满足室内环境舒适性要求，除了室内环境与能效相关参数需符合本标准规定，建筑能耗相关参数需在国家标准《公共建筑节能设计标准》GB 50189—2015 和行业标准《严寒和寒冷地区居住建筑节能设计标准》JGJ 26—2018、《夏热冬冷地区居住建筑节能设计标准》JGJ 134—2010、《夏热冬暖地区居住建筑节能设计标准》JGJ 75—2012 的基础上下降至少 60%~75%；

③零能耗建筑作为近零能耗建筑的高级表现形式，室内环境指标和近零能耗建筑高度一致，通过进一步提高建筑本身与场地周围所提供的可再生能源资源的利用率，最终实现建筑全年全部用能等于，甚至小于可再生能源年产能的目标。

（2）与生态建筑和可持续建筑相关或相类似的概念在已有研究中存在多种论述，简单来说，可持续建筑重点在于以可持续发展的视角作为出发点，与可持续发展要求相契合的建筑即为可持续建筑。而生态建筑则将重点放在借鉴生态学理论，能够满足人体健康与自然健康需求的建筑即为生态建筑。

（3）与生态建筑、可持续建筑不同，低碳建筑则是指，从建筑全生命周期角度出发，在全生命周期内各个阶段所产生的 CO_2 排放总量（或温室气体排放总量）较低的建筑。低碳建筑聚焦于计算建筑多个阶段所产生的 CO_2 排放量（或温室气体排放量）的层面。

（4）绿色建筑的定义为，在建筑全生命周期内，最大限度地节约资源（节能、节地、节水、节材）、保护环境、减少污染，且能满足人们对使用空间的适用与高效的需求，并与自然和谐共生的建筑。

目前，经过较长时间的研究与发展，绿色建筑在我国已形成明确的概念和较为规范的评价体系，内容主要包括“四节一环保”。与此不同，低碳建筑主要将焦点放在研究建筑物全生命周期内的 CO_2 排放量层面上。因此，低碳建筑所指的范围要小于绿色建筑，而绿色建筑中针对“四节一环保”的相关节能、节材方式方法可在构建低碳建筑的设计阶段进行运用，两个概念具有高度一致的核心内容与发展趋势。

建筑部门是能源消费的三大领域（工业、交通、建筑）之一，也是造成直接和间接碳排放的主要责任领域之一。力争于2030年前达到碳达峰，2060年实现碳中和，这是我国低碳发展需要达到的目标。中国建筑部门实现碳中和意味着零排放，指的是建筑部门相关活动导致的CO_2排放量和同样影响气候变化的其他温室气体的排放量都为零。

随着我国城镇化的推进，建筑部门的碳排放一度呈现出快速增长的态势，且长时间保持居高不下的状态。进入21世纪后，我国碳排放总量与碳排放强度因受到了各类政策影响，以2011年为分界点，整体呈现出先快后慢的增长趋势。在“十一五”至“十三五”期间受到产业结构优化、建材碳排放波动等多个因素的影响，建筑碳排放增速明显放缓。近几年来，南方地区由于产业结构优化显著，用能持续上涨，而北方地区由于集中供暖能耗量控制较好，供暖地区在全国用能占比呈下降趋势。

3.2.1 2020年中国建筑全过程碳排放总量

2020年全国建筑全过程碳排放总量为50.8亿tCO_2，占全国碳排放的比例为50.9%。其中：建筑材料生产阶段碳排放28.2亿tCO_2，占全国碳排放总量的比例为28.2%；建筑施工建造阶段碳排放1.0亿tCO_2，占全国碳排放总量的比例为1.0%；建筑运行维护阶段碳排放21.6亿tCO_2，占全国碳排放总量的比例为21.7%。

2010—2020年间，全国建筑全过程能耗由9.3亿tce上升至22.33亿tce，扩大至2.4倍，年平均增长率为6.0%。“十一五”“十二五”“十三五”期间的年平均增长率分别为5.9%、8.3%和3.7%。如图3-3所示，2010—2020年间，全国建筑全过程碳排放由32.3亿tCO_2上升至50.8亿tCO_2，扩大至1.6倍，年平均增长率为5.6%。分阶段碳排放增速明显放缓，“十二五”和“十三五”期间年平均增长率分别为6.8%和2.3%。2010—2015年间的碳排放波动是由建筑材料生产碳排放的巨幅变动引起的。

3.2.2 近10年我国建筑业碳排放时间分布

自2010年起，随着我国城镇化进程的快速推进，全国的碳排放量与碳排放强度也随着各个时期、各个地区不同的发展模式与发展需求出现了相应的变化。2001年至今，我国的碳排放量与县域碳排放强度总体呈现出上升趋势，但因受到不同的时代因素、地区条件与发展需求的影响，各地区、各类别的碳排放量及增速出现了不同程度的变化。

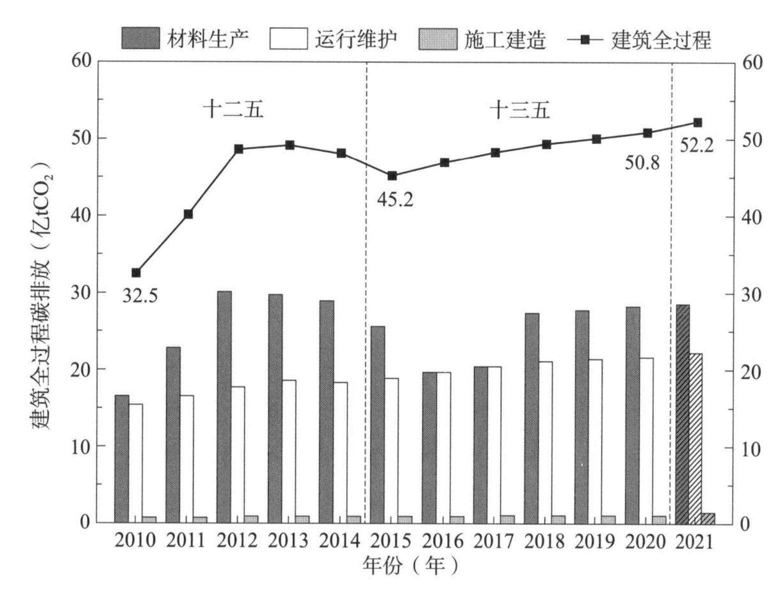

图 3-3 全国建筑全过程碳排放变动趋势

（图片来源：根据《2022 中国建筑能耗与碳排放研究报告》资料，整理改绘）

1. 全国总碳排放时间分布特征

2000—2017 年，此期间因受到“十一五”与“十二五”期间的各种相关政策的影响，我国产业结构与经济发展模式出现较大的转变，从而致使我国县域人均碳排放、城镇因能源消耗而产生的碳排放强度，以及碳排放总量均发生重大变化。其中，我国县域人均碳排放以 2011 年为分界点，呈现出 2011 年前人均碳排放量增长迅速，2011 年后人均碳排放增长速度放缓的整体增长趋势。根据官方数据统计，2000—2017 年期间我国平均县域人均碳排放量由 2000 年的 2.41t/ 人增长到 2017 年的 8.47t/ 人，县域碳排放强度的总体增长率为 251.45%，年平均增长率为 14.79%。2001—2011 年为快速增长时期，我国县域人均碳排放量年均增长率高达 21.66%。在“十一五”与“十二五”两个五年计划期间，国家出台了优化产业结构、淘汰落后产业等相关产业规划政策后，各地相关产业积极响应，因此，2011 年后县域碳排放强度的增幅明显下降，且在 2015 年出现明显的回落，综合多种因素，计算后最终得到 2011—2017 年的年均增长率仅为 1.50%。

以我国现有四大经济区域的地理划分为主要依据，将主要核算与研究的各县域所在地区（暂未计算西藏自治区、台湾省、香港及澳门特别行政区）分别划分为东北地区、中部地区、西部地区与东部地区。如图 3-4 所示，2000—2017 年东部地区是我国碳排放的主要来源地区，该地区碳排放量在全国碳排放总量的 40%~45% 的区间内上下波动；而中部地区与东北地区的碳排放分别从 2000 年占全国总碳排放量的 21%、12% 降低至占全国总量的 18% 与 8%。与中部地区相比，东北地区的碳排放量降幅更为平缓，这背后的原因主要是产业结构的优化与调整，以及对当地生态环境的修复。从2006年开始，由于西部大开发等相关政策出台，在此背景下，西部地区各项产业快速发展，碳排放量也随之增长。从2000—2017年的整体发展趋势上来看，中西部地区占全国碳排放总量的比例越来越大，而东北和东部地区在全国碳排放总量的占比则呈现出下降趋势。

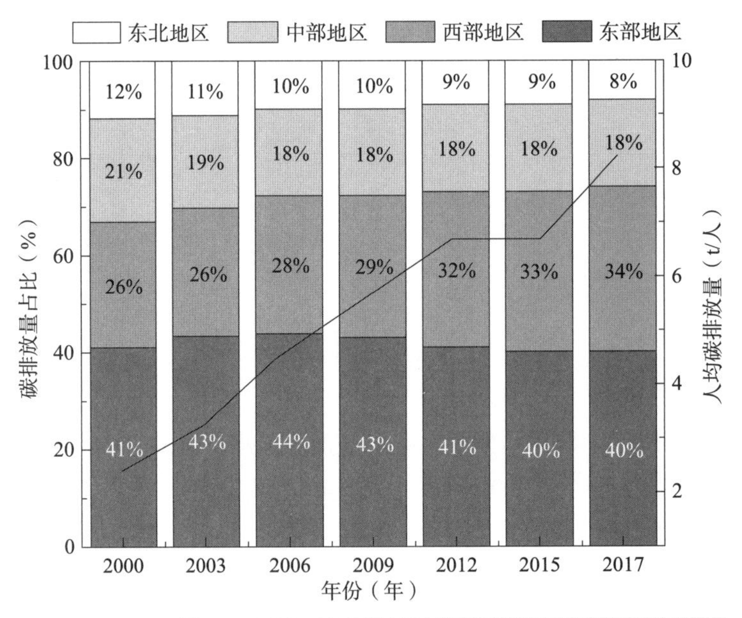

图3-4 2000—2017年中国人均碳排放及区域碳排放总量变化趋势
（图片来源：根据中国碳核算数据库、中国县域统计年鉴资料，整理改绘）

2. 我国建筑碳排放时间分布特征

2005年至2020年，全国建筑全过程碳排放量由22.3亿tCO_2增加到50.8亿tCO_2，增长至2.3倍，年平均增长率为5.6%，2005—2010年、2010—2015年、2015—2020年这3个阶段15年期间，年平均增长率分别为7.8%、6.8%和2.3%。2010年至2015年的碳排放变化源于建筑材料生产的碳排放的巨大变化。

北方供暖地区、夏热冬冷地区与南方地区的建筑碳排放量与能耗量成正比，且保持逐年增长的趋势，从图3-5可以看出，年平均增长率分别为3.4%、3.7%和3.6%，三个地区的碳排放增长速率较为接近。三大地区建筑碳排放比例相对稳定，北方地区排放比例常年保持在58%左右。

1）按建筑生命周期阶段分类

在建筑全生命周期内，由于不同阶段产生的需求不同，相应的所产生的碳排放也会出现巨大差异。明确各环节的碳排放量及来源是节能减排策略和技术的研究与实施的重要前提，同时也是低碳建筑、低碳社会转型的重要依据。

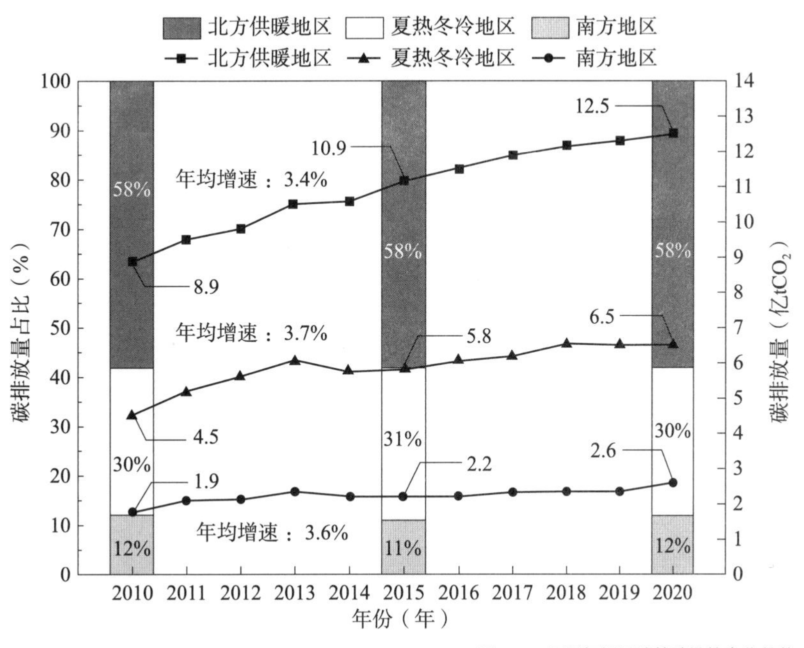

图 3-5　不同气候区建筑碳排放变化趋势

（图片来源：根据《2022 中国建筑能耗与碳排放研究报告》资料，整理改绘）

（1）建筑材料生产

建筑材料生产碳排放量在总体上呈现出上升的趋势，从 2005 年的 10.9 亿 tCO_2 上升到 2020 年的 28 亿 tCO_2，年平均增长率为 6.5%，与耗能的涨幅接近。2015—2020 年期间，建筑材料生产碳排放年平均增长率为 2.0%，增速明显放缓，正进入平台期。

如图 3-6 所示，建筑业材料生产能耗与碳排放在 2010—2015 年期间出现较大变动，其背后的主要原因为当年建筑材料消耗量的统计数据出现较大变动，如 2010 年全国建筑业钢材消耗量达到了 4.5 亿 t，而 2011 年和 2012 年全国建筑业钢材消耗量分别为 6.6 亿 t 和 9.2 亿 t，相较于 2010 年分别增加了 47% 和 104%。2010 年全国建筑业铝材消耗量为 1.7 亿 t，2011 年和 2012 年全国建筑业铝材消耗量分别为 3.8 亿 t 和 6.4 亿 t，相较于 2010 年分别增加了 124% 和 276%。同样，2010 年全国建筑业的水泥消费量为 15.2 亿 t，2011 年和 2012 年全国建筑业的水泥消费量分别为 28.4 亿 t 和 37.3 亿 t，相较于 2010 年分别增加了 87% 和 145%。因此，建筑材料生产所造成的能源消耗量与碳排放量在 2011 年和 2012 年年均增长率均突破了 20%。

（2）建筑施工建造

从图 3-7（a）可以看出，2010—2015 年、2015—2020 年这两个阶段，10 年间建筑施工建造所产生的能耗与碳排放年平均增长率分别为 4.9%、

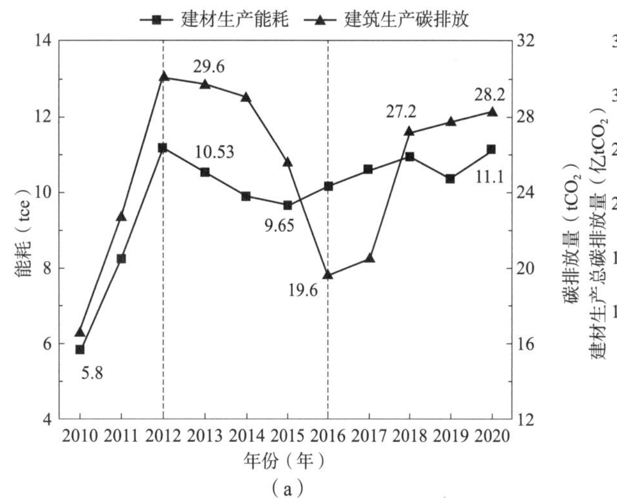

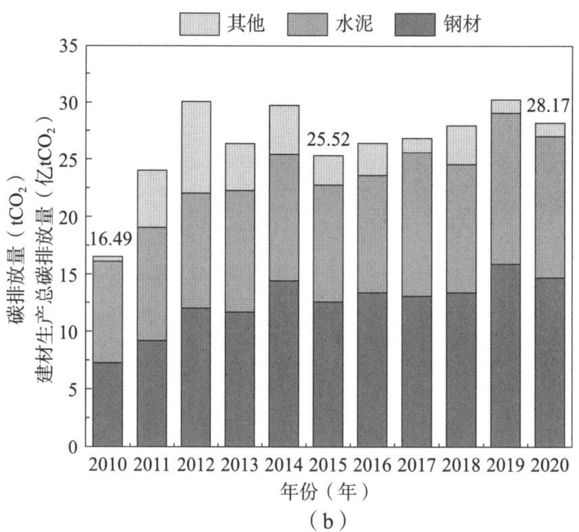

图 3-6 建筑业建材生产能耗与碳排放变化趋势

（a）近 10 年建材生产总能耗与总碳排放；（b）分材料类别

（图片来源：根据《2022 中国建筑能耗与碳排放研究报告》资料，整理改绘）

2.1%，呈下降趋势。2013 年作为增长率出现明显变化的分界点，前后年平均增长率变化较大，由 8.1% 下降到 1.4%。

“十二五”至“十三五”共 10 年期间，我国建筑业施工面积从 35 亿 m^2 扩大到 149 亿 m^2，增加了 3 倍以上，排放了超 1 亿 t 以上的 CO_2。但是，由于建筑施工的绿色环保的要求不断加强、清洁施工建筑技术深入普及，以及施工过程的能源结构不断优化，单位施工面积碳排放和单位建筑业增加值施工碳排放明显减少。如图 3-7（b）所示，经过 10 年的发展演变，全国单位施工面积碳排放量由 10.3 $kgCO_2/m^2$ 下降到 6.8 $kgCO_2/m^2$，共下降了 34%；单位建筑业施工增加值施工碳排放量由 0.48 tCO_2/ 万元下降到 0.14 tCO_2/ 万元，共下降了 70%。其中，减排强度是建设工程减碳的主要驱动力。

（3）建筑运行维护

根据图 3-8 的变化趋势，“十二五”至“十三五”期间，建筑运行维护阶段能耗增加 5.8 亿 tce，年平均增长率为 5.3%，建筑运行阶段碳排放增加 10.7 亿 tCO_2，年平均增长率为 4.7%。从碳排放量年平均增长率来看，建筑运行阶段的能耗年平均增长率大于碳排放年平均增长率，这说明建筑运行阶段能源相关的碳排放因子降低，全国建筑能源结构正在逐步优化。

2）按建筑类型分类

从图 3-9 可以看出，农村居住建筑的碳排放增长率低于公共建筑和城镇居住建筑。2020 年，公共建筑碳排放量为 8.34 亿 tCO_2，城市居住建筑碳排放量为 9.01 亿 tCO_2，农村居住建筑碳排放量为 4.27 亿 tCO_2，分别占建筑总碳排放比例的 38.6%、41.7%、19.7%。受新型冠状病毒感染产生的影响，

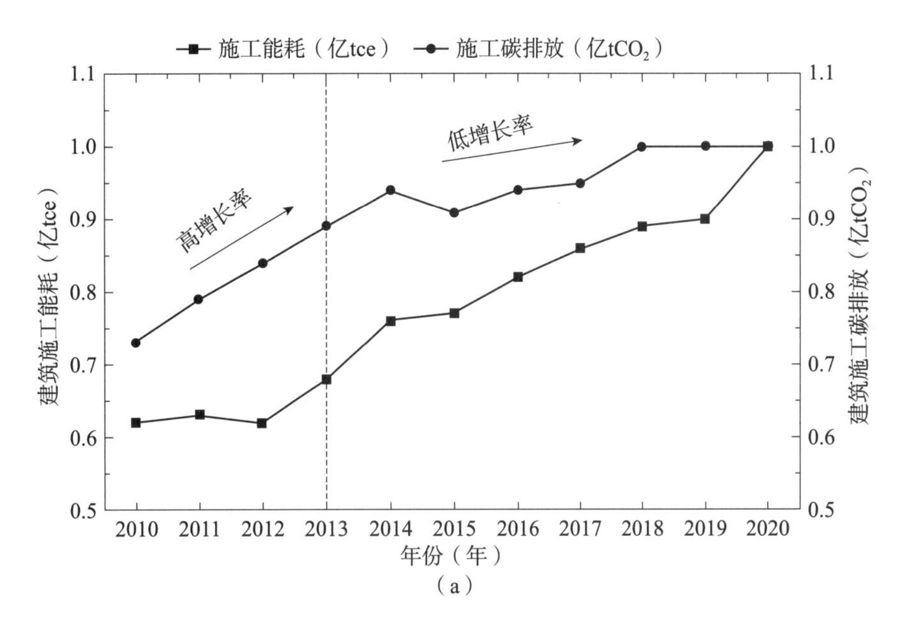

（a）

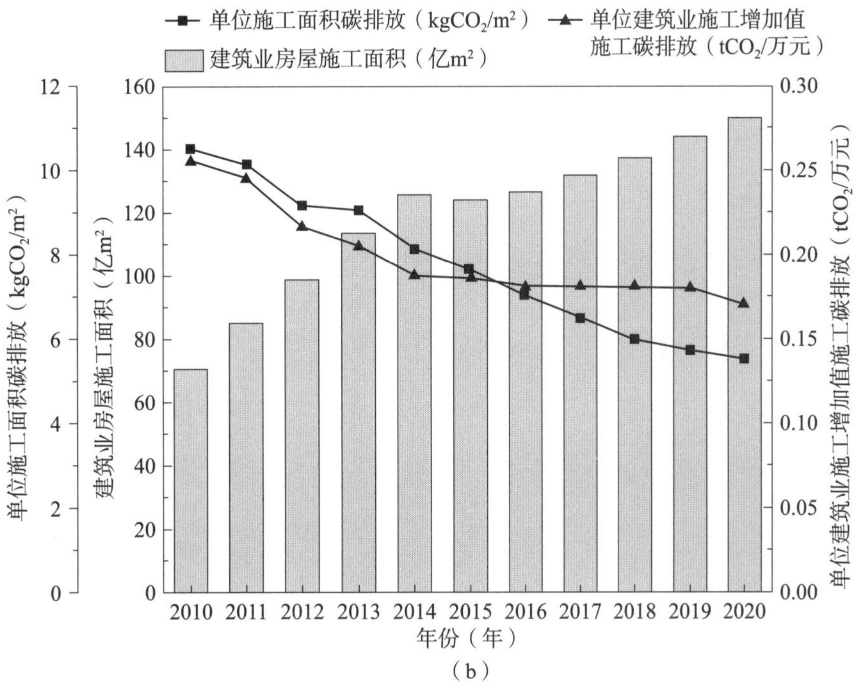

（b）

图 3-7　建筑施工碳排放及相关指标变化趋势

（a）建筑施工能耗与碳排放变化趋势

（b）建筑施工面积及排放强度变化趋势

（图片来源：根据《2022 中国建筑能耗与碳排放研究报告》资料，整理改绘）

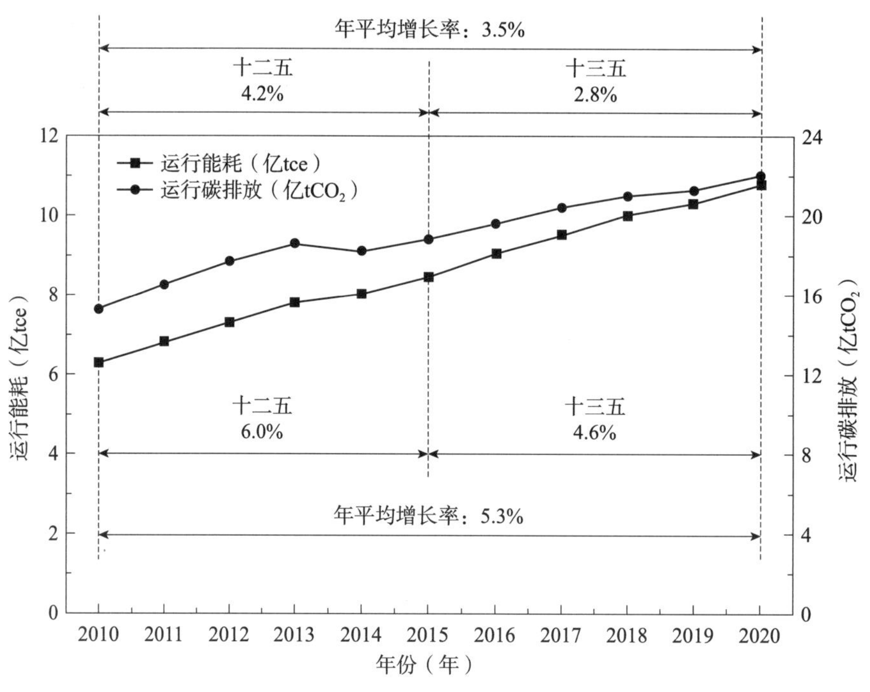

图 3-8 建筑运行阶段能耗与碳排放变化趋势

（图片来源：根据《2022 中国建筑能耗与碳排放研究报告》资料，整理改绘）

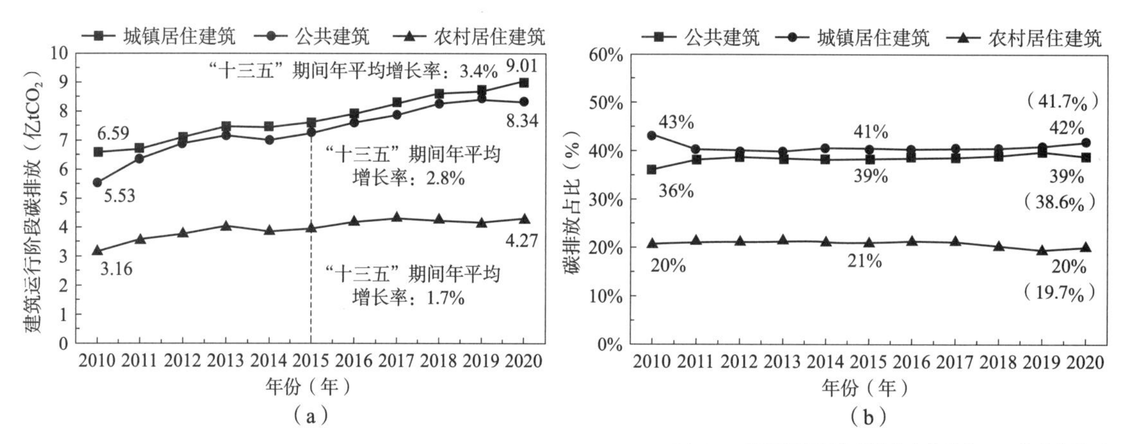

图 3-9 建筑运行阶段碳排放变化趋势——分建筑类型

（a）近 10 年碳排放变化；（b）近 10 年碳排放占比变化

（图片来源：根据《2022 中国建筑能耗与碳排放研究报告》资料，整理改绘）

相较于 2019 年的碳排放情况，公共建筑的碳排放量有所减少，但居住建筑的碳排放量反而呈现更加明显的增加趋势。这符合在传染病的大环境下，商场和写字楼等公共场所的能源消耗减少，人们更多地在家工作，居住用能源消耗增加的现实。公共建筑和居住建筑的碳排放量增加是总碳排放量增加的主要原因。从 2010 至 2020 年的 10 年间，公共建筑和城市居住建筑的碳排放量的增长量分别为 51%（2.81 亿 tCO_2）和 37%（2.42 亿 tCO_2）。农村居住用建筑物也增加了 35%（1.11 亿 tCO_2），但由于本来就比较少，近年来随着城镇化率的持续提高，排放量的增加速度有所减缓，因此排放量的增加对总量的增加影响较小。2015—2020 年期间，公共建筑碳排放年平均增长率为 2.8%；城市居住建筑碳排放年均增长率为 3.4%；农村居住建筑碳排放年平均增长率为 1.7%，基本进入平台期。

3.2.3 近 10 年我国建筑业碳排放空间分布

在空间分布上，我国的碳排放总量分布特点受到地区的经济状况与产业结构影响，且与当地的生产总值呈正相关。以经济区为地理划分基础，形成以高碳排放单元为中心的空间集聚分布特征，且对周边城市的经济与碳排放量造成一定影响。而城市的人口基数与城市之间的人口、资源的流通都会影响多个城市的碳排放总量与碳排放强度，最终导致碳排放重心的转移。

1. 我国建筑碳排放空间分布特征

从空间的角度来看，我国建筑碳排放受到人口数量、地区生产总值、供暖需求，以及清洁发电占比等多个因素的影响，且各省市之间的建筑运行维护阶段碳排放量差异明显。而以不同的建筑类型为切入点，南北方地区与东西部地区建筑碳排放差异较大，我国城市建筑碳排放呈现出明显的自北向南、自东向西递减的分布状态。

（1）按地区分类

省级建筑运行维护碳排放总量差异显著。2020 年全国建筑运行阶段碳排放总量为 21.6 亿 tCO_2，省级建筑运行维护阶段碳排放总量明显差异。山东省、河北省、广东省、江苏省、河南省分别位列建筑运行碳排放量的前 5 位，总排放量突破 1 亿 tCO_2 大关，在全国建筑运行碳排放量中的比例达 35%。处于下游末尾的 3 位分别为海南省、青海省、宁夏回族自治区，排放总量均不足 2000 万 tCO_2，其中山东省建筑排放总量为海南省的 22 倍。各省市建筑物碳排放总量差异较大的主要原因为各省市在省际人口数量、地区生产总值、气候地区、能源使用结构和地区电力网平均碳排放因子等多个相关方面存在着巨大差异。一般来说，人口越多，地区生产规模越大，供暖需求越大，清洁发电比例越低，该地区所产生的建筑碳排放总量就越高。

（2）按建筑类型

城市建筑运行维护碳排放在南北方和东西部之间差异较大。2020 年全国城市建筑碳排放汇总值为 20.6 亿 tCO_2。城市建筑运行维护阶段产生的碳排放量，南北方地区和东西部地区之间存在着较大差异。2020 年全国城市建筑物碳排放总量为 20.6 亿 tCO_2。

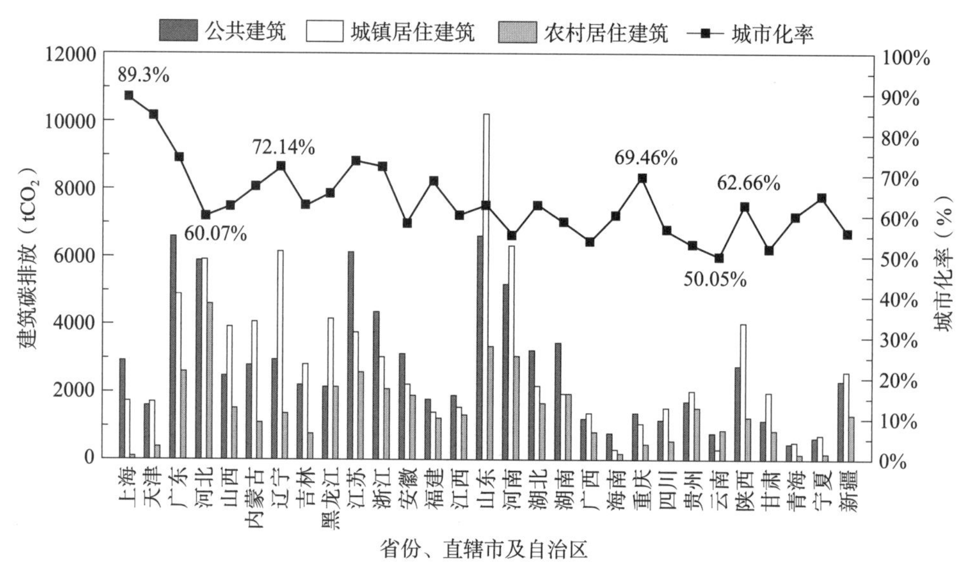

图 3-10 分地区分建筑类型建筑运行碳排放

（图片来源：根据《2022 中国建筑能耗与碳排放研究报告》资料，整理改绘）

在所统计的 321 个城市中北方地区城市有 149 个，人口占总人口比例的 41%，建筑碳排放量为 11.8 亿 tCO_2，占统计总量的 57%；110 个城市位于夏热冬冷地区城市有 110 个，人口占比为 40%，建筑物碳排放 6.1 亿 tCO_2，所占比例为 30%；南方地区城市有 62 个，人口占比 19%，建筑碳排放量 2.7 亿 tCO_2，占 13%。在人均排放量的方面，北方地区城市的人均建筑碳排放量为 2.09tCO_2/ 人，是夏热冬冷地区城市（1.10tCO_2/ 人）和南方地区城市（1.01tCO_2/ 人）的约 2 倍。321 个城市中，位于东部地区的城市共有 101 个，人口占比为 43%，建筑碳排放量为 11.8 亿 tCO_2，占 51%；中部地区城市共 103 个，所占人口占比为 30%，建筑碳排放量为 5.3 亿 tCO_2，占 26%；西部地区城市共 117 个，所占人口占比为 27%，建筑物的碳排放量为 4.8 亿 tCO_2，占 23%。详细城市建筑碳排放分布图见《2022 中国建筑能耗与碳排放研究报告》。

居住建筑碳排放与地区内人口总数、城市化率、供暖需求及化石能源消耗比例有关。如图 3-10 所示，湖南省、云南省是仅有的两个城市居住建筑碳排放低于农村居住建筑碳排放的省份，这是由于其城市化率低（湖南 58.8%，云南 50.0%）的缘故。由于农村人口占比较高，农村居住建筑的能耗自然要大于城市居住用建筑物。公共建筑碳排放量的差异与人口及经济发展水平有较大的关系，在经济比较发达的地区，城市居住建筑的碳排放量要低于公共建筑（如北京市、上海市、江苏省、浙江省及广东省）。

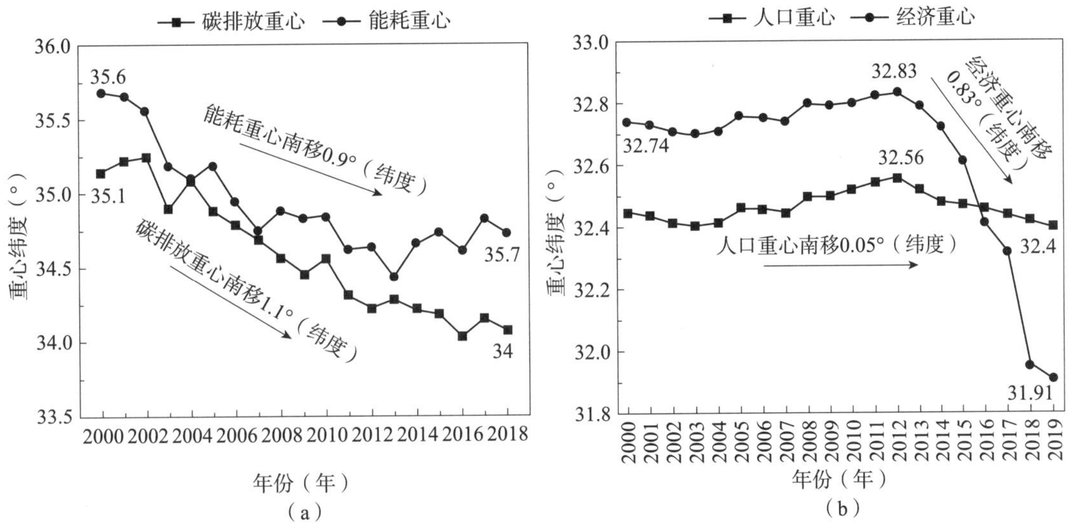

图 3-11　我国建筑能源消耗和碳排放地理重心及人口和经济地理重心变化趋势

（a）建筑能耗和碳排放重心纬度；（b）人口和经济重心纬度

（图片来源：根据《2022 中国建筑能耗与碳排放研究报告》《2021 中国建筑能耗与碳排放研究报告》《2022 中国城乡建设领域碳排放系列研究报告》资料，整理改绘）

2. 人口流动及经济水平发展带来的建筑碳排放空间转移

广东省 2020 年流入人口约为 2 962.21 万人，影响碳排放量达 3377 万 tCO_2。河南省 2020 年流出人口共为 1610 万人，影响碳排放量达 2367 万 tCO_2。黑龙江省是全国人口总量下降最多的省份，与 2010 年相比，2020 年人口下降 646 万人，影响建筑碳排放量达 1447 万 tCO_2。从图 3-11 可以看出，从 2000 年到 2018 年，全国的能源消费重心向南移动了 0.9°（纬度），碳排放重心向南移动了 1.1°（纬度），其移动趋势显著。

从图 3-12 可以看出，城市间的经济水平不均要高于建筑碳排放水平的不均。通过对此进行更深入的研究，在不考虑直辖市的前提下，2020 年位于建筑碳排放前列 10% 的 32 个城市共排放 6.5 亿 tCO_2，占 317 个城市建筑物碳排放总量比例的 35%。上位 20% 的城市占 52%，而下位 50% 的城市只排放了约 3.5 亿 tCO_2，建筑碳排放量仅为城市建筑碳排放量的 19%。

另外，由于在统计中新增了直辖市，城市间的不平等得到了进一步的扩大。若考虑直辖市，各指标前 10% 的城市所占比例将进一步提升，人口比例从 27% 上升到 29%。GDP 的比例从 41% 增加到 45%，建筑的碳排放量从 35% 增加到 40%。由以上数据可得，城市间 CO_2 排放不均衡和不平等现象十分显著。若将人口和经济的分配进行横向比较，城市的不平等表现为：经济分布不平等 > 建筑碳排放分布不平等 > 人口分布不平等。

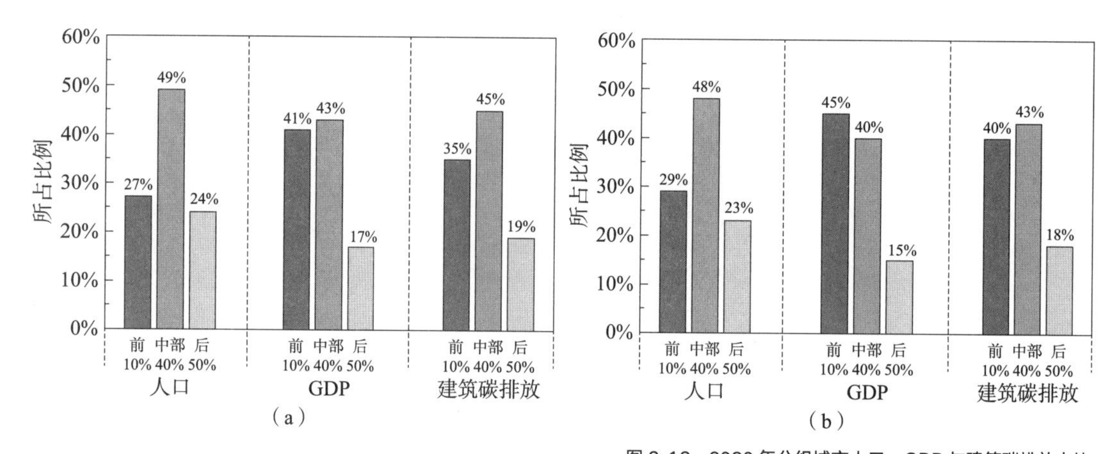

图 3-12　2020 年分组城市人口、GDP 与建筑碳排放占比

（a）不含直辖市；（b）含直辖市

（图片来源：根据《2022 中国城乡建设领域碳排放系列研究报告》资料，整理改绘）

3.3 建筑直接碳排放碳源及其特征

在“双碳”政策的背景下，人们对建筑提出的要求日益多元化，尤其是在能源系统与碳排放等方面提出了更严格的发展要求，这同时也要求建筑要以节能为基础，对实现低碳目标的手段与措施进行更深层次的变革与创新。要想实现建筑行业的节能减排目标，建筑需要摆脱对传统化石能源的消耗，以此为出发点，我们需对建筑在碳排放系统中的角色和定位有全新的了解。

3.3.1 直接碳排放碳源

建筑领域的相关碳排放通常被划分为直接碳排放和间接碳排放。直接碳排放是指，在建筑行业中因燃烧化石燃料而产生的 CO_2 排放，主要涵盖了建筑施工建造、建筑运行维护及建筑拆除回收等阶段中为满足各种生产生活需求燃烧化石燃料而产生的 CO_2 排放。以 IPCC 体系下的部门划分为基础，通常把直接碳排放的相关部门划分为工业、电力、建筑和交通四大行业。

1. 建筑材料生产阶段

在建筑施工建造阶段中，砂石、水泥、钢材、木材等建筑材料被大量使用。其中，只有少量的建筑材料直接来源于自然界，例如部分砂石经过极少量的人工处理或直接用于建筑中，其余大部分的材料都需要经过不同厂家的加工处理后，被用于建筑的施工建造中。基于对建筑全生命周期气体排放的相关研究，将混凝土、水泥、钢材、铝、玻璃、砂石、木材等视作七大主要建筑材料。

2. 建筑材料运输阶段

单位质量建筑材料运输所产生的 CO_2 排放主要涉及 4 个方面的因素：①使用燃料的类型；②燃料的碳排放因子；③机械能源使用情况；④建材运输距离。此外，建筑材料运输还应考虑距离使用率，以及计算油耗时车辆是满载、未满载还是空载，这些均会影响碳排放量。《建筑碳排放计算标准》GB/T 51366—2019 中设定了默认情况下混凝土和其他建筑材料的基本运输距离，并提供了多种常用运输方式的碳排放因子，但主要建筑材料的运输距离应当优先采用实际建筑材料的运输距离，具体计算方法，详见第 6 章。

建筑材料的运输可以采用公路运输、铁路运输、航空运输、水上 / 海上运输等运输方式，如火车、卡车和船舶运输。从建筑全生命周期的角度来看，运输设备产生的 CO_2 总排放量可分为燃料周期碳排放和车辆周期碳排放。其中，

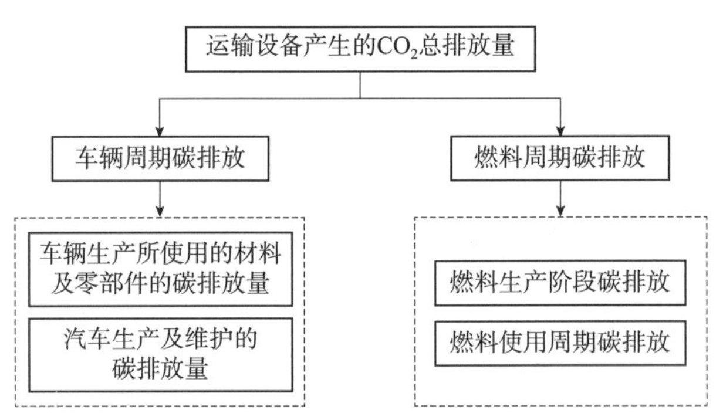

图 3-13　建筑运输阶段运输设备产生的 CO_2 总排放量内容

燃料周期碳排放包括燃料生产阶段碳排放、燃料使用周期碳排放；车辆周期碳排放包括车辆生产所使用的材料及零部件的碳排放量、汽车生产及维护的碳排放量，如图 3-13 所示。据中国汽车技术研究中心有限公司 2021 年的研究数据显示，以汽车为例，目前燃料周期碳排放占汽车总 CO_2 排放量的 70% 以上。

从燃料周期碳排放的观点来看，建筑材料运输设备通过燃烧化石燃料提供动力，如汽油、柴油等燃烧导致的直接排放。目前，《建筑碳排放计算标准》GB/T 51366—2019 仅计算燃料周期的碳排放量。在中国运输业所产生的燃油消耗和碳排放中，货物运输车辆占重要比例，且卡车是运输建筑材料的主要方式。卡车经常使用的燃料主要有汽油、柴油等或采用混合动力，在使用能源的过程中会产生碳排放。

站在车辆周期碳排放的角度来看，除运输行驶时化燃烧石燃料的直接碳排放外，还有车辆上游运行、车辆维修等碳排放，尤其是电力、电池和材料供应等所产生的碳排放。在建筑全生命周期碳排放基础上，由于建筑材料生产阶段所产生的碳排放被划分在建筑碳排放中，因此从理论上讲，车辆生产阶段、维修保养阶段产生的碳排放应该随着车辆的使用被摊销到建材运输阶段。现阶段针对建筑碳排放的计算结果都显示运输阶段碳排放占比较小，其中一个重要原因就是仅计算燃料周期碳排放而不包括车辆周期碳排放。

目前，不同燃料类型建设机械设备的生命周期碳排放数值暂未出现，但是可以参考不同燃料类型用车的全生命周期碳排放的数据和比例。据中国汽车技术研究中心有限公司 2021 年的统计报告显示，我国 5 种燃料类型乘用车（汽油车、柴油车、常规混合动力车、插电式混合动力车、纯电动车）的生命周期碳排放范围为 146.5~331.3gCO_2e/km。从图 3-14 可以看出，柴油车在单位距离上的碳排放量最高，纯电动车最低。插电式混合动力车和纯电动汽车的碳排放量减少主要原因为燃料周期碳排放量的减少。综上所述，在运输阶段机械燃料的使用量是相对的，仅统计燃料燃烧的碳排放量容易导致建筑材料运输阶段的碳排放量的预估值过低。

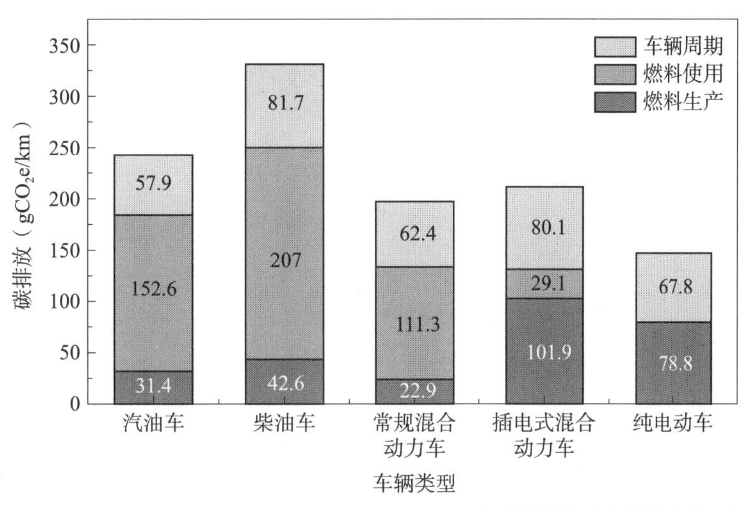

图 3-14　不同燃料类型车不同阶段的碳排放
（图片来源：根据建筑碳排放计算结果，整理绘制）

3. 建筑施工建造阶段

建筑业虽然是劳动密集型的行业，但在多个阶段，尤其是建筑施工建造阶段，对各类耗能设备有着较大程度的依赖，例如运输设备、吊装设备、钢筋切削和焊接混凝土的浇筑等。随着人口老龄化、人口红利消失，以及智能建筑的发展，机械设备在建筑施工方面的应用比例将逐渐增大。据中国建筑节能协会 2021 年统计，2018 年全国建筑施工建造阶段能耗为 0.47 亿 tce，碳排放量为 1 亿 tCO_2，占全国能源消费和碳排放的比例均约为 1%。

建筑施工建造阶段机械设备的使用碳排放原理与建材运输阶段运输车辆的碳排放原理类似。从建筑全生命周期的角度来看，施工机械设备的总碳排放分为燃料周期碳排放和设备周期碳排放。从理论上讲，除了燃料周期碳排放外，施工机械设备在生产阶段、维修阶段产生的碳排放，应该随着施工机械设备的使用被摊销到设备使用阶段，进而被包含进了建筑的全生命周期碳排放。

对于燃料循环的碳排放，施工现场的施工区和生活区都要消耗燃料和电能，从而导致直接和间接的碳排放。现阶段，建筑物碳排放量计算侧重点是施工区施工活动产生的碳排放量。建筑施工建造现场排放包括 CO_2 在内的气体排放物，主要是化石燃料燃烧活动和操作设备用电的结果。因此，施工建造使用的能源主要是柴油、汽油和电力。机械设备的运转需要消耗化石能源和电力，化石能源的消耗导致直接碳排放，电力的使用间接导致碳排放。例如土方工程中的挖掘、移土、填埋、土方运输等主要以燃烧柴油、汽油等化石燃料提供动力，同时直接导致碳排放；起重机、打桩机、电焊机、吊车等主要靠消耗电能提供动力，同时间接导致碳排放。根据建设顺序，建筑施工的碳排放一般按分项工程碳排放和措施分项工程碳排放计算。不仅是建设工程，在施工现场，与办公和生活相关设备的运转、用电、用气等也会导致碳排放。

4. 建筑运行维护阶段

建筑运行维护阶段消耗大量能源，也称为建筑能耗。能源消耗主要包括维持建筑环境的终端设备能源消耗（如供暖、制冷、通风、空调和照明等）和各类建筑内活动（如办公、炊事等）的终端设备能源消耗。在建筑运行阶段，包括 CO_2 在内的气体排放物主要来自化石燃料的消耗和日常生活的电力消耗，如空调、照明、烹饪、洗涤、电器设备等。建筑物在运行维护阶段的日常维护工作也需要材料的运输和使用，从而导致碳排放。

（1）建筑不同设备系统运行能耗

由于建筑类型及其服务对象与功能不同，建筑内用能系统及使用能源的类型也存在差异，由于建筑用能系统主要包括供暖系统、空调系统、生活热水系统、照明系统、电梯系统（如有）、厨房系统（民用较多）、动力系统（如有）、其他系统等。建筑能源类型包括电力煤气（天然气）、石油市政热能（外购热能）等，其中电力是最主要的能源类型。天然气的消耗直接导致碳排放；而电力、外购热力等的消耗间接导致碳排放。以大型办公建筑为例，其能源类型及用能系统供应关系，如图 3-15 所示。

暖通空调系统消耗的电力间接导致碳排放。暖通空调系统能耗包括冷源能耗、热源能耗、输配系统及终端空调处理设备能耗等。影响暖通空调能耗的因素有很多，例如建筑面积、室内环境要求、建筑围护结构类型、热工性能、结构做法等。此外，暖通空调系统中制冷剂的使用也会产生温室气体。

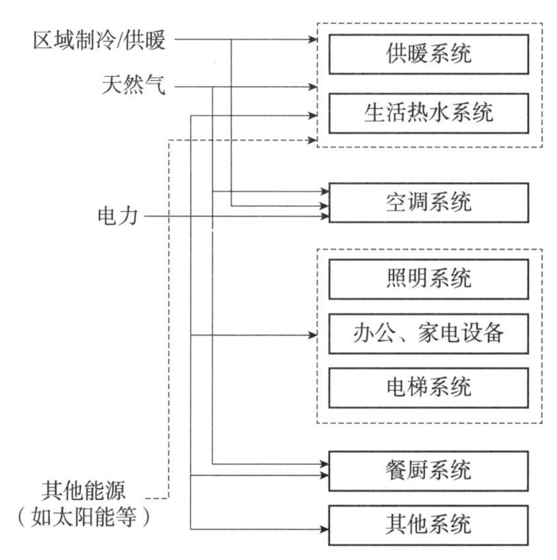

图 3-15　大型办公建筑能源类型及用能系统供应关系
（图片来源：根据建筑碳排放计算结果，整理绘制）

为了满足人们对生活热水的需求，一般采用化石燃料（如天然气）和电力进行加热，从而直接或间接导致碳排放。生活热水系统一般消耗电力，但许多民用建筑在生活热水供应、冬季地暖等方面也转向使用天然气，导致直接碳排放。近年来，煤炭在我国能源消费中的比例呈下降趋势，而天然气能源消费总量则持续增长。天然气仍然是化石能源向非化石能源过渡的最好选择之一。

（2）不同建筑类别及区域建筑运行能耗

不同建筑类别其功能需求不一样，导致其设备终端构成、能源使用结构等均存在差异，因此产生的碳排放量不同。根据中国建筑节能协会2021年的统计可以看出，公共建筑的能源消耗和碳排放量最大。

已有研究表明，不同气候区域和不同年代的商场类、办公类、旅馆类、医院类、学校类建筑有着不同的能耗水平及特点。不同时间段建造的公共建筑全年能耗强度不同，因为随着对建筑能耗的约束水平提升，建筑能耗呈现逐年降低的趋势。2006年及之后建造的建筑全年能耗强度由高到低依次是医院类、商场类、办公类、旅馆类、学校类。

医疗类建筑较高的全年能耗强度与其较高的医疗设备使用强度有关。另外，某些医院空调系统的运行时间长，导致整体能耗增加。商场类建筑较高的全年能耗强度与建筑的特殊使用性质有关。商业建筑因为人员流动量较大，且设备的需求高，所以能源消耗强度高居不下。2006年以后建成的办公类建筑中，能耗较高的建筑均为高档办公楼，一方面对建筑内部空间舒适性的要求较高，对能源的需求也很高；另一方面，为了建筑的美观，建筑外观采用了大面积的玻璃幕墙，从而增加了建筑耗热因素，导致通过能耗增加来实现制冷降温。

5. 建筑拆除回收与废弃物运输阶段

建筑拆除回收阶段产生的碳排放包括拆除过程和建筑废弃物处理过程产生的碳排放。拆除项目根据建筑物特性、施工方法、管理方法的不同，在拆除方法和废弃物处理方法等方面存在差异。但是废弃物的解体通常都是从建筑物的解体开始，以完成废弃物的处理作为终点。其中包括对拆除所产生的废弃物的现场管理和处理、废弃物的回收利用，以及废弃物的运输等。因此，建筑拆除阶段可分为建筑拆除（废弃物产生）、现场管理、运输和处理四个阶段。其中废弃物现场管理和处理阶段涉及材料的处置和循环利用。如果方法得当，实际上可以达到提高材料循环利用水平和降低碳排放的目的，国家《“十四五”循环经济发展规划》（发改环资〔2021〕969）提出了到2025年建筑垃圾综合利用率达到60%的目标，并部署了将建筑垃圾等固废综合利用的重要任务。因此，必须加强建筑废弃物的回收利用技术和管理创新。四个阶段的相关活动，如图3-16所示。

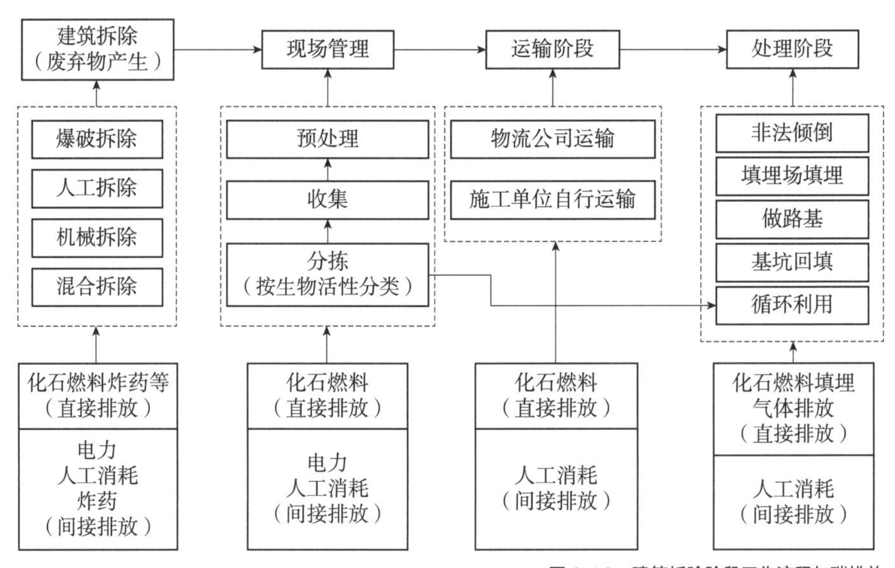

图 3-16　建筑拆除阶段工作流程与碳排放
（图片来源：根据建筑碳排放计算结果，整理绘制）

在建筑拆除阶段，首先应当将建筑物进行切割和破碎，然后对废弃物进行清理。在建筑拆除和处理阶段，碳排放主要来源为建筑拆除和废弃物的清理、收集和处理所需的机械设备投入进行的燃料燃烧活动和操作设备用电而导致的碳排放。如需使用爆破拆除，还需要加入使用炸药机械消耗能源导致直接碳排放。除了根据机械、材料、人工消耗量的统计分析精确计算出碳排放外，还可以根据不同种类、一定统计量、一定统计量项目的拆除数据进行统计分析、核算单位面积拆除用能量，简化计算，提高碳排放量计算的效率。

现场管理是指建筑废弃物产生后，对施工现场的废弃物进行分拣、收集、预处理等作业活动和管理措施。这样做一方面是为了提高管理的效率，另一方面是便于其中的金属、木材、玻璃和塑料等具有循环利用价值的材料尽可能地回收并且统一出售，而对于现阶段无法循环利用和没有回收价值的废弃物，例如混凝土和砖块等，为了便于运输和现场回收，通常需要在破碎等解体现场进行适当的预处理。这些措施均需要人力和机器的投入。

废弃物运输阶段是指将不能回收的建筑废弃物从施工现场运至填埋场、循环利用或者运输到其他运输终点的过程。值得注意的是，建筑物在建造、维修、拆除过程中都将产生大量的建筑废弃物，如淤泥、碎屑、废弃物、废弃混凝土、其他废弃物等。

3.3.2　直接碳排放特征

在建筑材料生产阶段，据我国官方数据统计，2018 年建筑材料生产阶段的能源消费量为 11 亿 tce，CO_2 排放量为 27.2 亿 tCO_2，表 3-2 显示了其中三大主材：钢材、水泥和铝材的能源消费量和碳排放量。能耗综合碳排放系数为碳排放总量与能耗总量的比值，数值越大说明单位能耗的碳排放强度越大，即数值越大越不利。根据表中的数据可得知，在建筑材料生产阶段所使用的三大主材：钢材、水泥和铝材中，单位能耗的碳排放强度最大的是水泥，其次是钢材，最低的是铝材，且水泥的单位能耗的碳排放强度要远远高出钢材、铝材及其他建材。

2018 年全国三大主材及其他建材能耗与碳排放量表　　表 3–2

类别	能耗总量（亿 tce）	能耗占比（%）	碳排放总量（亿 tCO_2）	碳排放占比（%）	能耗综合碳排放系数（$kgCO_2/kgce$）
钢材	6.3	57.3	13.1	48.2	2.08
水泥	1.3	11.8	11.1	40.8	8.54
铝材	2.9	26.4	2.7	10.0	0.93
其他建材	0.5	4.5	0.3	1.0	—

表注：水泥碳排放包括生产工艺中所产生的 CO_2。
（表格来源：根据中国建筑节能协会资料、建筑碳排放计算结果，整理绘制）

以中国建筑节能协会相关报告为基础，以不同建筑类型为出发点，我国三类建筑能耗及碳排放情况见表 3–3。从表中的数据可以看出，公共建筑的能耗和碳排放量最大。

2018 年三类建筑能耗及碳排放量表　　表 3–3

类别	面积（亿 m^2）	人均面积（m^2）	能耗总量（亿 tce）	单位面积能耗（$kgce/m^2$）	碳排放总量（亿 tCO_2）	单位面积碳排放（$kgCO_2/m^2$）
全国	674	—	10.00	14.84	21.12	31.3
公共建筑	129	9.24	3.83	29.73	7.84	60.78
城镇居住建筑	307	37.00	3.80	12.38	8.91	29.02
农村居住建筑	238	42.30	2.37	9.98	4.37	18.36

（表格来源：根据中国建筑节能协会资料，整理绘制）

根据中国建筑节能协会 2021 年的统计，2020 年建筑运行阶段能耗达到 10.6 亿 tce，占全国能耗的 21.3%。CO_2 排放量为 21.6 亿 tCO_2，占全国能源碳排放量的 21.7%。

在建筑拆除与废弃物运输这一阶段，据智研瞻产业研究院发布的《2024—2029 年中国建筑垃圾处理行业发展前景与投资战略规划分析报告》显示，每 10 000m^2 建筑的施工过程中会产生建筑废弃物 500~600t；每 10 000m^2 旧建筑的拆除过程中，将产生 7000~12 000t 建筑废弃物。废弃物运输阶段的碳排放主要来源于运输工具在运输过程中消耗能源导致的直接碳排放（仅考虑燃料周期的情况）和消耗人工所产生的间接碳排放。废弃物运输一般以公路运输居多。无法回收的建筑材料在拆除后，将被送到废弃物处理场进行露天倾倒或填埋。尽管这些物质的净填埋量排放量很低，但不可忽视。不同废弃物产生碳排放应根据废弃物的特性及填埋等条件进行监测、统计确定，详细见表 3-4，由于玻璃和金属材料一般不采用填埋方式处理，所以表中没有列入这两种材料。

不同种类废弃物材料填埋过程气体产生量指标 　　　　**表 3-4**

废弃物种类	各种气体的排放量			
	CO_2（kg/t）	CH_4（kg/t）	CO（kg/t）	C（kg/t）
碎石、砖块	4.20	1.84	0.01	2.53
混凝土	43.99	19.26	0.06	26.47
木材	424.49	185.80	0.59	255.37
塑料	514.54	225.22	0.71	309.55
渣土	6.71	2.97	0.23	4.16
其他	452.96	198.27	0.62	272.50

（表格来源：根据建筑碳排放计算结果，整理绘制）

在建筑全生命周期内，电力、热力（水蒸气）、水资源、人力资源等供应需求也会间接导致碳排放。例如，在建筑材料生产阶段、施工建造阶段、运行维护阶段都需要消耗大量电力。与建筑材料设备等消耗导致的碳排放不同，电力、热能、水资源等能源、资源的生产不仅服务建筑业，还服务社会各领域。实现"双碳"目标，要注重科技创新与管理模式创新，不能以降低发展速度、发展质量和人民生活水平为原则。在某些情况下，建筑业的人力资源消耗（包括建筑业管理者和建筑业工人）导致的碳排放，特别是饮食和通勤等问题可能不会被考虑。但应当注意的是，施工现场为管理人员与建筑人员建造的办公、住宿场所等均属于临时设施，属于施工措施项目。这类施工项目应该计算其消耗的能源和材料导致的碳排放。因此，本节对电力、外购热力、水资源这三类能源、资源的排放来源及其排放原理进行介绍。

3.4.1 间接碳排放碳源

建筑间接碳排放是指，建筑运行阶段消费的电力和热力两大二次能源带来的碳排放。通过提升节能减排标准来合理引导用能方式、降低用能需求，或者通过政策设计加快高效减碳技术产品的推广，这些都是实现建筑行业综合碳减排的关键。

1. 电力消耗导致的碳排放

使用电力并不会直接排放 CO_2，但是发电时如果要燃烧化石燃料，例如燃烧煤炭，会间接导致 CO_2 的产生。当今世界范围内，产生电力的主要方式有火力发电、水力发电、核能发电、风力发电四种。火力发电依靠燃烧煤炭来产生电力，其原理是通过煤炭的燃烧，产生高温，从而获得水蒸气，由水蒸气带动发动机而产生电力。其他三种发电方式属于清洁能源发电，排除发电设备生产产生的碳排放，其碳排放量几乎为零。

从煤炭发电的角度来看，煤炭因质量的不同而产生的热量也不同。目前市面上品质较高的煤炭一般每千克产生约 30J 的热量，品质较差的煤炭通常每千克仅产生 12J 的热量。无特殊情况时，约 60% 的热量在转化过程中消耗，只有约 40% 的热量能转化为所需电量。

发电并不全部来自煤炭燃料，也包括其他清洁能源产生的电量。由于计算目的不同，电网排放因子分为以计算温室气体排放类为目的的全国（区域）电网平均排放因子（简称电网排放因子），和以计算温室气体减排类为目的的减排项目全国区域电网基准线排放因子（简称基准线排放因子）。

2. 外购热力导致的碳排放

外购热力通常发生在建筑运行维护阶段，与供暖系统、生活热水系统有关，如北方地区冬季存在集中供暖。热力供应公司消耗能源产生热力，通过热力输送管网将热力输送到需要的终端。外购热力替代了建筑物内终端设备消耗能源产生的热力，因此建筑物外购热力会间接导致碳排放。

外购热力间接导致碳排放是由于外购热力生产企业燃烧化石能源产生热能所造成。为了估算由于从外部引进蒸汽或集中供暖而产生的温室气体排放，由美国石油学会（American Petroleum Institute，API）发布的方法认为热力完全来源于天然气锅炉的燃烧，锅炉效率为 92%，并且未考虑蒸汽输送损失。在不清楚外购热力企业的情况下，外购热力生产企业天然气燃烧温室气体排放因子见表 3-5。

API 默认天然气燃烧温室气体排放因子表　　表 3-5

燃料	温室气体排放因子（t/TJ）		
	CO_2	CH_4	N_2O
天然气	60.8	1.14×10^{-3}	3.09×10^{-4}

[表格来源：根据美国石油学会（American Petroleum Institute，API）资料，整理绘制]

3. 水资源消耗导致的碳排放

在建筑全生命周期中均需要用水，据统计，全球能源的 2%~3% 均用于城市引水、地区原水的提升、城市饮用水处理、输配及供应。城市供水在城市地区的能源消耗总量中占比很大。对于供水企业而言，碳排放主要来源于电力消耗间接导致的碳排放。水泵、电机、风机、变压器等设备是高耗能的重点，推进设备节能高效也是供水企业减碳的途径和重点。在建筑全生命周期中，各个阶段的节水均会减少碳排放。此外，水的循环利用也可以达到节水、降低碳排放的目的。例如施工现场通过对施工供水回收、废水回收、现场其他水资源回收、废水沉淀再利用、水资源回收与临水消防的组合应用等，可以达到节水的目的。

3.4.2　间接碳排放特征

根据中国电力企业联合会发布的《中国电力行业年度发展报告 2021》，2020 年全国单位火力发电平均碳排放量约为 832g/kW·h，也就是说，消耗或节约燃煤产生的 1kW·h 可以产生或减少 0.832kg 的 CO_2。以煤炭质量计算，1t 煤炭产生的电量平均为 29 081kW·h。不过，如果火力发电厂的设备质量比较高，中间环节消耗的热量比较少，1t 煤炭燃烧后获得的电量会提升到 3000kW·h 左右。

在建筑施工、现场办公、仓储、维修等活动中，建筑施工总承包企业除直接消耗化石能源产生直接碳排放外，还需要消耗其他能源、资源，从而导致间接碳排放。施工单位在使用建筑材料、建筑设备、工器具、建设设备、电力、热量、水资源等的过程中，并不直接导致 CO_2 的产生，但建筑业/施工等企业对这些能源、资源的需求，将会导致其他生产活动间接地导致碳排放。

例如建筑材料的生产和运输，其碳排放属于制造业。从建筑全生命周期的角度出发，建筑原材料、半成品和结构部件是建筑的必备要素，因此，将建筑材料生产及运输阶段的碳排量作为建筑材料内含碳排量，计入建筑物建造过程的间接碳排放。建筑物是由各种建筑材料与构配件所构成，且在材料的使用过程中将会导致大量的碳排。为了降低碳排放，从建筑设计的角度来看，应该强调使用低碳的建材。

建筑材料本身的碳减排应通过其他领域的低碳化间接促进，其中包括建筑材料供应源产业和能源供应产业升级。在所有产业中，实现低碳化的最核心手段是生产技术和工程的发展与革新。但是，行业的技术创新和技术推广都是一个长期过程，短时间内已经很难从常用建筑材料的生产来源进行大幅减排。因此，这一阶段的减排思路应该从改变建筑材料本身的能源消耗性能，以及寻找更环保与更低碳的替代材料两个方面开始。而在建造施工阶段，建筑施工工艺和技术手段的进步会相应地使能源使用效率提高，从而产生部分减排效益；优化措施性材料的使用和提高周转性材料的使用均可以降低措施性材料的消耗，降低碳排放。

综上所述，站在建筑全生命周期碳排放的角度，为满足建筑产业的需求间接产生的碳排放也值得重视。类似的原理，针对建筑所需设备及工具，例如电梯、暖通空调等，现阶段的建筑碳排放计算均只计算其运行所需能源及电力消耗导致的碳排放，但是均未考虑其制造及运输阶段导致的碳排放。这些设备和工具是建筑中不可缺少的要素，没有这些内容，建筑无法运行或者适用性、舒适性会降低。因此，应逐步将其纳入建筑全生命周期碳排放的计算之中。

“碳汇”一词来源于《联合国气候变化框架公约》，指从空气中清除 CO_2 的过程、活动、机制。狭义上的碳汇主要指森林农田、湿地等吸收并储存 CO_2 的能力，广义上的碳汇指通过陆地生态系统的有效管理来提高固碳潜力，所取得的成效可抵消相关国家的碳减排份额。建筑碳汇指，在划定的建筑物项目范围内，绿化、植被从空气中吸收并存储的 CO_2 量。

3.5.1 碳汇的分类与衡量标准

为实现“双碳”目标，现已有两种途径：第一种是从排放端出发，即通过降低全球各领域的碳排放量；第二类则是从吸收端的角度出发，即碳汇，两者相互作用最终形成良好的循环。2021 年 10 月，中共中央、国务院在《关于完整准确全面贯彻新发展理念做好碳达峰碳中和工作的意见》（国务院公报 2021 年第 31 号）提出，以提高生态系统碳汇能力与增量为主要方式，来使碳汇能力稳步上升。传统模式下的建筑活动往往会在土地开发、环境改造的过程中或多或少对场地的碳汇能力进行破坏，因此，在建筑全生命周期内尽可能地保证该地良好的生态系统对增强当地碳汇能力有着十分重要的意义与帮助。

不论是在城市还是在乡村，碳汇的存在形式都并非是单一的，其原理也因为接收渠道与表现形式的不同而变得多种多样，随着研究界的探索与研究，地球上的碳汇类别与形式逐渐为人们所熟知。

1. 碳汇的分类

（1）森林碳汇

森林碳汇是指，大气中的 CO_2 被森林植被的光合作用吸收并固定于植被或者土壤中，以此达到减少大气中 CO_2 的目的。CO_2 是植被进行光合作用必不可少的因素之一，更是在光合作用的过程中为植被生长提供了重要养分。在光合作用的条件下，植被将吸收的 CO_2 转化为氧气、糖类物质及有机物，其产物是植物的根、茎、叶、果的最基本的物质与能量来源。依据现有研究，在不同的气候地区、不同的植被类型都会对当地的碳汇能力产生巨大影响，这也是造成地区碳汇能力或潜力差异的主要原因之一，但拥有完整森林生态系统的地区的碳汇能力是较强的。因此，与植树造林相关的措施对降低大气 CO_2 浓度，平衡全球碳循环起着重要的作用。

森林生态系统是陆地上重要的碳汇和碳源。在森林生态系统中，由于森林的生物量、植物碎屑和森林土壤具有固定碳的能力，因此森林生态系统能够成为碳汇。而森林和森林中的微生物、动物、土壤等部分发生的呼吸作用与分解作用又能够将碳重新释放到大气中，于是森林生态系统同时还是碳源。如果森林固定的碳大于释放的碳就成为碳汇，但随着森林破坏、退化的加剧，以及一些干扰因素（如火灾）的影响，森林生态系统就可能成为碳源，这将加剧全球的温室效应。已有研究表明，森林蓄积量[①]每增长 $1m^3$ 的蓄积量，平均吸收 $1.83tCO_2$、释放出 1.62t 氧气。目前，我国正处于高生长阶段的中幼龄林面积占全部森林面积比例超过 60%，科学实施森林质量精准提升，可发挥森林更大的碳汇潜力。相较于原始森林，人工林的固碳作用更加显著。人工树林生产力约为天然林（针叶林）的 20~30 倍，种植后仅用 5~7 年就可以成材，生物量相当于原始林在自然情况下 100~150 年的产量。依据已有数据进行测算，预计到 2050 年我国人工林占地面积可达 158 万 km^2。

将各地的年碳汇量输入 IBM SPSS 软件进行聚类分析，并将全国 31 个省级行政单位分为 5 组见表 3-6。5 组之中，从第一组到第五组年碳汇量依次增加，即第一组最少，第五组最多。将表 3-6 对应到我国地图上，以便更加直观地看出我国森林碳汇的空间分布情况。由此我们可以得出，我国森林碳汇呈现西部多、东部少，北部和南部两头多，而中部区域少的特点。其中，我国森林碳汇最高的地区为东北地区，其次是西南地区的西藏自治区、四川省和云南省，此外，华南地区的森林碳汇也较为可观，其余的地区则不甚乐观，尤其是东部沿海地区，连续大片区域的森林碳汇严重不足。这些区域的森林碳汇缺乏的现状需要引起当地政府和公众的足够重视。

各省级行政单位（含直辖市、自治区）森林年碳汇量聚类分析表　　表 3-6

碳排放聚类	
第一组	上海市、天津市、北京市、重庆市、宁夏回族自治区、江苏省、海南省、山东省、山西省、河南省、甘肃省、青海省、河北省、安徽省
第二组	贵州省、辽宁省、新疆维吾尔自治区、湖北省、浙江省
第三组	陕西省、吉林省、福建省、广东省、湖南省、江西省、广西壮族自治区
第四组	西藏自治区、四川省、云南省
第五组	黑龙江省、内蒙古自治区

（2）农田碳汇

农田碳汇是指农作物利用自身的光合作用吸收 CO_2，释放 O_2 并将碳物质固定于土壤中的过程或机制。农田生态系统碳汇作为全球碳汇的一个重要组成部分，不仅能够降低大气中 CO_2 的浓度还在保证农业生态性、提高土壤有机物含量与满足粮食需求等多个方面都大有裨益。但由于人类活动通过耕种、施肥、灌溉等渠道对农业碳汇的影响，其碳汇能力与发展潜力正在发生

① 森林蓄积量指森林面积上生长着的林木、树干材积总量，它是反映一个国家或地区森林资源总规模和水平的重要指标。

巨大变化，尤其是土壤中的有机碳物质的含量，这是衡量农业碳汇能力的一个重要指标。

（3）湿地碳汇

湿地是一种独特的生态系统，具有丰富的功能、极高的生物多样性与极高的价值，除了通过间接或直接的方式来满足人类在地球上的生产生活需求，同样也是帮助人类均化洪水、降解污染、调节局地气候、控制侵蚀等预防与抵御多种自然灾害的有力武器。现有研究表明，在陆地上，良好的湿地生态系统碳汇能力与潜力仅次于森林的重要碳汇，能为整个陆地生态系统提供巨大的能量，且能促进陆地生态系统进行良性的物质循环，在全球的大型碳循环系统中湿地生态系统也有着巨大的影响。据统计，在湿地生态系统中分布范围最广的为泥炭地，其在全球湿地面积的比例占到了 50%~70%，碳储量更是达到了全球土壤碳储量的 1/3，相当于全球大气碳库碳储量的 3/4。而芦苇湿地则因其分布广泛、净水效果好等特点多被应用于人工污水处理湿地。

湿地生态系统对稳定全球范围内的气候有着重要作用，系统中的土壤与泥炭地还是陆地生态系统中十分重要的有机碳库。虽然在面积规模层面，全球湿地的总面积在全球陆地面积的占比不足 7%，但其碳储量却占到了全球陆地生态系统碳储量总量的 12%~24%，约为 300 亿 ~600 亿 tCO_2。

湿地能吸收 CO_2，同时也是 CH_4 的排放源。现有研究表明，湿地的植被类型和水质条件决定了湿地是温室气体的排放源还是吸收源。从官方搜集的数据来看，我国的湿地总体上是净碳汇。根据 2014 年我国温室气体排放清单，我国湿地吸收 CO_2 约 0.45 亿 t。根据 IPCC 公布的相关规则，仅有人类管理活动产生的碳汇被计入我国温室气体排放清单。目前，我国加快推进全国碳排放权交易市场的建设，并将温室气体自愿减排交易机制作为全国碳市场的机制，但温室气体自愿减排交易机制中目前并不存在与湿地相关的排放方法，因此，我国相关组织正在开展森林、草原、湿地和荒漠等生态系统，以及生物质源和木竹建材的碳中和潜力发掘、实现途径、主要任务、监测评估研究等工作，明确林草碳减排、碳中和目标和实现路径，为林草服务国家碳达峰、碳中和目标提供解决方案。

2. 衡量指标

目前相对来说较为常见的碳汇主要是植被碳汇，但由于植被碳汇难以直接测定，其衡量方式通常是使用植被净初级生产力（Net Primary Production，以下简称 NPP）作为主要衡量指标。植被净初级生产力指，绿色植被在单位面积、单位时间内所获得的有机物量，由于部分有机物将用于植被自身的生长和生殖，因此还需要在光合作用固定的有机碳中扣除本身呼吸消耗的部分。由此可知，植被的 NPP 主要来源于其自身的光合作用，植被的光合作用将直接影响其 NPP 的大小。

而在实际工程中，由于受到多种因素的限制目前主要以森林覆盖率（区域碳汇）和城市绿化覆盖率（城市碳汇）为主要评价指标。森林覆盖率越高，说明该地区森林的碳汇作用越强，吸收和储存 CO_2 的能力越强。当前，森林覆盖率是反映区域碳汇能力的一个重要指标，具体计算方法为一个国家或地区的森林面积 / 土地总面积。

工业经济大多集中在城市之中，同时城市也成为碳源的核心地区。城市碳汇对城市碳源减排具有重要抑制作用。城市绿化覆盖率越高，城市碳汇水平越高，对城市碳源的抑制作用越强，具体计算方法有：城市市区绿化覆盖面积 / 城市市区面积，其中绿化覆盖面积包括公共绿地、居住区绿地、单位附属绿地、防护绿地、生产绿地、道路绿地、风景林地等的绿化种植覆盖面积、屋顶绿化覆盖面积，以及零散树木的覆盖面积。

在建筑空间探索过程中，同样需要把碳汇理念融入建筑全生命周期中。根据现有场地条件，结合当地现有的与可利用的碳汇途径，利用建筑活动恢复或加强当地的碳汇能力，如：选址阶段考虑制定生物多样性管理，设计阶段留足生态和户外空间，注意提升环境舒适度和提升城市生态活力，让城市跟森林一样，通过营造城市立体景观增加地域碳汇能力。除了在选址时考虑绿色交通出行，还应将健康社区的理念纳入其中，增加绿化和户外空间，打造低碳、绿色、健康的城市综合体，天台绿化、园林景观穿插在建筑之中，营造出城市小森林的生态环境，从而增加城市空间的碳汇能力。

3.5.2 我国建筑碳汇现状

森林作为当前我国生态碳汇的主力军，主要由植被、土壤和凋落物层这 3 个部分组成。目前，我国由于人类活动产生的生物物质、化石燃烧与人类呼吸所释放的碳总量为 9.87×10^8t/a，而森林生态系统能够吸收的碳总量则达到了 48.7%，其平均碳密度约为 258.83t/hm^2。在我国森林生态系统中，植被的平均碳密度为 57.07t/hm^2，其中土壤的碳密度约为植被碳密度的 3.4 倍，而第 3 部分的凋落物层平均碳密度约为 8.21t/hm^2。以国家林业和草原局林草调查规划设计院的中国森林资源清查资料为基础，落叶阔叶林、暖性针叶林、常绿落叶阔叶林、云冷杉林、落叶松林占森林总碳贮量的 87%，是中国森林主要的碳库。我国森林生态系统之所以能够被视为绝佳的碳汇，是因为其能够与大气进行大气交换从而改善大气质量，其年通量为 4.80×10^8t/a，受到地理纬度与系统碳收支的各个通量之间的动态平衡的影响。在我国碳汇中，除了森林生态系统，农业生态系统同样能够与大气发生气体交换，通过吸收大

气中的 CO_2，释放氧气来改善大气质量，降低温室效应对环境的伤害。如今人类针对森林的保护日趋完善，使得森林的生长与其生态性能够呈现良好且稳定的周期性变化，即碳汇功能显性化。与森林生态系统不同，农作物的主要功能是为人类活动提供基本食物补充与其他各类人体必需物质，从而致使其碳汇被忽视和掩盖。如今在全国耕地范围内正在积极推广并响应秸秆还田、合理施肥和保护性耕作等措施。在此类措施及相似措施积极实践的情况下，我国农田土壤的固碳速率有望在 2050 年达到每年 81.9 亿 t 碳，因此我国的农业碳汇潜力是很大的。

现有研究表明，过去 70 年间，在各种研究与政策的推动下，我国各大生态系统正逐渐转变为碳汇，且碳汇总量保持上升的趋势。但近些年由于城镇化与工业化的快速推进，再加上人类活动对土地的肆意侵占与破坏，这些种种因素都导致了部分碳汇的减少。

工业革命的多次发生造成了人类生活方式与发展方式的巨大转变，特别是在大规模的城镇化扩张时期，城镇内的人类活动对自然生态环境，尤其是城镇周边的绿色生态空间产生巨大的影响。而相较于传统农耕生活方式，新兴的城镇化生活化方式必定促使土地利用类型发生巨大转变，并直接改变了城市生态系统的组成和结构，在解决大量问题的同时也产生了许多新的有待解决的问题。以现有的部分研究为依据，可知由于城镇化而产生的全新的人类活动模式导致原有的自然和半自然土地转化为城市用地，更是直接影响了原有植被的光合作用、呼吸作用，以及蒸腾作用，因此原有土地的植被固碳能力被大大削弱，使城市区域整体 NPP 下降，即城市区域的建筑碳汇被减弱。有大量统计数据表明，在过去的 2 个世纪里，人类对于土地利用方式的巨大变化已经导致全球生态系统的潜在碳汇能力减少了 5%；另外，还有研究表明，不科学、不正确的土地利用方式除了会削弱当地的碳汇能力，也会导致额外的碳排放。

进入 21 世纪后，我国城镇化进程加快，由此造成的人类活动的强度和范围都大大增长，使大量的绿地等能够提供碳汇的绿色生态空间产生不同程度的退化与破坏，这也是我国区域 NPP 变化的主要原因。

3.5.3 增加建筑碳汇相关措施

目前，在多个领域内部增加碳汇的主要措施为采用固碳技术。固碳技术又称碳封存技术，指增加除大气之外的碳库的碳含量的措施，其中涵盖了物理固碳和生物固碳。物理固碳是指将 CO_2 长期储存在使用过的油气井、煤层与深海之中。生物固碳是利用植物的光合作用，通过控制碳通量以提高生态系统的碳吸收和碳储存能力，因此生物固碳是固定大气中 CO_2

最便宜且副作用最少的方法。生物固碳技术主要包括三个方面：一是保护现有碳库，即通过生态系统管理技术，加强农业和林业的管理，从而保持生态系统的长期固碳能力；二是扩大碳库来增加固碳，主要是改变土地利用方式，并通过选种、育种和种植技术增加植物的生产力，提高固碳能力；三是可持续地生产生物产品，如用生物质能替代化石能源等。生物固碳主要有森林固碳、草地固碳、农地固碳、退化地的恢复固碳、湿地固碳等方法。还有学者认为，在建筑领域广泛应用木材与木质类建材或构配件能够使碳汇长期锁定在建筑木制材料中，与此同时通过在原有林地补种树木等措施，不仅能丰富木材蓄积量，同时也是保护甚至增加森林碳汇资源的重要手段。

城市森林作为城市生态界的重要组成部分，是城市可持续发展的基础和保障。城市森林在维持大气碳氧平衡、减缓热岛效应、净化和美化城市环境等功能方面拥有着城市其他系统无法替代的能力。据研究，城市森林的生物数量和生长量是远远大于草坪、花坛、灌木丛，其生态效益（释氧固碳、蒸腾吸热、滞尘减尘、杀菌减菌、降低噪声等）可达普通草坪的4~5倍，其生态服务能力明显高于城市其他系统。

在增强农田碳汇方面，秸秆还田是一项重要且具有高度可行性的措施，是目前经济条件下相对经济，同时还是相对容易推广的技术措施。像水稻这样的矮作物是连作的，单位面积吸收的碳量要比没有连作的其他矮作物大得多。作物在生长期间，土壤中的碳排放量要比撂荒时期大，但现有研究结果表明，大部分作物在生长期吸收的碳量大于同时期土壤排放的碳量，具有碳汇作用，而不像撂荒期成为实实在在的碳源。实际上，农田的碳汇和减排技术并不像工业的减排那样容易带来经济衰退，所以要寻找合适的技术，合理使用，实现农田生态系统的碳汇和减排目标。

思考题与练习题

1. 什么是碳足迹？碳足迹根据不同的分类标准可以分为哪几类？

2. 建筑全生命周期大致可以划分为哪几个阶段？简述三种建筑全生命周期的碳足迹评价方法。

3. 简述低碳建筑与建筑节能、低能耗建筑、生态建筑、可持续建筑及绿色建筑之间的异同点。

4. 简述建筑中的直接碳排放与间接碳排放的异同点及减排应对措施。

5. 思考现实生活中建筑施工建造阶段、建筑运行维护阶段，以及建筑物拆除回收阶段常见的碳排放途径与来源，以及如何通过设计、技术等手段实现建筑的节能减排。

6. 阐述碳汇减少的原因，讨论在居住区规划与建筑设计中增加建筑碳汇的相关对策。

7. 结合所学知识，从时间和空间两方面举例说明城市建筑碳排放量的影响因素（人口基数、城市经济发展情况、产业能源结构三个方面）。

参考文献

[1] 陈迎，巢清尘，等. 碳达峰、碳中和 100 问 [M]. 北京：人民日报出版社，2021.

[2] 中国工程建设标准化协会. 建筑碳排放计量标准：CECS 374：2014[S]. 北京：中国计划出版社，2014.

[3] 光华管理学院. 北京大学光华管理学院碳足迹测算报告（2021）[R]. 北京大学新闻网，2022-03-01.

[4] 中国工程建设标准化协会. 民用建筑碳排放数据统计与分析标准：T/CECS 1243—2023[S]. 北京：中国计划出版社，2023.

[5] 王玉. 工业化预制装配建筑全生命周期碳排放模型 [M]. 南京：东南大学出版社，2017.

[6] 钱七虎. 城市地下空间低碳化设计与评估 [M]. 上海：同济大学出版社，2015.

[7] 北京市质量技术监督局. 低碳建筑（运行）评价技术导则:DB11/T 1420—2017[S]. 北京：北京市质量技术监督局，2017.

[8] 陈易，等. 低碳建筑 [M]. 上海：同济大学出版社，2015.

[9] 中华人民共和国住房和城乡建设部. 近零能耗建筑技术标准：GB/T 51350—2019[S]. 北京：中国建筑工业出版社，2019.

[10] 中国建筑节能协会，重庆大学.2022 中国建筑能耗与碳排放研究报告 [R]. 碳中和前沿微信公众号，2023-04-16.

[11] 国家统计局. 中国分部门核算碳排放清单 [R]. 国家统计局官方网站，1997—2019.

[12] 国家统计局. 中国县域统计年鉴 [M]. 北京：中国统计出版社，2000—2022.

[13] 国家统计局. 中国统计年鉴 [M]. 北京：中国统计出版社，2005—2022.

[14] 国家统计局. 中国能源统计年鉴 [M]. 北京：中国统计出版社，2005—2022.

[15] 国家统计局. 中国城市统计年鉴 [M]. 北京：中国统计出版社，2005—2022.

[16] 国家统计局. 中国区域经济统计年鉴 [M]. 北京：中国统计出版社，2005—2022.

[17] 中国建筑节能协会. 重磅发布：2022 中国城乡建设领域碳排放系列研究报告（附 PPT 下载）[R]. 中国建筑节能协会能耗碳排专委会微信公众号，2022-12-28[2022-12-29].

[18] 中国建筑节能协会能耗统计专业委员会，等. 中国建筑能耗研究报告（2016）[R]. 中国建筑节能协会官方网站，2016-11-16.

[19] 中国工程建设标准化协会. 民用建筑碳排放数据统计与分析标准：T/CECS 1243—2023 现行 [S]. 北京：中国计划出版社，2023.

[20] 吴刚，欧晓星，李德智，等. 建筑碳排放计算 [M]. 北京：中国建筑工业出版社，2022.

第4章 建筑碳排放影响因素

> ➢ 你怎么看待建筑碳中和与设计的关系？
> ➢ 低碳建筑和绿色建筑有什么区别？
> ➢ 哪些因素会影响建筑碳排放量？

建筑业作为二氧化碳（CO_2）排放的四个主要领域之一，我国与建筑物的施工建造（含建筑材料生产全过程）和运行维护相关的碳排放量已占全国总排放量的50%以上。随着城镇化的发展和人们生活水平的不断提高，建筑能耗与碳排放量仍将持续增加。

建筑碳排放源自建筑材料生产过程、建筑物的施工建造过程、运行维护过程以及拆除回收过程。其中，运行碳排放量在建筑全寿命周期总碳排放量中占比最大，主要包括供暖、空调、生活热水、通风、照明、电器、智能系统等能源消耗，其产生主要源于两方面：一方面是为满足不同自然气候条件下人对室内环境需求产生的碳排放；另一方面是使用设备设施实现建筑高层化、智能化、信息化导致的碳排放。

因此，地域气候条件与建筑类型是影响建筑碳排放的首要因素，适宜的建筑设计与围护结构性能优化有助于为节能降碳目标提供坚实基础，而高效率的建筑供暖、空调等用能设备，以及太阳能等可再生能源的利用则大大提升了建筑节能减碳的潜力。本章整体知识框架，如图4-1所示。

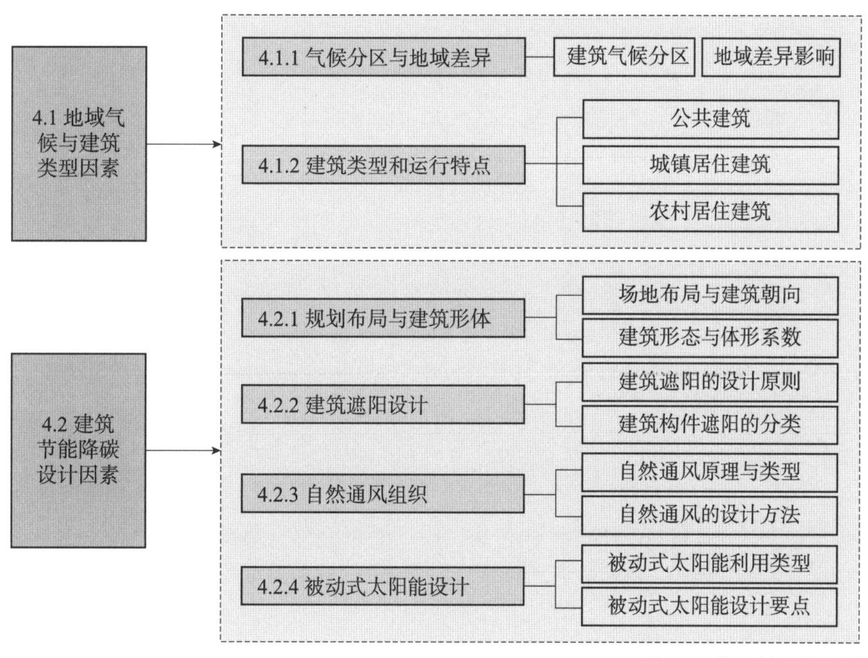

图4-1 第4章知识框架图

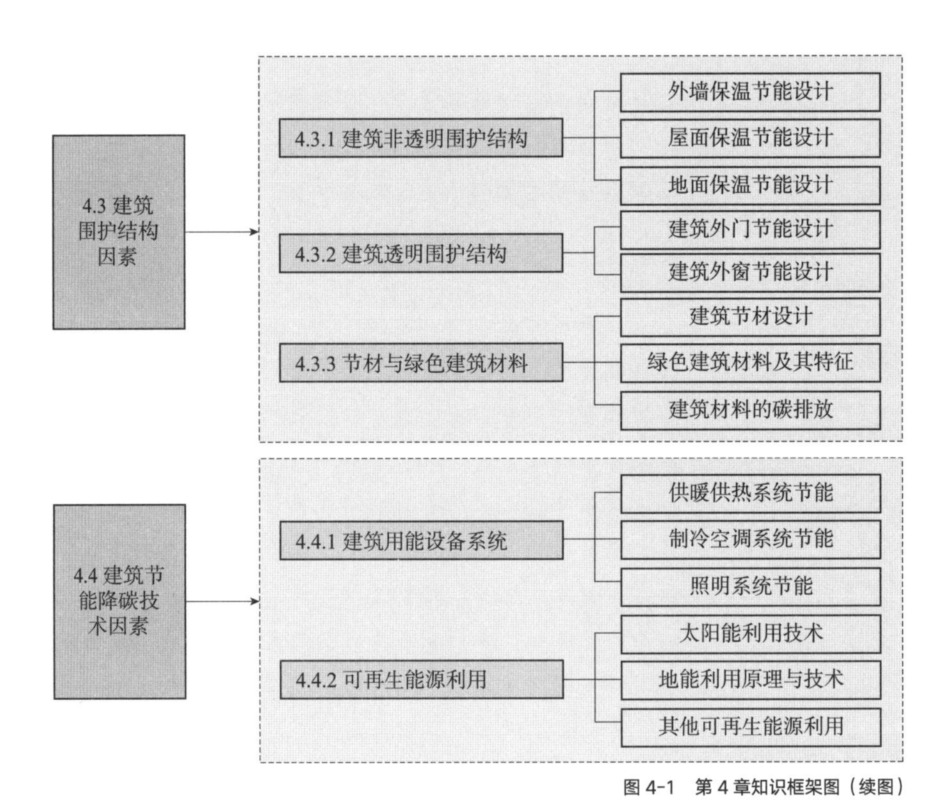

图 4-1　第 4 章知识框架图（续图）

我国国土面积广阔，地形地势差异较大，受到纬度、地势，以及地理因素的影响，气候差异也较大。不同地域的气象参数随时间、空间分布的不同，形成了千变万化的气候现象，也时刻影响着建筑物的施工建造和运行维护过程产生的碳排放。除了地域气候条件，不同地域的城镇化水平、能源结构、经济发展等因素也会对建筑碳排放造成一定的影响。

4.1.1 气候分区与地域差异

1. 建筑气候分区

建筑气候分区是影响建筑单位面积碳排放差异的重要因素之一。室外气候直接通过建筑围护结构对室内环境产生影响，建筑师运用因地制宜的设计策略，以应对不同的气候条件。例如，炎热地区的建筑需要遮阳、隔热和通风，以防室内过热；而寒冷地区的建筑则要防寒和保温，让更多的阳光进入室内。

《建筑气候区划标准》GB 50178—（19）93 根据我国不同地区气候条件对建筑影响的差异性进行分区，以气温、相对湿度和降水量 3 个关键参数，将我国划分为 7 个一级气候区，20 个二级气候区，并提出相应的建筑基本要求。建筑气候区区划的一级区划指标见表 4-1。

建筑气候区划一级区区划指标表　　表 4-1

区名	主要指标	辅助指标	各省级行政单位（含直辖市、自治区）范围
Ⅰ	1 月平均气温不高于 –10℃ 7 月平均气温不高于 25℃ 7 月平均相对湿度不低于 50%	年降水量 200~800mm 年日均气温不高于 5℃的天数不少于 145d	黑龙江省、吉林省全境；辽宁省大部；内蒙古自治区中、北部，以及陕西省、山西省、河北省、北京市北部的部分地区
Ⅱ	1 月平均气温 –10~0℃ 7 月平均气温 18~28℃	年日均气温不低于 25℃的天数少于 80d 年日均气温不高于 5℃的天数为 90~145d	天津市、山东省、宁夏回族自治区全境；北京市、河北省、山西省、陕西省大部；辽宁省南部；甘肃省中、东部，以及河南省、安徽省、江苏省北部的部分地区
Ⅲ	1 月平均气温 0~10℃ 7 月平均气温 25~30℃	年日均气温不低于 25℃的天数为 40~110d 年日均气温不高于 5℃的天数为 0~90d	上海市、浙江省、江西省、湖北省、湖南省全境；江苏省、安徽省、四川省大部；陕西省、河南省南部；贵州省东部；福建省、广东省、广西壮族自治区北部和甘肃省南部的部分地区
Ⅳ	1 月平均气温高于 10℃ 7 月平均气温 25~29℃	年日均气温不低于 25℃的天数为 100~200d	海南省、台湾省全境；福建省南部；广东省、广西壮族自治区大部，以及云南省西南部和元江河谷地区
Ⅴ	1 月平均气温 0~13℃ 7 月平均气温 18~25℃	年日均气温不高于 5℃的天数为 0~90d	云南省大部；贵州省、四川省西南部；西藏自治区南部一小部分地区

续表

区名	主要指标	辅助指标	各省级行政单位（含直辖市、自治区）范围
Ⅵ	1 月平均气温 -22~0℃ 7 月平均气温低于 18℃	年日均气温不高于 5℃的天数为 90~285d	青海省全境；西藏自治区大部；四川省西部、甘肃省西南部；新疆维吾尔自治区南部部分地区
Ⅶ	1 月平均气温 -20~-5℃ 7 月平均气温不低于 18℃ 7 月平均相对湿度低于 50%	年降水量 10~600mm 年日均气温不低于 25℃的天数少于 120d 年日均气温不高于 5℃的天数为 110~180d	新疆维吾尔自治区大部；甘肃省北部；内蒙古自治区西部

依据气候参数对建筑的热作用，进一步形成了建筑热工设计分区。根据《民用建筑热工设计规范》GB 50176—2016，以最冷月和最热月的平均温度作为主要指标，针对建筑保温和防热设计问题将我国划分为 5 个分区，即严寒地区、寒冷地区、夏热冬冷地区、夏热冬暖地区和温和地区。建筑热工设计分区的区划指标及设计原则见表 4-2。

建筑热工设计一级区划指标及设计原则　　表 4-2

一级区划名称	区划指标		设计原则
	主要指标	辅助指标	
严寒地区	$t_{min \cdot m} \leq -10$℃	年日均气温不高于 5℃的天数不少于 145d	必须充分满足冬季保温要求，一般可以不考虑夏季防热
寒冷地区	-10℃$< t_{min \cdot m} \leq 0$℃	年日均气温不高于 5℃的天数为 90~145d	应满足冬季保温要求，部分地区兼顾夏季防热
夏热冬冷地区	0℃$< t_{min \cdot m} \leq 10$℃ 25℃$< t_{max \cdot m} \leq 30$℃	年日均气温不高于 5℃的天数为 0~90d 年日均气温不低于 25℃的天数为 40~100d	必须满足夏季防热要求，适当兼顾冬季保温
夏热冬暖地区	10℃$< t_{min \cdot m}$ 25℃$< t_{max \cdot m} \leq 29$℃	年日均气温不低于 25℃的天数为 100~200d	必须充分满足夏季防热要求，一般可不考虑冬季保温
温和地区	0℃$< t_{min \cdot m} \leq 13$℃ 18℃$< t_{max \cdot m} \leq 25$℃	年日均气温不高于 5℃的天数为 0~90d	部分地区应考虑冬季保温，一般可不考虑夏季防热

表注：$t_{min \cdot m}$ 为最冷月平均温度，$t_{max \cdot m}$ 为最热月平均温度。

在现代人工环境技术尚未出现时，人们通过长期的经验积累，结合不同地区的自然气候与地域资源条件，巧妙地运用因地制宜的设计策略，创造出基本满足人类生活需求的建筑室内环境。例如，处于干热气候区的新疆吐鲁番盆地传统民居，为了适应当地太阳辐射强烈、昼夜温差大、空气干燥且风沙较大的气候特点，往往采用内向封闭式庭院布局来防热，狭窄的街道与内庭院设计为建筑抵挡了过量的太阳辐射，建筑多采用蓄热性能良好的厚重围护结构，在白天的大量得热通过夜间长波辐射向天空散热。而我国南方湿热地区的传统民居，由于当地常年高温多雨、闷热潮湿的气候特点，建筑不但要考虑通风隔热，还需要防潮避雨。建筑朝向多以东南为宜，利用穿堂风加强通风，同时采用较深的檐口遮蔽阳光，实现遮阳避雨隔热的目的，屋面上设置防潮层，并采用斜坡瓦顶，以适应潮湿多雨的气候条件。

2. 地域差异影响

除了自然气候因素造成的影响之外，地域差异对建筑能耗与碳排放量的影响还体现在供暖方式、城镇化水平、能源结构等方面。

（1）供暖方式

不同地域的供暖方式是建筑碳排放组成与碳排放强度的关键性影响因素，一般而言，供暖需求越强，其建筑碳排放总量越高（图 4-2）。

目前，我国北方城镇供暖以大中型集中供暖系统作为主要供暖方式，以保障冬季室温最低温度达到供暖目标。以秦岭淮河供暖线为界，南方城镇没有市政规模的集中供暖系统，但随着人们对冬季室内舒适度的需求逐步提高，夏热冬冷地区的供暖需求正快速增长。

然而，与北方供暖地区相比，夏热冬冷地区的供暖周期相对较短，冬季室内外温差较小，若沿用北方地区的大规模集中供暖系统，难免由于设备利用率低、输送能耗高、热量损失大等问题，造成巨大的能源与碳排放量压力，从而产生资源浪费与环境污染的问题。

（2）城镇化水平

自 20 世纪 90 年代起，我国进入了快速城镇化发展阶段，但我国各个区域的城镇化水平并不均匀，根据《中国统计年鉴 2022》，有 12 个省

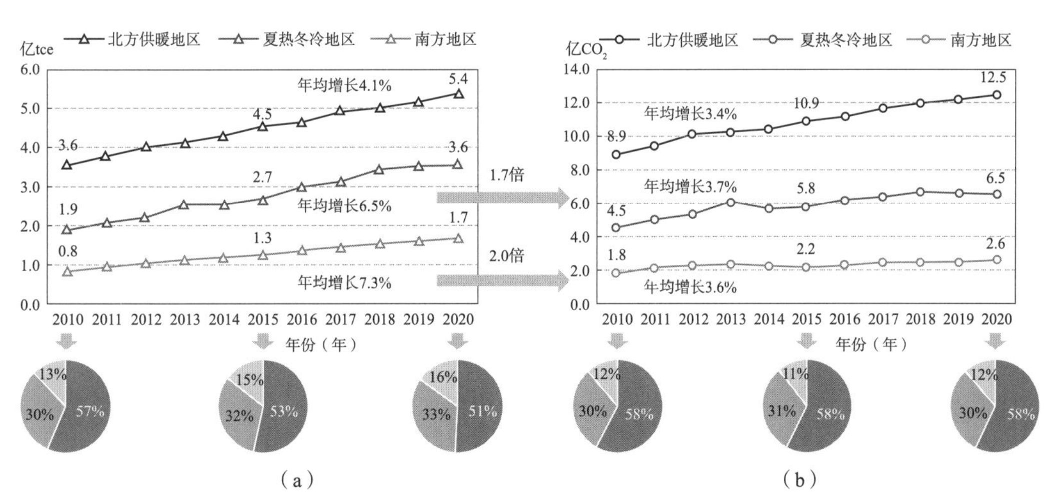

图 4-2　不同气候区建筑能耗与碳排放变化趋势

（a）建筑能耗；（b）建筑碳排放

（图片来源：根据《2022 中国建筑能耗与碳排放研究报告》资料，整理改绘）

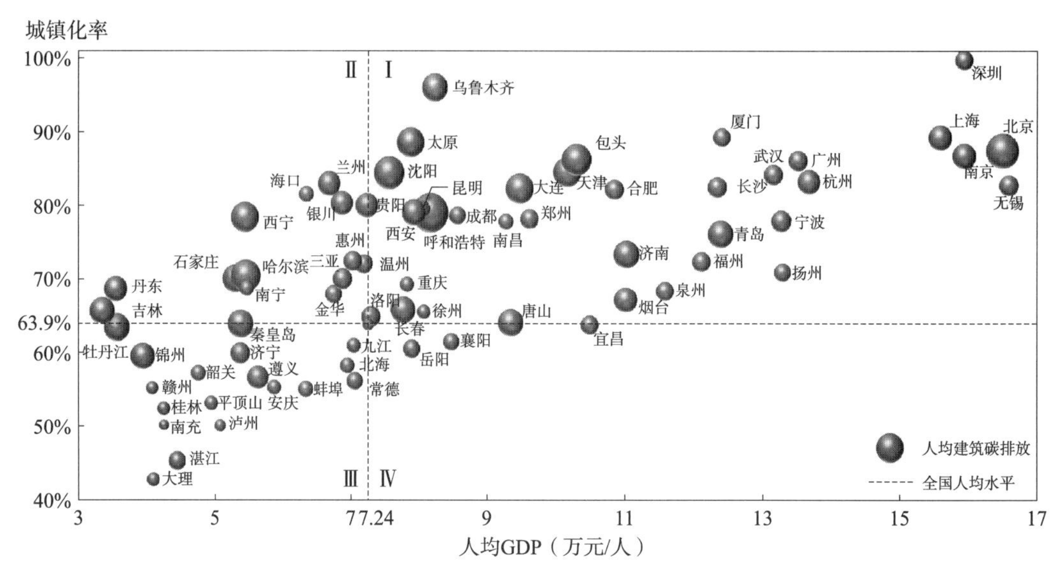

图 4-3　城市建筑碳排放与社会经济指标

（图片来源：根据《2022 中国建筑能耗与碳排放研究报告》资料，整理改绘）

（区、市）城镇化率高于全国水平，其中上海市、北京市、天津市位列前三，分别为 89.3%、87.55%、84.7%；19 个低于全国水平，其中 10 个低于 60%，最低的为 35.73%。城镇人口的增加是驱动建筑面积增长的首要因素，城镇化率和人均 GDP 越高的城市，其人均建筑碳排放越高（图 4-3）。

在快速城镇化的过程中，一方面，大量建设任务造成了资源与环境的巨大压力，建设过程中对土地的改造直接减少了植被对 CO_2 的吸收固化，且高资源、高能源消耗的建造过程，使能耗与碳排放量显著增大；另一方面，新建房屋的速度已经大大超出了新增城镇人口的速度，使各地都出现了房屋空置率高的问题，闲置的房屋同样是对资源的巨大浪费。

据有关研究表明，中国的城镇人均生活能耗是农村人均水平的 1.5 倍左右，城镇单位建筑面积能耗是农村地区的 4.5 倍左右，相应的总能耗和碳排放量约为农村水平的 3 倍。未来城镇化过程中城乡格局的平衡对 2030 年我国 CO_2 排放峰值水平影响很大，而城镇化过程中建筑和交通模式一旦形成和固化，能耗和碳排放量是较难降低的。

（3）能源结构

能源结构是指各种能源在一个国家或一个地区的能源总生产或总消费中所占的比例。一般而言，单位能耗碳排放量主要与能源结构及技术进步相关，煤炭比例的持续下降对单位能耗碳排放的降低具有重要意义。

近 30 年来，随着以电力为代表的商品能源消费水平持续提高，我国居民生活用能的能源结构逐渐改善，但相对低碳排放的天然气消费比例还不及国际平均水平的 1/4。农村居民的煤炭终端消费比例过高，而天然气消费的比例尚不足城镇居民的 1%。这些都表明，我国居民（尤其是农村居民）生活用能结构优化仍有较大的提升空间。

从能源消费结构看，煤炭消费在能源消费总量中始终占据着主导地位，而且地区间存在明显差异。调整和优化整体能源消费结构，减少对具有高碳排放系数和高污染类资源的过度依赖，促进可再生清洁能源的开发利用，是从根本上把整个能源消费结构转变为低能耗发展结构，实现有效碳减排的必然要求。

4.1.2 建筑类型和运行特点

根据中国建筑节能协会统计数据，2020 年全国建筑物运行维护阶段的碳排放总量为 21.6 亿 tCO_2，占比达到全国碳排放总量的 21.7%，公共建筑、城镇居住建筑、农村居住建筑等不同建筑类型的建筑能耗、建筑面积存量、碳排放量存在差异化特征（图 4-4），其中，公共建筑和城镇居住建筑是碳排放增长的主要来源。

1. 公共建筑

根据建筑不同的使用功能，可以将公共建筑分为办公建筑、商业建筑、旅游建筑、科教文卫建筑、通信建筑，以及交通运输类建筑等。2001—2020 年期间，办公建筑、商场建筑、学校建筑这三类的竣工面积之和占公共建筑总面积的 72%，是目前公共建筑的主要类型。公共建筑各类型存量的面积增长情况，如图 4-5 所示，以上各类建筑的存量在过去 10 多年间都有了显著增加，从增长的绝对量上看，办公建筑与商场建筑增长最多，均为 20 亿 m^2。

公共建筑的能源负荷主要源自通风系统、采光照明、电梯、办公用电设备、生活热水等。2022 年上海市主要类型公共建筑单位面积年用电量，如图 4-6 所示，商场与医疗建筑是用电强度最高的公共建筑，教育建筑则相对用电强度最低。

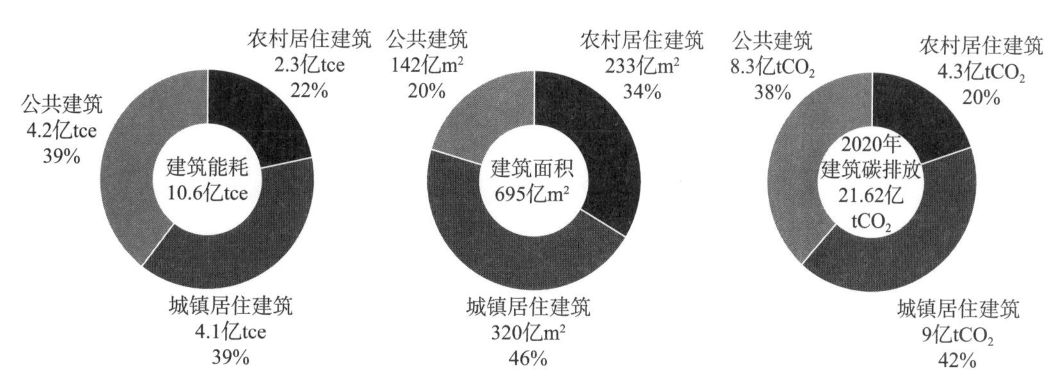

图 4-4 2020 年全国建筑物运行维护阶段能耗与碳排放
（图片来源：根据《2022 中国建筑能耗与碳排放研究报告》资料，整理改绘）

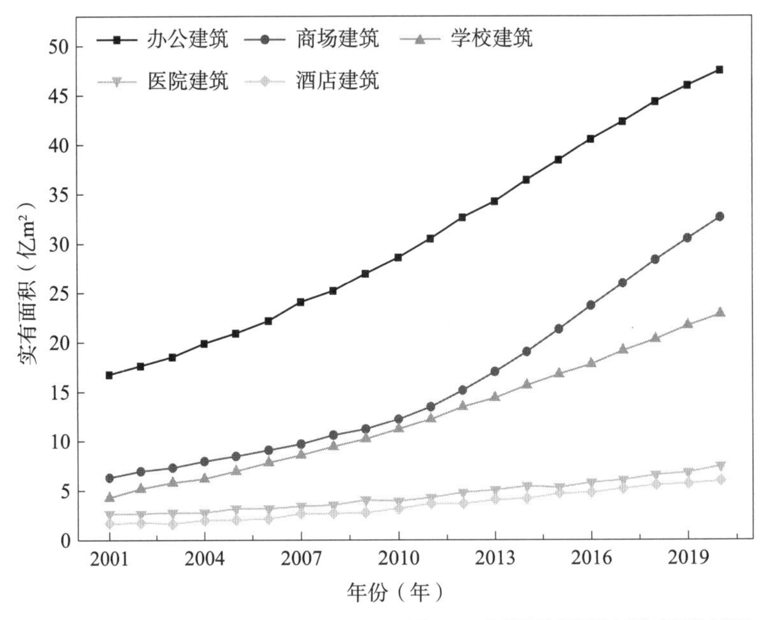

图 4-5　公共建筑各类型存量面积增长趋势

（图片来源：根据《中国建筑节能年度发展研究报告 2022 年（公共建筑专题）》资料，整理改绘）

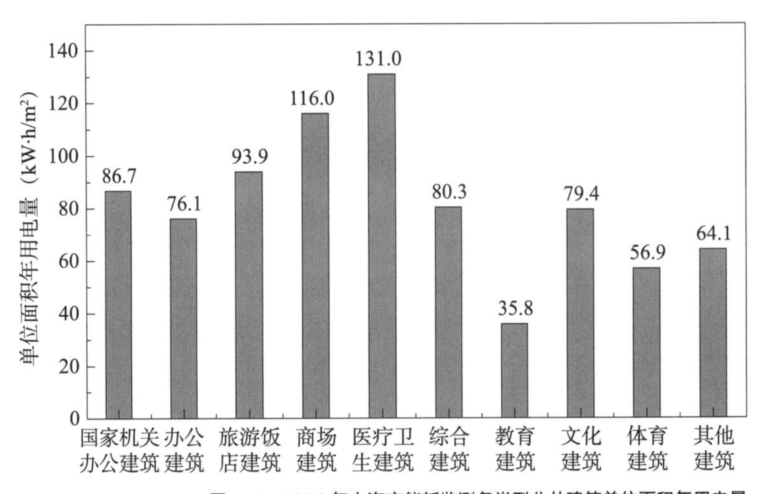

图 4-6　2022 年上海市能耗监测各类型公共建筑单位面积年用电量

（图片来源：根据《2022 年上海市国家机关办公建筑和大型公共建筑能耗监测及分析报告》资料，整理改绘）

大型公共建筑碳排放强度大，通常远高于城镇与农村居住建筑，且管理集中，降碳潜力大，应作为建筑碳排放控制的重点之一。

2. 城镇居住建筑

随着我国经济的发展和居民收入的增加，城镇居民的生活水平也逐渐提高，各类家用电器的种类、占有率与使用率大幅增长，建筑设备形式、室内环境的营造方式和用能模式也发生了巨大变化，这些因素都导致城镇居住建筑户均碳排放量持续稳定上升。如图 4-7 所示，2010—2020 年期间，城镇居住建筑碳排放量由 6.59 亿 tCO_2 增长至 9.01 亿 tCO_2，涨幅约 37%。城镇居住建筑运行阶段碳排放总量也明显高于公共建筑与农村居住建筑。

城镇居住建筑的用能分项主要包括空调、照明、生活热水、炊事和家电等，以及住宅楼附属照明、电梯设施等，居民的生活方式和设备设施的类型是影响城镇住宅建筑用能的重要因素。如图 4-8 所示，夏季空调需求和冬季供暖需求近年来显著增加，导致城镇居住建筑的总用能量和总用电量都大幅

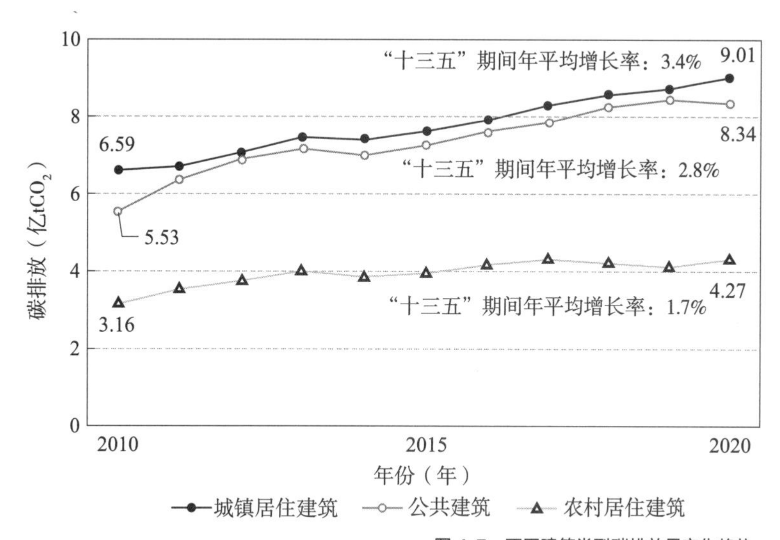

图 4-7 不同建筑类型碳排放量变化趋势
（图片来源：根据《中国建筑节能年度发展研究报告 2017 年》资料，整理改绘）

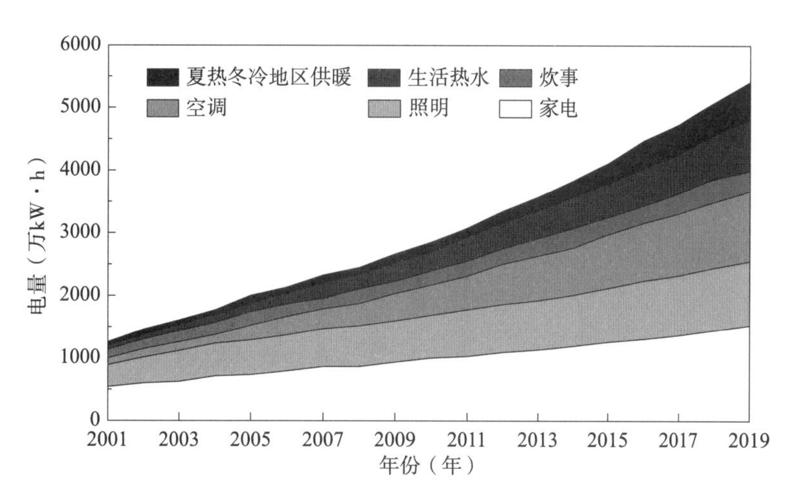

图 4-8 中国城镇住宅总用电量（2001—2019 年）
（图片来源：根据《中国建筑节能年度发展研究报告 2021 年（城镇住宅专题）》资料，整理改绘）

提升。随着电气化水平的显著提升，在城镇居住建筑领域中，电力占一次能耗比例从 2001 年的 64% 增长至 2019 年的 70%。2019 年，全国城镇居住建筑总用电量达到 5374 亿 kW·h，是 2001 年全国城镇住宅总用电量的 4 倍以上。

3. 农村居住建筑

由于农村住宅建筑在能源供给、自然环境、使用者生产生活方式及建筑形式等方面与城镇居住建筑存在显著差异，其用能特点与节能降碳的技术路径也有所不同。从建筑形式来看，农村居住建筑以分散式单体建筑为主，生产与生活功能的兼具和统一是农村居住建筑的重要特点之一。据国家相关部门统计，目前我国农村居住建筑面积约为 235 亿 m^2，约占我国建筑总面积的 42.3%，人均居住面积约为 38m^2/ 人，高于城镇平均值。

较大的农村人口规模和建筑面积，使农村居住建筑碳排放量成为我国碳排放总量的重要组成部分。我国传统民居普遍具有较强的地域气候适应性，如果简单地照搬模仿城镇建筑，不仅会消耗大量资源与能源，而且建筑室内环境普遍较差。建筑围护结构热工性能差和供暖、炊事能源利用效率过低是导致目前农村居住建筑碳排放高、室内热环境差的重要原因。农村用能模式（包括燃煤、生物质燃烧、秸秆燃烧）和用能量对我国的碳排放问题也产生了显著影响。寻找适宜的农村居住建筑节能技术、推广可再生能源在农村住宅建筑的应用，是改善上述问题的关键。

建筑的建造、运行、维护及拆除，都是以消耗能源为代价的。能源的消耗过程，即化石燃料的燃烧过程或氧化过程，也是碳排放的过程。减少建筑碳排放，在某种意义上，与节约建筑能耗的内涵是相同的。在建筑设计中合理运用节能措施，减少和控制建筑能源消耗量，将对建筑碳排放量控制产生极为显著的影响。

建筑方案设计阶段对建筑能耗和碳排放量的控制起着决策性作用，建筑布局、朝向、形态、立面设计等一系列影响建筑性能的重要因素，均在方案设计阶段形成方向性的定位。因此，在建筑方案设计阶段选取适宜的节能设计措施，以抵御或衰减室外气候变化对建筑的影响，对建筑节能减排的实现有着事半功倍的作用。

4.2.1 规划布局与建筑形体

1. 场地布局与建筑朝向

场地布局与建筑朝向对建筑节能减碳产生了重要影响。建筑物所在地的气候类型特点及场地条件，决定了进入场地内的太阳辐射、风等自然资源，同时也对增加或减少建筑物能耗与碳排放量产生了重要影响。通过合理的场地布局设计，使建筑组团或建筑物在冬季最大限度地利用太阳辐射等自然资源，增加得热、减少热损失；在夏季最大限度地防止热辐射、减少得热。不同气候状况下规划布局设计，如图 4-9 所示。

场地的规划布局与建筑朝向选择应从以下两方面考虑：一方面是，地形地貌、风速、日照等自然环境对减少建筑碳排放量的正面作用，充分利用自然资源的同时，避免场地周围环境对建筑产生的不良影响；另一方面是，通过合理的场地设计，减少施工建造和运行维护阶段建筑物对周边环境造成的负面影响，减少废水、废气、废物的排放，减缓热岛效应，减少光污染和噪声污染，保护生物多样性和维持土壤水生态系统的平衡等。

在场地规划中，应充分利用周边地理条件，尽量保留并善用现有适宜的地貌、地势、植被和自然水系。优先选择已经开发且具有城市改造潜力的土地，确保场地环境安全可靠，远离污染源，并具备充分的自然灾害抵御能力。尽可能减少对自然环境的不良影响，注重建筑与自然生态环境的协调性。

寒冷地区建筑供暖能源消耗量巨大，在维持室内热环境舒适性的同时，节约供暖供热、降低环境负荷，应尽可能利用太阳能等可再生能源、注重不同季节的防风与通风。为争取更多的日照，条件允许的前提下，应将建筑选址在无遮挡的向阳平地或山坡上，建筑一般以南北向为主，并将主要功能空间置于南向，建筑的间距不宜过小，以防建筑之间相互遮挡，影响日照

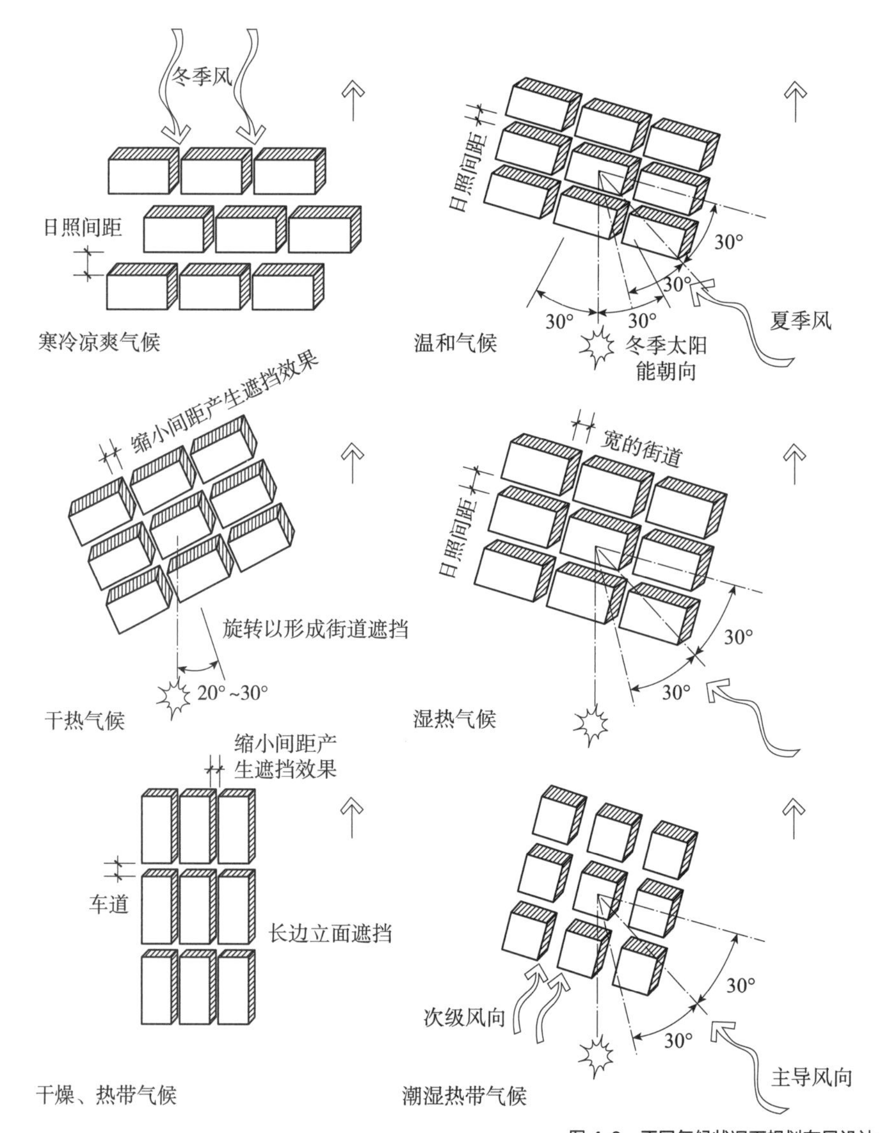

图 4-9　不同气候状况下规划布局设计

（图片来源：根据《太阳辐射·风·自然光——建筑设计策略》资料，整理改绘）

效果。应争取使建筑大部分墙面避开冬季主导风向，以减少外墙表面散热量和冷风渗透量，并合理选择建筑布局的开口方向和位置，避免形成风口。

炎热地区建筑必须满足夏季防热、遮阳和通风要求，应特别注意减少太阳辐射，在夏季及过渡季要充分利用自然通风，以保证室内热环境舒适度。设计中应争取自然通风好的朝向，防止西晒，建筑物的迎风面与季风主导方向形成一定的角度，一般应控制在30°~60°，以保证建筑单体及建筑组团都获得相对满意的通风效果。干热地区建筑宜采取聚合的建筑布局，利用建筑群体形成自遮阳体系，湿热地区建筑宜采用分散的建筑布局，以利于通风，形成环绕或穿插的景观设计，通过绿化和水体防热降温。

2. 建筑形态与体形系数

建筑形态是建筑功能要素与空间的组织化结果，在保证功能合理的前提下，空间组织应充分体现建筑所在地的气候特点，根据功能空间环境属性与室外气候要素的相关性，进行系统化布局。

体形系数指建筑物与室外空气直接接触的外表面积与其所包围的体积的比值，其中外表面积不包括地面和不供暖楼梯间内墙的面积。体形系数是影响建筑物耗热量的重要因素之一，当建筑面积相同时，由于平面组织和立面设计的差异，不同体形系数对建筑碳排放量有显著影响。体形系数越大，相同建筑面积对应的外表面积就越大，传热损失相应增加。

《建筑节能与可再生能源利用通用规范》GB 55015—2021 对居住建筑和公共建筑的体形系数有具体规定（表 4-3、表 4-4）。

居住建筑体形系数限值　　表 4-3

热工规划	建筑层数	
	≤ 3 层	> 3 层
严寒地区	≤ 0.55	≤ 0.30
寒冷地区	≤ 0.57	≤ 0.33
夏热冬冷 A 区	≤ 0.60	≤ 0.40
温和 A 区	≤ 0.60	≤ 0.45

严寒和寒冷地区公共建筑体形系数限值　　表 4-4

单栋建筑面积 A（m^2）	建筑体形系数
$300 < A \leq 800$	≤ 0.50
$A > 800$	≤ 0.40

4.2.2 建筑遮阳设计

当建筑物处于自然运行工况下时，供暖与空调能耗为零，有利于降低建筑能耗、减少碳排放量，合理、巧妙地运用遮阳措施，可让多数建筑物在春、夏、秋季长时间处于自然运行工况。

1. 建筑遮阳的设计原则

太阳辐射是一把“双刃剑”，适量的阳光可以改善室内光环境、节约照明能耗，并对人体生理、心理均产生积极影响，但夏季强烈的直射光会造成室内过热、引起眩光现象，以致影响生产、生活的正常进行，太阳辐射热会大大增加空调负荷，直接导致能耗与碳排放量的增加。因此，建筑遮阳是必要采取的被动式设计措施，通过对太阳辐射适时、有效地加以利用和控制，达到节能降碳的目的。

适宜的遮阳设计可以有效降低夏季室内得热、改善室内照度均匀度、避免直射光在窗口处造成的眩光问题，并营造出一定的艺术表现力。场地条件、建筑形体、建筑构件均对建筑遮阳产生直接影响。场地环境与周边既有建筑产生的阴影会对建筑物产生遮阳效果，例如，我国南方地区利用冷巷、骑楼的空间组织，供建筑之间的庭院或巷道形成舒适阴凉的环境。建筑形体自身的错落变化同样能够达到遮阳目的，例如，建筑设计中可利用挑檐、阳台、深窗洞口，以及建筑体量的阶梯变化形成自遮阳（图 4-10），遮挡夏季直射光的同时，减少对冬季阳光的阻挡。建筑遮阳构件是最为常见普遍的遮阳方式，遮阳构件的类型、大小和位置依据建筑的类型、气候条件和场地布局而定，不同朝向、开窗面积也会对遮阳构件的选择产生一定的影响。

2. 建筑构件遮阳的分类

根据遮阳构件与建筑围护结构的位置关系，可以分为外遮阳、中间遮阳和内遮阳；根据构件的调节方式，可以分为固定遮阳和活动遮阳；根据构件的布置方式，可以分为水平遮阳、垂直遮阳、综合遮阳和挡板遮阳等。

（1）位置关系分类

如图 4-11 所示，外遮阳是对位于建筑围护结构外侧的各类遮阳装置的统称，从建筑防热的角度，外遮阳能非常有效地减少建筑得热；中间遮阳通常采用浅色水平百叶，置于两层玻璃之间，玻璃与百叶共同作用，其效果介于内外遮阳之间；内遮阳因不涉及结构构造问题，相较而言更加经济、

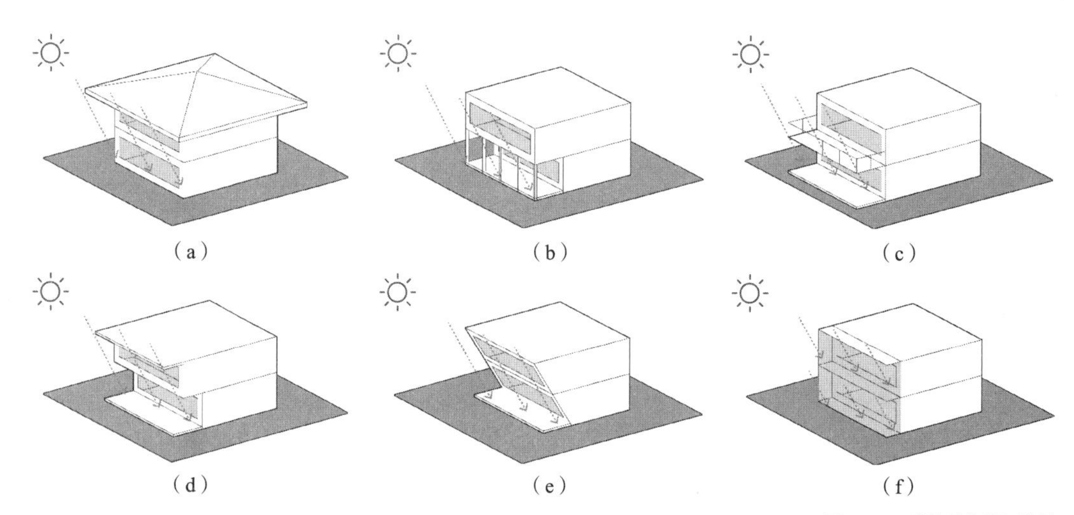

图 4-10　建筑形体遮阳举例

（a）屋顶挑檐；（b）底层架空；（c）出挑阳台；（d）高低错层；（e）倾斜墙面；（f）出挑走廊

（图片来源：作者改绘）

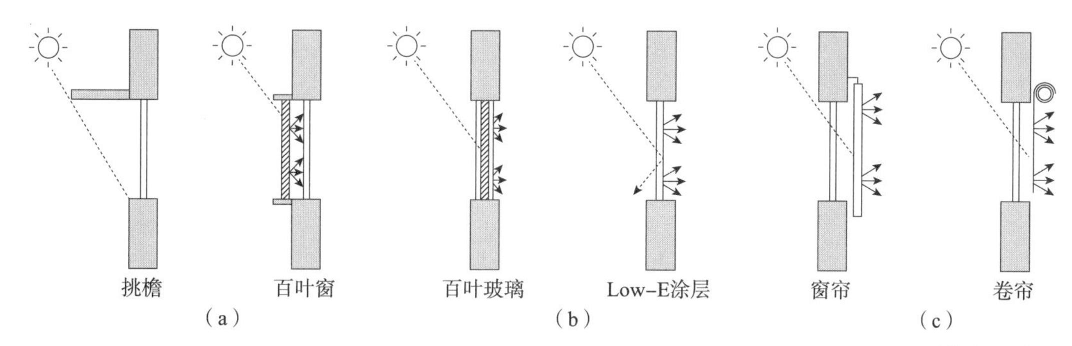

图 4-11 建筑遮阳示意图
(a) 外遮阳;(b) 中间遮阳;(c) 内遮阳

灵活，易于根据实际使用需求进行调节，但由于内遮阳是在建筑空间内部遮挡太阳辐射，部分热量被留在室内，降低了隔热效果。在实际应用中，通常将内外遮阳综合利用，以强化建筑遮阳效果。

(2) 调节方式分类

固定遮阳设计的关键是在太阳高度角较高的炎热夏季能够形成有效的阴影区阻挡太阳辐射，在太阳高度角较低的寒冷冬季能够不阻碍阳光进入室内，同时还应保证对视线不造成遮挡。固定遮阳因构造简单、造价低等特点使用更为广泛，易于形成韵律感的立面设计。

活动遮阳易于在不同天气和时间的变化中作出相应地调整，更好地适应太阳周期性、季节性的变化规律，按照建筑物所在地的气候特征，活动遮阳能够灵活有效地采用人工调节或智能化控制遮阳系统实现遮阳构件的打开或关闭，如图 4-12 (a) 所示，同时满足遮阳、通风、视野需求。利用场地内的落叶乔木或建筑上的藤蔓植物的季节性变化，也是一种有效的活动遮阳方式。大多数乔木随四季变化协调一致地生长，它们的树叶随气温的变化生长或凋落，能够有效形成对夏季阳光的遮挡，并在冬季不阻挡阳光进入室内，如图 4-12 (b) 所示。

(3) 布置方式分类

水平挑檐通常用于遮挡太阳高度角较大的入射阳光，最适用于南向遮阳，既能在寒冷冬季使阳光进入室内，又能遮挡夏季直射光，同时保证了最大的视野范围。水平挑檐同时适用于建筑东向、东南向、西南向、西向遮阳。水平百叶板在某些方面比实体挑檐更为优越，百叶的形式能够在冬季减少风雪带来的结构荷载，在夏季可使下方窗口处聚集的热空气流通。

垂直遮阳多造成视线的遮挡，仅适用于早晚时段太阳高度角较低的东向和西向遮阳，或是极度炎热气候下的北向遮阳。水平和垂直构件相结合的花格格栅遮阳同样由于视线受限的原因，仅适用于炎热气候区的东、西立面，用于遮挡从窗口前上方和两侧射入室内的阳光。内部和外部不同遮阳装置的遮光系数，如图 4-13 所示。

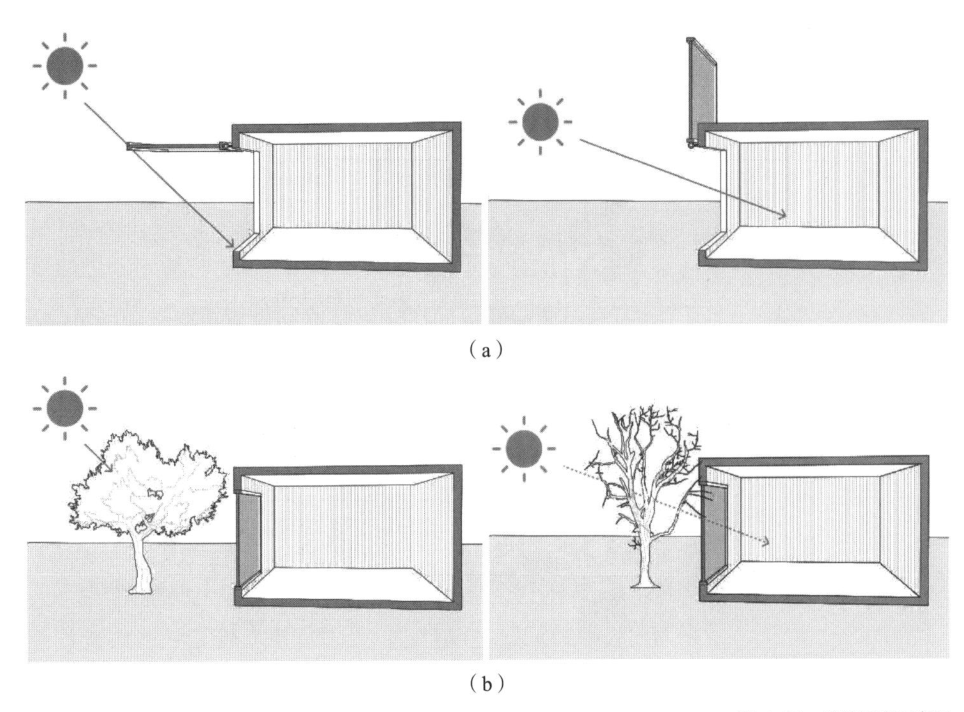

（a）

（b）

图 4-12　建筑遮阳示意图
（a）活动遮阳；（b）绿化遮阳

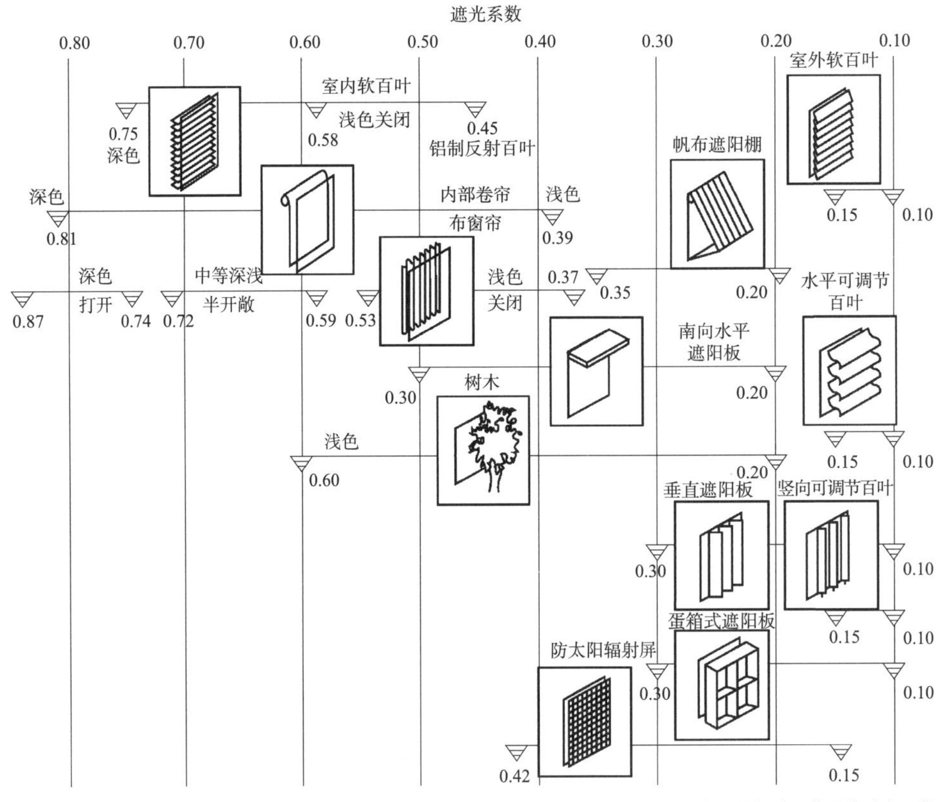

图 4-13　不同内部和外部遮阳装置的遮光系数
（图片来源：根据《太阳辐射·风·自然光——建筑设计策略》资料，整理改绘）

4.2.3 自然通风组织

自然通风是指利用建筑室内外温差产生的热压或风力造成的风压来促使空气流动，从而达到通风换气的目的。在建筑设计阶段充分考虑自然通风组织，一方面能够在不消耗能源的前提下，强化热量的传导和对流，改善建筑室内热环境，另一方面还能带走房间里的湿气和浊气，提供清新的自然空气，改善室内空气品质。

1. 自然通风原理与类型

自然通风主要包括风压通风、热压通风和混合通风等形式，其原理如图 4-14 所示。

（1）风压通风

风压通风是利用建筑迎风面和背风面的空气压力差而实现空气流动，是最为常见的通风方式。当风到达建筑物的迎风面时，风滞止而形成一个正静压区，同时在建筑物的另一侧形成负静压区。如果两边都有窗户，迎风高压侧（入口区）和背风低压侧（吸入区）之间的压差会产生穿过建筑的气流。

为了促进对流通风，可在面向主导风向的立面上开窗，并在相对或相邻的墙面开窗，从而促进空气进入和离开室内并带走室内的热量，俗称为“穿堂风”。

（2）热压通风

热压通风利用室内外空气的温度差来实现空气流动，也称为“烟囱效应”，通过室内空气密度的差异，热风倾向上升，冷风倾向下降，达到自然通风的目的。热压作用与进、出风的风口高度差、室内外气温差有密切联系：高度差越大、气温差越大，热压通风效果越好。

为了强化热压通风的作用，多在建筑设计中结合中庭、拔风井、楼梯间等通高空间增加进、排风口的高差，或设置太阳能烟囱、屋顶集热器等

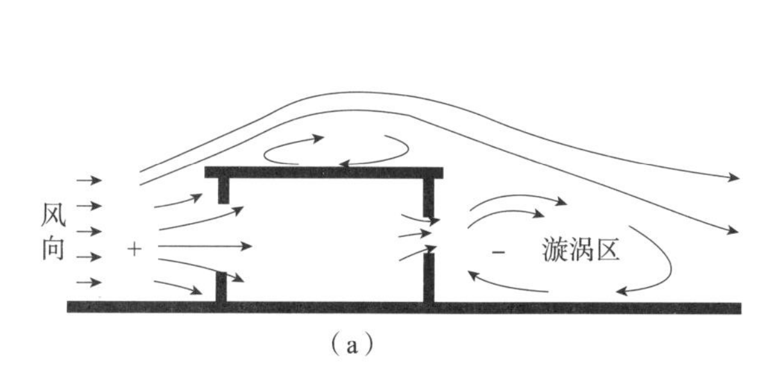

（a）

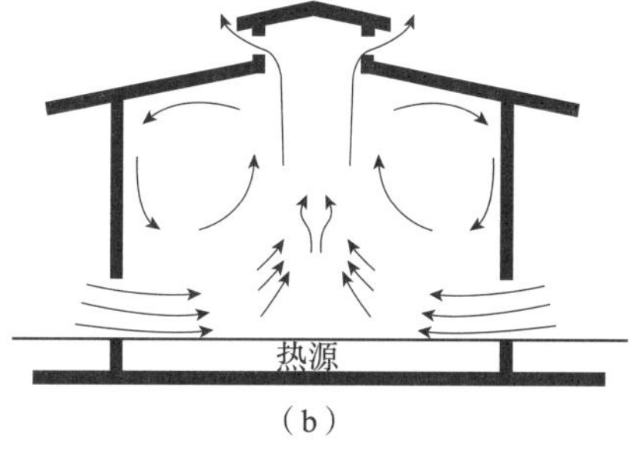

（b）

图 4-14 建筑通风原理图
（a）风压通风；（b）热压通风
（图片来源：作者改绘）

装置，在出风口利用太阳辐射对上部空气进行加热，加大室内顶部空气与底部空气的温差，从而达到自然通风的目的。

（3）混合通风

建筑所在地的地域气候条件使自然通风效率有着不同程度的差异，建筑室内的实际气流状况是在风压和热压综合作用下形成的。风压通风的效果受平面组织及开口形态影响，热压通风的效果受建筑剖面组织及开口形态影响，风压和热压通风的混合效果取决于二者气流压力的总和。如图 4-15 所示，当采用自然通风时，平面和剖面需为空气流动留有开口。一般而言，小进深空间多利用风压通风，而大进深空间多利用热压通风，以达到自然通风的目的。

2. 自然通风的设计方法

结合气候因素季节性、周期性的变化，充分利用自然通风以减少全年空调系统运行时间，从而达到节能减碳的作用，是被动式自然通风设计的基本

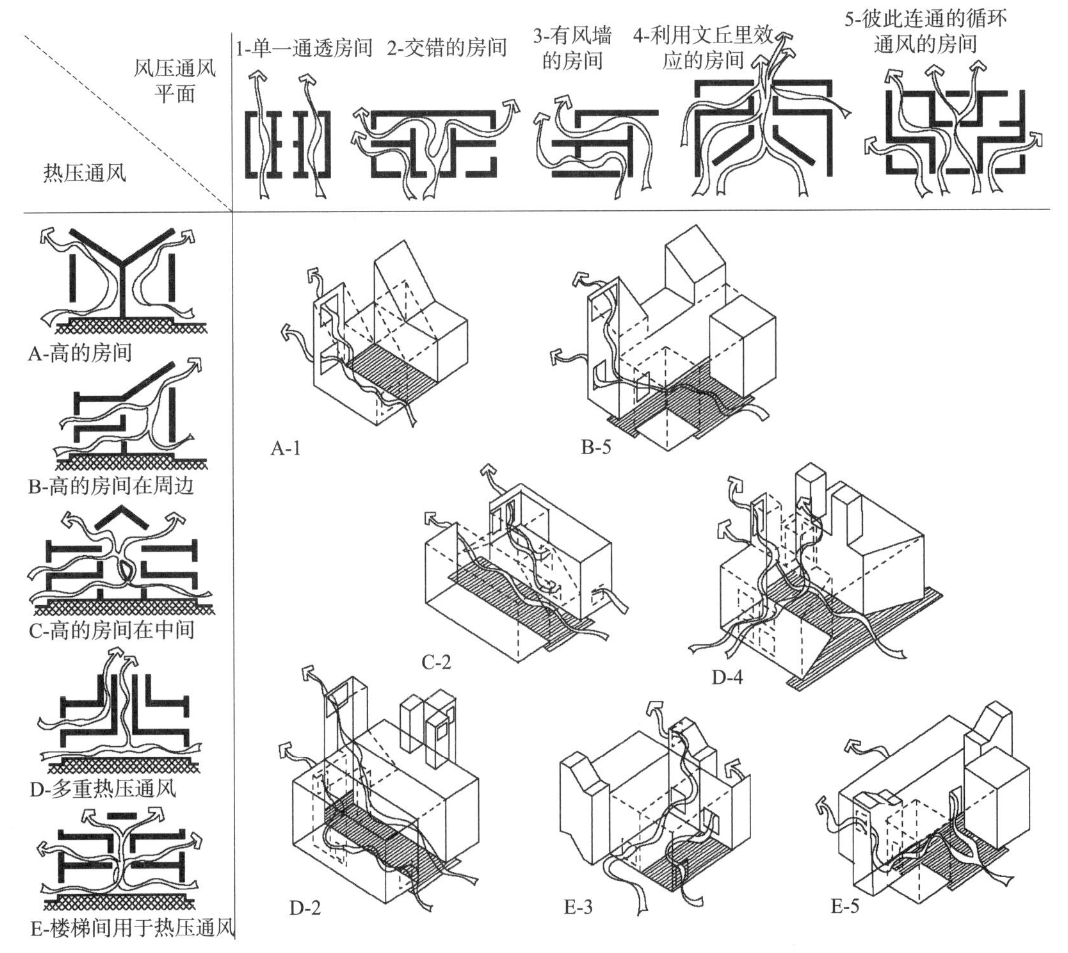

图 4-15 混合通风的空间组织

（图片来源：根据《太阳辐射·风·自然光——建筑设计策略》资料，整理改绘）

原则。建筑总体布局、建筑形态、空间组织、建筑开口设计及导风构件设置均对自然通风组织产生一定的影响。

（1）建筑总体布局

根据建筑所在地的风玫瑰图，采取有利于自然通风的建筑朝向与布局。例如，使建筑朝向垂直于夏季主导风向，以加强风压通风的作用。由于建筑风影区内难以形成风压通风，因此在设计阶段应充分考虑与周边建筑的位置关系，避免将建筑置于周边建筑的风影区内。风影区的范围与建筑形体和风向投射角相关（图 4-16，表 4-5）。建筑群体布局通常分为行列式、错列式、斜列式、周边式和自由式，从促进自然通风的角度，错列式、斜列式、自由式更为有利（图 4-17）。另外，结合场地周边的水面、绿化组织自然通风，可以有效调节室外环境微气候，达到夏季降温的作用。

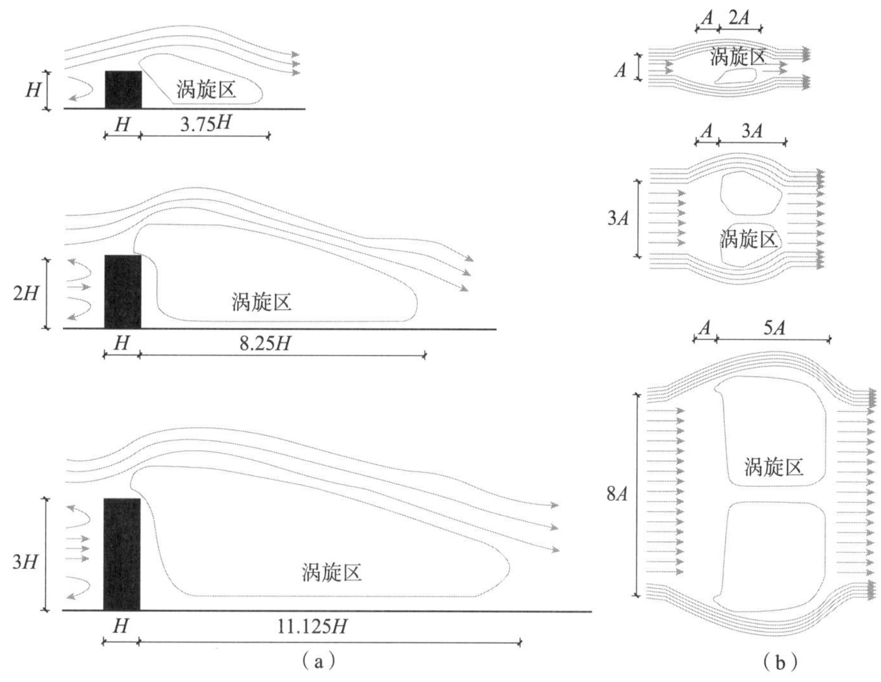

图 4-16 建筑形体与风影区的关系

（a）立面；（b）平面

（图片来源：根据《建筑环境控制学》资料，整理改绘）

风向投射角和风影长度的关系 表 4-5

风向投射角（°）	室内风速降低值（%）	风影长度	备注
0	0	3.75H	本表的建筑模型为平屋顶，其高：宽：长为 1：2：8
30	13	3H	
45	30	1.5H	
60	50	1.5H	

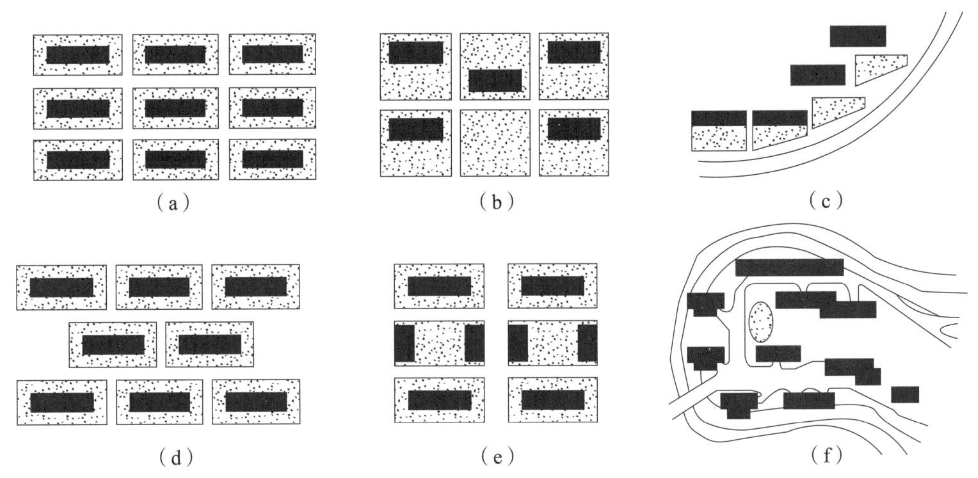

图 4-17　建筑群体布局对自然通风的影响
(a)行列式;(b)错列式;(c)斜列式;(d)错列式;(e)周边式;(f)自由式
[图片来源：根据《绿色建筑概论》(第二版)资料，整理改绘]

(2)建筑形态与空间组织

建筑形态的尺度、角度及外表面平滑程度等因素，都会对自然通风效果产生影响。一字形建筑最有利于自然通风，其他建筑形态应着重考虑连接转折处的通风效果，可设置开敞空间或增加开窗面积，采用架空、局部挖空、组织内院等处理方法，引入自然通风。湿热地区的传统民居，多采用骑楼、底层架空、冷巷等方式加强通风效果，通风屋顶、遮阳构件、露台阳台等挑出设计在起到遮阳作用的同时，也有一定的导风作用。

功能合理的前提下，建筑平面进深不宜过大，以便形成穿堂风，对于单侧通风的空间，进深不宜超过净高的 2.5 倍(一般不应小于 6m)。剖面设计上，则可利用高大空间、楼梯间、通风烟囱，或是太阳能集热的方式，促进热压通风(图 4-18)。

(3)建筑开口设计与导风构件

建筑开口的位置、尺寸、开启方式等设计要素均对自然通风的组织产生影响，建筑开口设计还涉及日照健康、天然采光、立面效果、节能效果等诸多因素，需要综合考量。

从节能的角度出发，可以通过窗墙面积比控制开窗面积；从采光的角度出发，可以通过窗地面积比确保开窗面积；从通风的角度出发，可以通过设定外窗的可开启面积或开口面积确保通风效果。

依据《公共建筑节能设计标准》GB 50189—2015，甲类公共建筑外窗(包括透光幕墙)应设可开启的窗扇，其有效通风换气面积不宜小于所在房间外墙面积的 10%；当透光幕墙受条件限制无法设置可开启窗扇时，应设置通风换气装置。对于住宅建筑，自然通风开口面积不应小于地面面积的

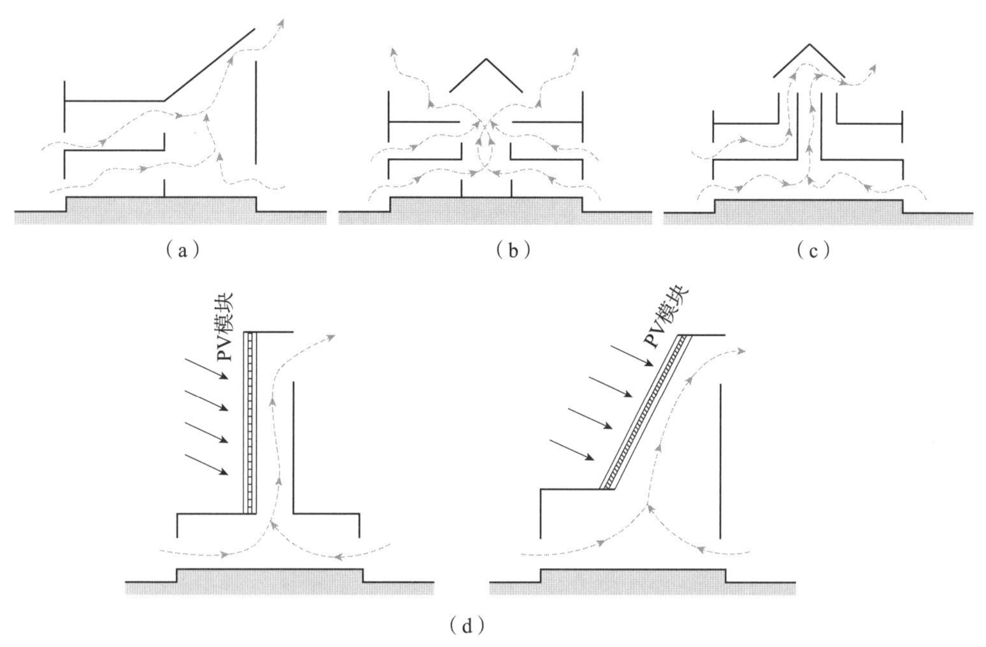

图 4-18　热压通风方式

（a）边庭空间；（b）中庭空间；（c）通风烟囱；（d）太阳能通风烟囱

（图片来源：根据《低碳建筑》资料，整理改绘）

采用自然通风的房间，其自然通风开口面积规定表　　　　**表 4-6**

卧室、起居室（厅）、明卫生间	直接自然通风开口面积不应小于该房间地板面积的 1/20
	当采用自然通风的房间外设置阳台时，阳台的自然通风开口面积不应小于采用自然通风的房间和阳台地板面积总和的 1/20
厨房	直接自然通风开口面积不应小于该房间地板面积的 1/10，并不得小于 0.60m^2
	当厨房外设置阳台时，阳台的自然通风开口面积不应小于厨房和阳台地板面积总和的 1/10，并不得小于 0.60m^2

5%。采用自然通风的房间，其直接或间接自然通风开口面积应符合表 4-6 的规定。

表 4-7 显示了窗户导风构件的设计，导风构件位置将起到不同的自然通风效果。

窗户导风构件的细部设计一览表　　　　**表 4-7**

效果	好	较好	较差	差
单侧墙开窗				

续表

效果	好	较好	较差	差
相邻两侧墙开窗				

4.2.4 被动式太阳能设计

太阳辐射能是地球上热量的主要来源，是决定气候的主要因素。被动式太阳能设计即利用太阳辐射被动加热建筑，形成不需要由非太阳能或耗能部件驱动，就可以运行的太阳能系统。主动式建筑是通过主动地供给能源形成人为的建筑环境，而被动式建筑则是在适应环境的同时，对其潜能进行灵活应用，对节能减碳具有重要意义。

1. 被动式太阳能利用类型

被动式太阳能建筑通过适宜的建筑设计策略，利用热量采集系统和蓄热体控制太阳辐射，达到供暖或制冷效果，并通过合理的空间组织和围护结构设计，减少室外环境波动对室内环境的影响，以满足室内舒适性要求，如图 4-19 所示。按照太阳辐射的接收与建筑蓄热、散热方式的不同，被动式

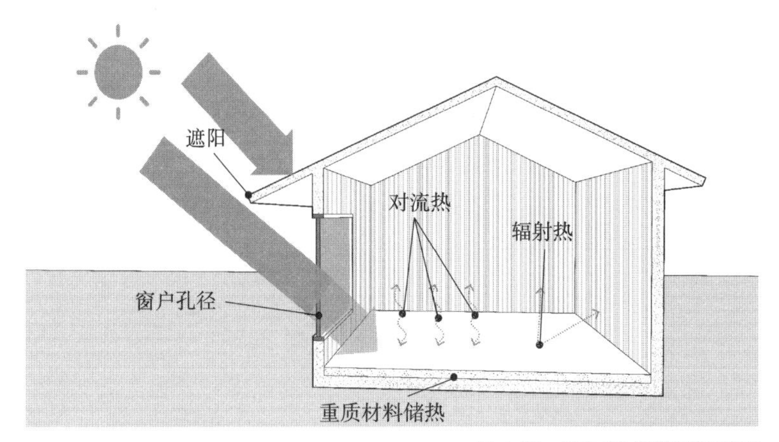

图 4-19　被动式太阳能系统示意图
（图片来源：作者改绘）

太阳能建筑可分为直接受益式、集热墙式、附加阳光间式等三种类型；根据能量传播方式的不同，又可分为直接型、间接型、混合型等三种方式。

（1）直接受益式

建筑物利用太阳能得热最普通、最简单的方式，就是直接让阳光射入室内，使室内墙面和地面蓄热（图 4-20）。通过合理设置窗户位置，增加阳光对地板、墙面等蓄热体的直接照射，南向大面积的玻璃窗会增大太阳能得热效率，透光率较高的半透明玻璃可以扩散射进房间的光线。

直接受益式升温快、构造简单，易于在工程项目中实现，但要保持较为稳定的室内温度，需要布置足够多的蓄热材料，如砖、土坯、混凝土等。当大量阳光射入建筑内部时，蓄热体能够吸收、储存热量，并在夜间释放热量，以调节室内温度，减少波动幅度。另外，减少玻璃损失的热量，是改善直接受益系统特征的最好途径之一，增加门窗气密性、在夜间设置保温帘等保温装置，可以提升被动得热效益。

（2）集热墙式

集热墙式又称为 Trombe 墙，是太阳能热量间接利用的方式之一。如图 4-21 所示，该方式由透光玻璃罩和蓄热墙体构成，中间留有空气层，墙体上下部位设有通向室内的风口，并设有开启控制。当阳光透过玻璃照射在重型集热墙上时，墙体外表面温度升高，所吸收的太阳热量，一部分向室外散失；另一部分则是加热夹层内的空气，从而使夹层内的空气与室内空气形成温度差，因空气密度的不同，通过上下通风口形成自然对流，由上部通风口将热空气送进室内，通风口可在夜间关闭，以防止反向循环；还有部分热量通过集热墙体以导热的形式传入室内。集热墙可通过表面吸收涂层、黑色表面、蓄热性材料等方式，提高效率。

（3）附加阳光间式

附加阳光间式是直接型与间接型得热相结合的被动式太阳能利用方式。通常是将阳光间置于南向，用室内隔墙将内部空间与阳光间相隔，阳光间一方面为相邻房间供给热量，另一方面作为降低室内房间能量损失的缓冲区

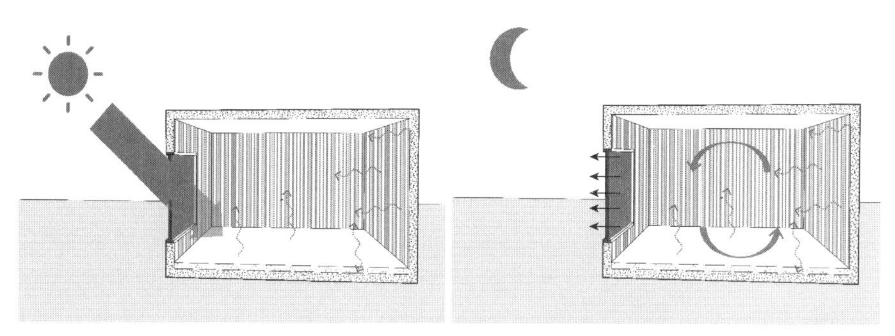

图 4-20　直接受益式太阳能得热示意图
（图片来源：作者改绘）

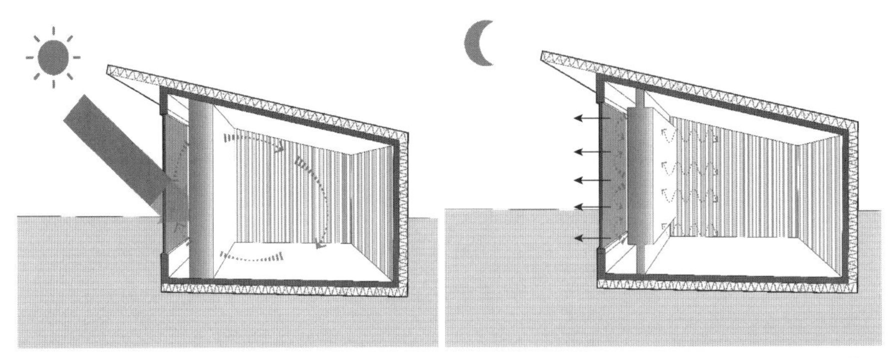

图 4-21　集热墙式太阳能得热示意图
（图片来源：作者改绘）

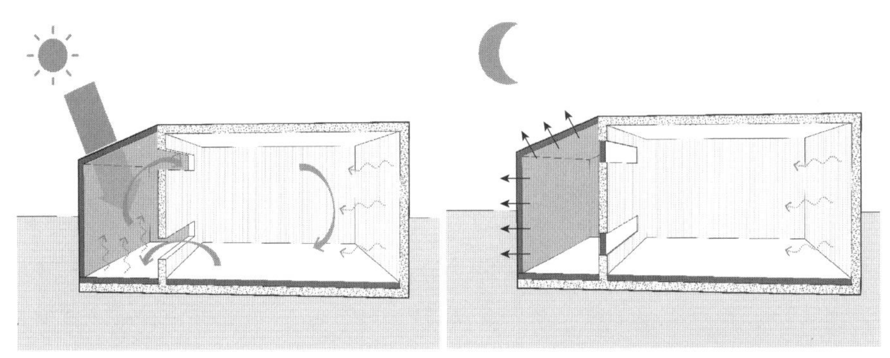

图 4-22　附加阳光间式太阳能得热示意图
（图片来源：作者改绘）

（图 4-22）。走廊、封闭阳台、门厅等南向缓冲空间，结合南向透明的玻璃墙，均可设为阳光间加以利用。在日照强烈的炎热夏季，需在阳光间上部设置排风口，以避免室内过热。

2. 被动式太阳能设计要点

采用被动式太阳能设计时，除考虑供暖效果外，还应注意协调建筑功能、形式与集热方式的关系，充分利用太阳能资源的同时，兼顾夏季防热，并通过外围护结构的保温性能设计提升使用效率。总体而言，被动式太阳能设计要点包含以下几个方面：

（1）建筑物南向具有足够数量的集热表面，避免周边环境对建筑南向的遮挡；

（2）建筑具有一定的蓄热能力，布置足够多的蓄热体；

（3）在功能合理的前提下，将主要供暖房间紧邻集热表面和蓄热体；

（4）建筑围护结构具有良好的保温性能，减少热损失；

（5）结合遮阳与自然通风设计，兼顾夏季防热，合理组织通风；

（6）设置有效的夜间蓄冷系统。

4.3 建筑围护结构因素

建筑各面的围挡物总称为建筑围护结构，一般可分为非透明和透明围护结构：非透明围护结构包括墙、屋顶和楼板等；透明围护结构包括窗、玻璃幕墙等。按照是否与室外环境接触，也可分为外围护结构和内围护结构：外围护结构包括外墙、屋顶、外门窗等；内围护结构即室内隔墙。

室外环境热作用通过建筑物的外围护结构影响着室内热环境，提升建筑围护结构保温、隔热性能，在满足室内环境需求的同时，降低冬季供暖过程中建筑内的热量散失，并在夏季有效防止室外热湿作用造成室内气温过高，以达到节能降碳的目的。

4.3.1 建筑非透明围护结构

1. 外墙保温节能设计

建筑外墙往往占围护结构总面积的 60% 以上，墙体的热工性能对室内环境及建筑供暖、空调能耗与运行阶段碳排放量具有显著影响。建筑外墙按其保温材料及构造类型，可分为单一材料保温墙体和单设保温层复合墙体。单一材料保温墙体直接采用具有较高热阻和热惰性的墙体材料，例如，加气混凝土保温墙体、各种多孔砖墙体、空心砌块墙体等；在单设保温层复合墙体中，根据保温层在墙体中所在位置，可分为外保温墙体、内保温墙体、夹心保温墙体，如图 4-23 所示。

在建筑围护结构中设置空气间层，可显著改善墙体的保温隔热效果，并具有施工简便、造价低廉等优点。空气间层的厚度，一般以 4~5cm 为宜，为提高空气间层的保温隔热能力，间层表面可采用铝箔等强反射材料，或利用强反射隔热板分隔成两个或多个空气层。

当采用单设保温层复合墙体时，保温层的位置对结构及房间的使用质量，结构造价、施工、维护费用等方面具有显著影响。相较而言，外保温的优点主要体现在以下几方面。

（1）外保温可大大降低温度应力的起伏，提高结构的耐久性。若将保温

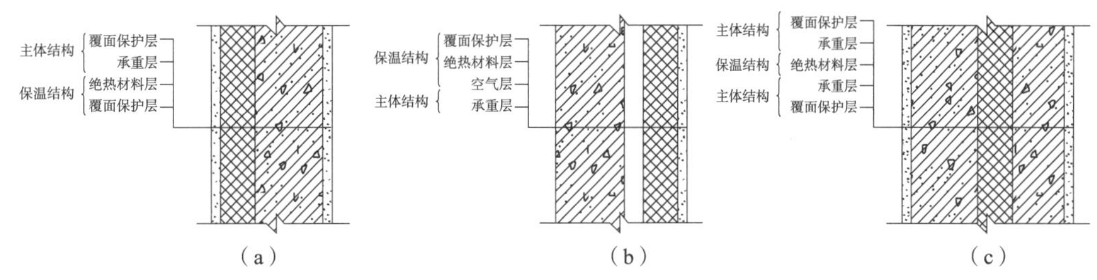

图 4-23 保温节能墙体的几种类型
（a）外保温墙体；（b）内保温墙体；（c）夹心保温墙体
（图片来源：根据《建筑节能设计》资料，整理改绘）

层放置在外墙内侧，则外墙要常年经受冬夏季较大温差的反复作用；若将保温层放置在承重结构外侧，则承重结构所受温差作用大幅度下降，温度变形明显减小。

（2）由于承重层材料的蓄热系数一般都远大于保温层，所以，外保温对结构及房间的热稳定性有利。

（3）外保温有利于防止或减少保温层内部产生水蒸气凝结，但具体效果则取决于环境气候、材料及防水层位置等实际条件。

（4）外保温使热桥处的热损失减少，并能防止热桥内表面局部结露。

（5）建筑外保温施工可在基本不影响用户正常使用的情况下进行，且外保温不会占用室内的使用面积，适用于旧建筑节能改造项目。

同时，墙体外保温也存在一些不足：首先，外保温构造相较内保温构造更加复杂，因为保温层不能直接裸露在室外，必须加设保护层，且保护层的材料与构造要求，比内保温的内饰面层要求更高；其次，高层建筑墙体采用外保温时，需要高空作业，施工难度比较大，需加强安全措施，施工成本较高。相较于外保温，内保温墙体施工方便，不受室外气候影响；安全性较好，特别是对于有较高防火要求的建筑物；内保温系统蓄热能力强，升温（降温）快，更适合于间歇性供暖的房间使用。

2. 屋面保温节能设计

屋面是建筑围护结构的重要组成部分，其耗散的热量大于任何一面外墙或地面。夏季太阳辐射强度大、日照时间长，会造成顶层房间过热，增加制冷能耗。提高屋面的保温隔热性能，可以有效改善室外环境变化对室内环境的影响，是节能减碳、改善室内热环境的重要措施之一。

（1）平屋面保温系统

平屋面宜在结构层上放置保温层，通常其构造方式分为正置式和倒置式两种（图 4-24）。正置式是将保温层置于屋面防水层之下，但冬季屋面形成的冷凝水易向保温层内部渗透，使屋面内部结露，降低保温效果，因此，应在保温层下设隔汽层，有时还需设置排气道、排气孔等，构造较为复杂。倒置式是将防水层置于保温层之下，既能有效防止室外环境对防水层的侵蚀作用，又能完全消除内部结露的可能性，且构造相对简单、施工方便。

（2）坡屋面保温系统

建筑采用坡屋顶可以有效改善防水、保温效果。坡屋面的排水坡度较大，不易产生积水，因此，其排水速率比平屋面更快，能够从根源避免平屋面渗漏问题。在坡屋顶与平屋面之间形成的空气间层，能够起到增加热阻的作用，还可以通过添加保温层来进一步提高屋面的总热阻，其保温隔热性能明显优于单独增加屋面保温层的平屋面。

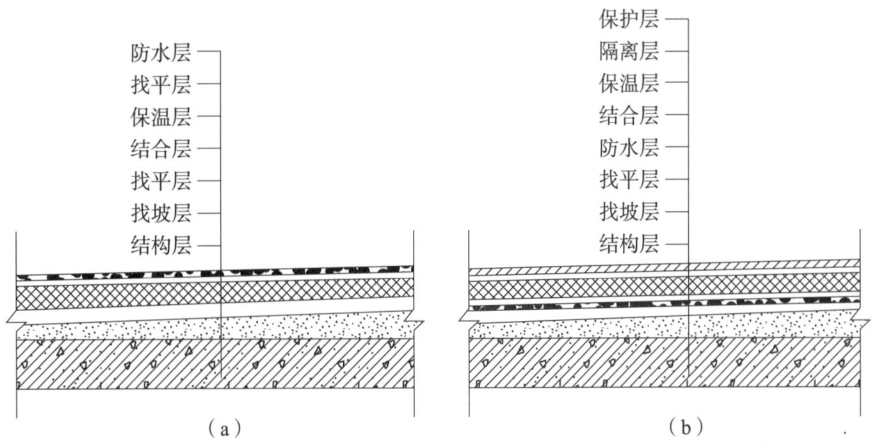

图 4-24　平屋面保温做法
(a) 平屋面正置式保温做法；(b) 平屋面倒置式保温做法
(图片来源：作者改绘)

(3) 其他屋面节能策略

架空通风屋面即在屋顶架设通风间层，一方面，通风间层阻挡了直接照射到屋顶的太阳辐射，减少直接得热；另一方面，利用自然通风带走通风间层中的热空气，减少室外热作用对室内使用空间的影响 (图 4-25a)。

种植屋面是利用屋顶种植植物，以遮挡太阳辐射直接照射，并通过植物的光合作用、蒸腾作用等，达到降温隔热的目的 (图 4-25b)。

蓄水屋面是在平屋顶上积蓄一定高度的水，从而提高屋顶的隔热能力。由于水的比热大，蒸发时能够吸收大量汽化热，能够有效降低屋面向室内的传热量，达到降温隔热的作用 (图 4-25c)。

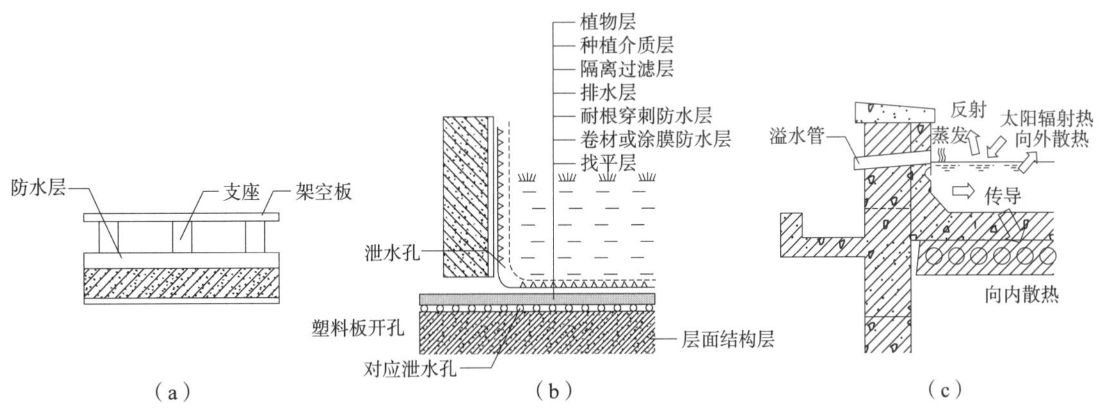

图 4-25　屋面节能构造示意图
(a) 架空通风屋面示意图；(b) 种植屋面示意图；(c) 蓄水屋面构造示意图
(图片来源：作者改绘)

3. 地面保温节能设计

在建筑围护结构中，通过地面耗散的热量所占比例相对较小。但是，在严寒和寒冷地区，地面保温对建筑供暖效果有显著影响，如果地面热阻过小，传热量就会很大，这不仅会使地表容易产生结露现象，而且对室内的热环境也会造成不利影响。建筑地面节能设计应根据建筑所在地的气候条件，结合建筑节能设计标准的相关规定，采取适宜的保温、防热及防潮措施。

（1）严寒、寒冷地区供暖建筑的地面应以保温为主，可在地面面层下铺设适当厚度的板状保温材料，以提高建筑的保温性能。

（2）夏热冬冷、夏热冬暖地区的建筑物底层地面，除保温性能应满足建筑节能要求外，还应采取一些必要的防潮措施，以减轻或消除梅雨季节由于湿热空气产生的地面结露现象。可在地面面层下铺设适当厚度保温层，或设置架空通风道以提高地面的防热、防潮性能。

4.3.2 建筑透明围护结构

外门窗是建筑物外围护结构的重要组成部分，需具有采光、通风、防风、防雨、保温、隔热、隔声、防盗、防火等功能，这样才能为人们提供安全舒适的室内空间。

相关数据显示，传统建筑物通过门窗损失的能耗占建筑总能耗的 50% 左右，其中 30%~50% 的能耗来自于窗户及缝隙。造成门窗热损失的因素主要包括：通过门窗框扇材料及玻璃传导的热损失，门窗框与玻璃的热辐射，门窗缝隙造成的空气渗透热损失。因此，加强建筑外门窗节能设计，对改善室内热环境、提高建筑节能降碳效果具有重要意义。

1. 建筑外门节能设计

建筑物外门用于隔绝建筑室内外空间，通常具有防盗、保温、隔热等要求，应依据建筑门窗节能标准要求采取保温隔热措施。

一般情况下，在双层门板之间填充岩棉板、聚苯板等材料，可增强外门的保温隔热能力，同时改善门的气密性，减少空气渗透量。常用各类门的热工指标见表 4-8 中所列。

对于公共建筑的外门，在严寒地区应设置门斗或旋转门，门斗是在建筑物出入口设置的起分隔、挡风、御寒等作用的建筑过渡空间。在寒冷地区应设置门斗或采取其他减少冷风渗透的措施。在夏热冬冷和夏热冬暖地区应采取保温隔热节能措施，如设置双层门、采用低辐射中空玻璃门、设置风幕等。

常用各类门的热工指标　　表 4–8

门框材料	门的类型	传热系数 K_0 [W/（m^2·K）]	传热阻 R_0 [（m^2·K）/W]
木材与塑料	单层实体门	3.5	0.29
	夹板门和蜂窝	2.5	0.40
	夹芯门双层玻璃门（玻璃比例不限）	2.5	0.40
	单层玻璃门（玻璃比例小于 30%）	4.5	0.22
	单层玻璃门（玻璃比例为 30%~60%）	5.0	0.20
金属	单层实体门	6.5	0.15
	单层玻璃门（玻璃比例不限）	6.5	0.15
	单框双玻门（玻璃比例小于 30%）	5.0	0.20
	单框双玻门（玻璃比例为 30%~70%）	4.5	0.22
无框	单层玻璃门	6.5	0.15

2. 建筑外窗节能设计

衡量建筑外窗性能的指标主要包括阳光得热性能、采光性能、空气渗透防护性能和保温隔热性能等四方面。对建筑外窗进行的节能设计，不仅要在冬天有效利用阳光，提高室内得热和采光，还需要提高外窗保温性能，减少通过外窗的传热和空气渗透所造成的能量损失。同时，还应在夏天采取行之有效的隔热及遮阳措施，减少透过外窗的太阳辐射得热，以及室内空气渗透所造成的空调负荷增加。外窗节能设计要点主要包括以下几个方面。

（1）控制建筑各朝向的窗墙面积比

结合建筑所在地的气候特点，应严格控制不同朝向的窗墙比。我国建筑热工设计相关规范和节能设计标准中，对开窗面积作了相应的规定。按照《建筑节能与可再生能源利用通用规范》GB 55015—2021，居住建筑的窗墙面积比应符合表 4–9 的规定。按照《公共建筑节能设计标准》GB 50189—2015，严寒地区甲类公共建筑各单一立面窗墙面积比（包括透光幕墙）均不宜大于 0.60；其他地区甲类公共建筑各单一立面窗墙面积比（包括透光幕墙）均不宜大于 0.70。

居住建筑窗墙面积比限值　　表 4–9

朝向	窗墙面积比				
	严寒地区	寒冷地区	夏热冬冷地区	夏热冬暖地区	温和 A 地区
北	≤ 0.25	≤ 0.30	≤ 0.40	≤ 0.40	≤ 0.40
东、西	≤ 0.30	≤ 0.35	≤ 0.35	≤ 0.30	≤ 0.35
南	≤ 0.45	≤ 0.50	≤ 0.45	≤ 0.40	≤ 0.50

（2）提高气密性，减少冷风渗透

除少数建筑设置固定密闭窗外，一般窗户均有缝隙，冷风渗透加剧了围护结构的热损失，影响室内热环境，应采取有效的密封措施。选择合理的门窗类型与开启方向，是保证外门窗气密性良好的关键因素，应优先选择悬窗、平开窗，推拉门窗由于上下框之间的缝隙较大，容易造成不可避免的热量损失。

（3）改善窗框保温性能

窗框是墙体与窗的过渡层，由于窗框直接与墙体接触，易成为传热速度较快的部位，因此窗框也需要具有良好的保温隔热能力，以避免窗框的热桥作用。通常非金属窗框的保温性能优于金属窗框，应选择导热系数较低的框料，如 PVC 塑料，其导热系数仅为 0.16W/（m·K），并利用窗框内的封闭空气层，可提高其保温能力。

（4）改善玻璃的保温性能

单层窗的热阻很小，仅适用于较温暖的地区，保温隔热性能较好且较为经济的中空玻璃使用较为普遍。在供暖地区，应采用双层甚至三层窗，双玻璃窗的空气间层厚度以 2~3cm 为宜，当空气间层厚度小于 1cm 时，传热系数迅速变大；大于 3cm 时，则造价提高，而保温能力并不能大幅提高。

4.3.3 节材与绿色建筑材料

在我国目前的工业生产中，原材料消耗一般占整个生产成本的 70%~80%。建筑材料工业高能耗、高物耗、高污染、高碳排放量，对不可再生资源和能源依赖度高、消耗量大，对大气污染严重，是节能降碳的重点行业。建筑材料在生产和使用过程中消耗了大量能源，产生了粉尘和有害气体，污染了大气和环境，并且材料使用中挥发出的有害气体会长期影响居住者的健康。在设计中尽可能减少材料的使用量，鼓励和倡导生产、使用绿色建筑材料。

1. 建筑节材设计

为达到高效节材的目的，需从建筑工程材料应用、建筑设计、建筑施工等多角度进行建筑节材设计，通常包含以下几方面的原则。

（1）就地取材

最大限度地运用本地生产的建筑材料，一方面，可以减少材料在运输过程中的能源消耗与碳排放；另一方面，受到气候条件和自然环境的影响，各地原始资源特性存在着一定的差别，当地生产出来的建筑材料通常更适合于本地建筑。

（2）选用高性能、耐久性好的材料

提高材料耐久性是减少材料消耗的重要手段。对于结构构件而言，使用高强度钢筋、高强度混凝土有助于减少构件断面，增加实用面积的同时提高其安全性；对其他建筑材料而言，高性能、耐久性好的材料不仅可以提高使用寿命，而且可以降低结构的维护成本。

（3）多利用可循环材料

设计方案中尽量采用可再生原料生产的建筑材料或可循环再利用的建筑材料，减少不可再生材料的使用率。

（4）合理回收与利用建筑废弃物

分类收集并最大化利用施工过程中产生的固体废弃物，如拆除的模板、废旧钢筋、渣土石块、木料等。例如，再利用废弃模板铺设道路；木料加工产生的木屑回用于路面养护；修建工地临时住房、施工场址外围护墙的墙砖，完工后再拆除用作铺路、花坛、造景等。

（5）充分运用功能性构件代替装饰性构件

减少以资源消耗为代价过度运用的装饰性构件。在满足功能需要的前提下，尽可能利用功能性构件作为建筑造型的元素。建筑形态应适宜，过高或结构形态怪异的设计往往出于安全性考虑，需要增加关键部位的构件尺寸，从而导致材料用量的增加。

（6）建筑部品化与建筑工业化建造

采用工厂生产的标准规格预制品，以避免现场加工所造成的材料浪费。采用建筑工业化的生产与施工方式，提高施工效率的同时，减少施工带来的粉尘和噪声污染。

2. 绿色建筑材料及其特征

建筑材料的种类繁多，不仅包括水泥、玻璃、陶瓷、砖、瓦、石灰、砂石等传统建筑材料，还包括具有轻质、高强、防水、保温、隔热、隔声等功能的新型建筑材料，抗菌、除臭、调温、调湿、屏蔽有害射线的建筑装饰装修材料等。按使用部位和功能性，建筑材料可划分为建筑结构材料、建筑工程材料、建筑围护材料、门窗及幕墙材料、装饰装修材料和建筑功能材料等六大类。从绿色建材的角度，可以大致分为：节省能源和资源型、环保利废型、安全舒适型、保健功能型和环境友好型。

绿色建筑材料与传统建筑材料相比，应具备以下基本特征。

（1）低消耗：绿色建筑材料的生产应尽可能地少采用天然资源作为生产原材料，大量使用尾矿、垃圾、废渣、废液等废弃物。

（2）低能耗：绿色建筑材料的生产应尽量运用低能耗制造工艺和无污染生产技术。

（3）轻污染：在绿色建筑材料生产过程中，不使用卤化物溶剂、甲醛及芳香族烃类化合物，产品不得用含铬、铅及其化合物为原料或添加剂，不得含有汞及其化合物。

（4）多功能：绿色建筑材料产品应以改善居住生活环境、提高生活质量为宗旨，即产品不仅不能损害人体健康，还应有益于人体健康，如具有灭菌、抗腐、除臭、防霉、隔热、阻燃、调温、调湿、防辐射等功能。

（5）可循环利用：产品废弃后，可循环或回收再利用，尽量不产生污染环境的废弃物。

3. 建筑材料的碳排放

建筑材料、构件、部品从原材料开采、加工制造直至产品出厂并运输到施工现场，各个环节都会产生碳排放。现行国家标准《环境管理　生命周期评价　原则与框架》GB/T 24040—2008/ISO 14040：2006、《环境管理　生命周期评价　要求与指南》GB/T 24044—2008/ISO 14044：2006 为建材的碳排放计算提供了标准方法。建材生产及运输阶段碳排放计算的生命周期边界应从建筑材料的上游原材料与能源开采开始，包括建筑材料生产全过程，到建筑材料出厂、运输至建筑施工现场为止。

建筑材料生产及运输阶段的碳排放应至少包括主体结构材料、围护结构材料、粗装修用材料，如水泥、混凝土、钢材、墙体材料、保温材料、玻璃、铝材、瓷砖、石材等。为了便于统一计算基准并进行结果比较，通常采用碳排放因子量化建筑物不同阶段相关活动的碳排放，碳排放因子为能源、材料消耗量与 CO_2 排放相对应的系数。现行标准《建筑碳排放计算标准》GB/T 51366—2019 中基于中国生命周期基础数据库（Chinese Life Cycle Database，CLCD），提供了部分建筑材料碳排放因子，见本书附录 1。

在建筑运行阶段，由于供暖、空调、通风、照明、生活热水及其他各类设备设施使用能源后产生的碳排放，与该阶段的能源直接消耗相关。为了实现建筑的低碳运行，一方面，应减少和控制建筑能源消耗量；另一方面，应提高低碳或零碳能源在建筑用能结构中的比例。不同建筑用能设备的种类、系统形式，以及人为使用方式都对建筑的高效运行起到重要作用。

4.4.1 建筑用能设备系统

1. 供暖供热系统节能

1）基本概念

供暖供热系统是在冬季气温较低的区域，为保持建筑室内适宜的温度，通过人工方法向室内供给热量。气候条件是影响建筑供暖方式的重要客观条件，而人对环境的需求构成影响供暖的主观因素。供暖系统是由热源、输配系统和散热设备三个主要部分组成。其中，热源、输送、利用三者为一体的供暖系统，称为局部供暖系统，如烟气供暖、电供暖和燃气供暖等；热源和散热设备分别设置，由热媒管道相连，即由热源通过热力管道向各个房间或各栋建筑物供给热量的供暖系统，称为集中式供暖系统。

我国北方严寒、寒冷地区冬季多采用不同规模的集中供暖系统，夏热冬冷地区则多利用局部供暖的方式来应对冬季供暖。根据供暖热源的类型，集中供暖系统包括燃煤热电联产、燃气热电联产、燃煤锅炉、燃气锅炉、地源或水源热泵、工业余热等类型的系统；根据能源类型，燃煤是集中供暖的主要能源形式，燃气在各类供热系统中的应用也逐渐增多，另外，工业余热供暖从经济成本和能源节约的角度出发，有着较大的开发潜力。

2）供暖能耗的影响因素

北方城镇集中供暖系统往往采取“全时间、全空间”的运行方式，以保证冬季建筑室内热环境需求，综合大型城市供热管网、小区集中供热管网、分楼栋集中供热，以及分户供热等各种类型的供暖方式，以及能量流动关系，如图 4-26 所示。

但在实际运行中，由于末端运行状态难以根据室外气温变化和使用情况进行调节，有可能造成过量供热的问题，从而造成了碳排放量的增加。

根据供暖系统热源、输配、利用的不同环节，供暖能耗强度与气候条件、建筑围护结构性能、供暖系统类型和性能等因素有关。围护结构性能是影响建筑物热负荷的主要因素，良好的保温性能及气密性，能够有效降低热量损失。热源的生产能效是影响能耗与碳排放量的主要因素，即每产生 1GJ 的热力所需要的一次能源量，生产能效受热源系统形式、生产热力规模和一次能源类型等因素影响。输配系统包括各级管网、热力站及水泵，水泵的能

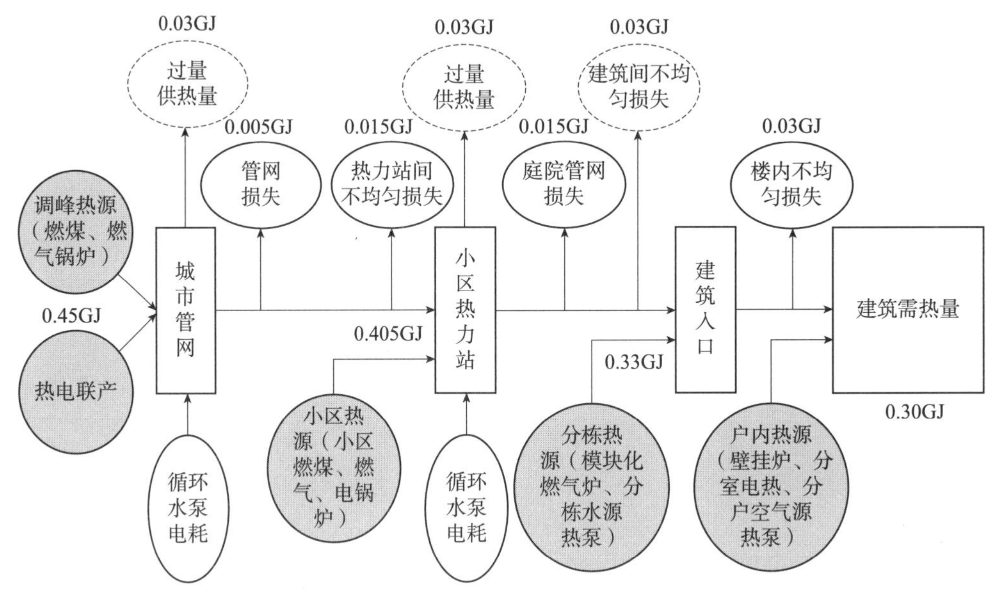

图 4-26　北方城镇供暖能耗影响环节（以北京为例每平方米供暖能耗强度）
（图片来源：根据《低碳建筑和低碳城市》资料，整理改绘）

效是影响输配能耗的主要技术因素，除此之外，还需考虑各级管网处的热力耗散损失、各级热力站处的换热损失等。在供暖系统的利用环节，应采取增强末端调节能力，增加建筑物末端散热器面积，以及采用低温地板辐射供暖技术等措施。

3）供暖系统的节能要点

针对上述供暖能耗的节能影响因素，可考虑以下几方面的节能途径：

（1）提升围护结构保温性能

在北方供暖区域加强围护结构保温性能对减少冬季供暖能耗与碳排放有着显著作用，应在设计和施工阶段严格执行相关节能标准，确保建筑围护结构性能达到保温要求。同时，还应提升建筑气密性，减少因冷风渗透产生的热损失。

（2）推广高效热源

基于吸收式换热的热电联产供热技术应用于大型燃煤热电机组时，可以在维持发电量的同时，提高系统 30%~50% 的供热能力，并提高 70%~80% 管网主干管的输送能力；采用燃气锅炉排烟余热回收技术，利用天然气在燃烧后产生大量水蒸气所释放出的冷凝热，在将排烟温度从 120℃降低到 30℃的情况下，天然气的利用效率将会提高 21%；各类工业低品位余热的利用，将大幅降低供暖的实际能耗值。

（3）减少过量供热损失

供热系统的热损失主要是由于系统末端调节能力有限或使用者不予调节，以及气候变化情况下，系统整体调节滞后等。解决该问题可从技术与制度两方面考虑，增加供热系统末端调节能力的同时，通过改变目前按照面积收取供暖费用的管理方式，按照使用量进行收费，以鼓励使用者通过行为调节减少能源浪费的问题。

2. 制冷空调系统节能

1）基本概念

空调是一种用于给某一空间区域提供处理空气的机组，其功能是对该房间（或封闭空间、区域）内空气的温度、湿度、洁净度和空气流速等参数进行调节，以满足人体舒适或工艺过程的要求。按承担室内冷热负荷和湿负荷的介质分类，可分为全水系统、全空气系统、空气—水系统、冷剂系统等四类；按照空气处理设备的集中程度分类，可分为集中式系统、半集中式系统和分散式系统；按空调系统的用途分类，可分为舒适性空调系统和工艺性空调系统。目前我国应用最多的空调方式为集中的定风量全空气系统和新风加风机盘管机组系统。

空调系统，一般都是由冷热源、管道输送和末端设备三部分组成。其中冷热源部分是整个集中式空调系统的核心；管道输送部分包括动力部分和管道部分，动力部分主要是风机和水泵；末端设备主要是指空气末端处理设备和风口，如风机盘管等。

2）空调能耗的影响因素

空调系统的能耗可按系统组成分为三个部分：空调冷热源能耗、末端设备能耗、输配系统能耗。正常运行的一般空调系统，如图 4-27 所示。系统能耗的主要影响因素为供给空气处理设备的大量冷（热）源耗能和风机与水泵

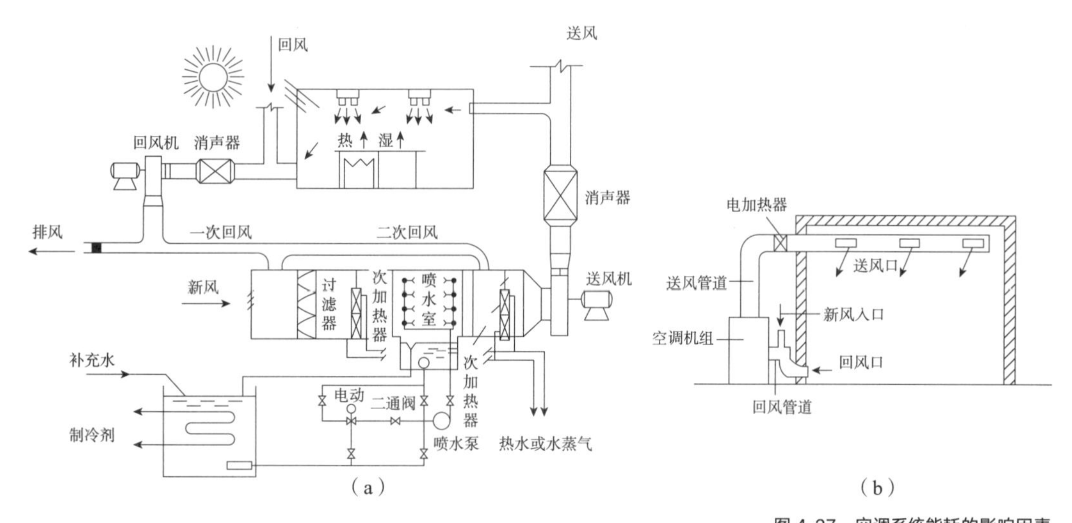

图 4-27 空调系统能耗的影响因素

（a）集中式空调系统；（b）分布式空调系统

（图片来源：根据《绿色建筑技术与施工管理研究》资料，整理改绘）

克服流动阻力的动力耗能，除此之外，室外气象参数，室内设计标准，围护结构特性，室内的人和设备的热、湿负荷，以及新风回风比等因素，也对空调系统能耗产生了一定的影响。同时，空调房间的冷负荷、新风冷负荷，以及风机、水泵的耗电是空调系统必须消耗的能量。

3）制冷系统的节能要点

采用高效的空调节能设备或系统，以及合理的运行方式，是提升空调设备运行效率的重要环节，其节能要点包含以下几个方面。

（1）合理选择通风空调系统

系统形式的选择将直接影响冷、热源耗能和动力耗能，应根据建筑物的用途、规模、使用特点、负荷变化情况、参数要求、所在地气候条件与能源状况等，选择最适宜的系统，达到在良好的环境控制质量条件下既经济又节能的目的。

（2）减少输配系统的能耗

空调系统通常将空气与水用作冷载体，除减少空气和水在输送过程的局部阻力外，增大送风温差和供、回水温差可减少流量，使系统输送能量大大下降。另外，高阻力环路和低阻力环路分别设置水泵，可以防止低阻环路消耗多余的压力能。闭式水路循环相较于开式水路循环，可降低与建筑物高度相等的静压头，并具有良好的防腐蚀、防垢效果。

（3）合理选择末端设备

加强终端设计与管理是提高能源利用率的重要方法之一。空调机组的选择应注意风量、风压的匹配，选择最佳状态点运行，不宜过分加大风机的风压，风压的提高会造成风机功率显著增加。除此之外，应选择漏风率小的机组、风量有级调节的机组、空调输冷系数（ACF）大的机组等，根据建筑物特征和要求的不同，匹配适宜的末端设备。

（4）热回收设备节能

新风能耗在空调通风系统中占较大比例，例如在办公建筑中约占空调总能耗的 17%~23%。建筑中有新风进入，必有等量的室内空气排出，排风中含有热量（冬季）或冷量（夏季）。在采用有组织排风的建筑中，可从排风中回收热量或冷量，以减少新风能耗。通常可应用全热交换器、板式显热交换器、板翅式全热交换器、中间热媒式换热器、热管换热器和热泵等设备。

3. 照明系统节能

1）基本概念

良好的室内光环境能够减少人的视觉疲劳，提高工作与学习效率，为人们的生理、心理健康提供保障。但人们对天然光的利用，受到时间、地点和室外气候条件的限制，在天然采光无法满足建筑物室内采光要求时，需要人工照明系统补足室内光环境。

合理的照明方式应当既符合建筑的使用要求，又和建筑结构形式相协调。按照灯具的布置方式，可分为一般照明、分区一般照明、局部照明和混合照明等四种类型（图 4-28）。

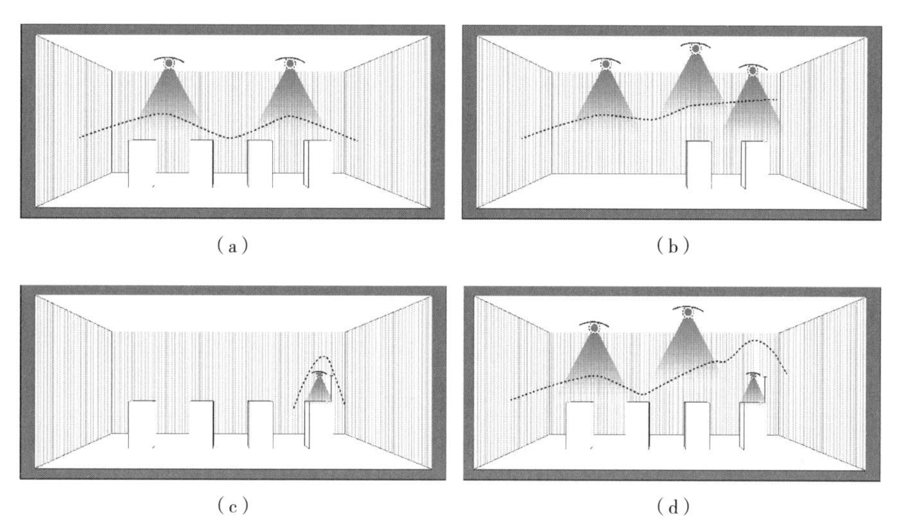

（a）（b）（c）（d）

图 4-28　不同照明方式及照度分布
（a）一般照明；（b）分区一般照明；（c）局部照明；（d）混合照明
（图片来源：作者改绘）

（1）一般照明以照亮整个工作面为目的，不考虑特殊的局部需要。采用一般照明时，灯具均匀分布在工作面上空，形成均匀的照度分布，适用于对光的投射方向没有特殊要求的场所，或是使用者的视看对象位置频繁变换的场所。但当工作精度较高，照度要求较大或房间高度较高时，仅采用一般照明会造成灯具过多、功率较大，导致投资和使用成本过高，且造成照明能耗的浪费。

（2）分区一般照明是在同一房间内，根据不同的使用功能和照度要求进行分区，再分别对每一分区进行一般照明布置。例如，在开放式办公空间，根据工作区和休息区不同的照度、光色要求，设置差异化的照明方式。

（3）局部照明是指为满足室内某些部位的特殊需要，在一定范围内设置照明灯具的照明方式。通常将照明灯具装设在靠近工作面的上方。局部照明方式在局部范围内以较小的光源功率获得较高的照度，同时也易于调整和改变光的方向但在长时间持续工作的工作面上仅有局部照明容易引起视觉疲劳。

（4）由一般照明和局部照明组成的照明方式称为混合照明。良好的混合照明方式可以增加工作区的照度，减少工作面上的阴影和光斑，在垂直面和倾斜面上获得较高的照度，减少照明设施总功率。混合照明方式的缺点是视野内亮度分布不匀。混合照明方式适用于有固定的工作区，照度要求较高并需要有一定可变光的方向照明的房间。

利用电能做功，产生可见光的光源叫作电光源，合理选用不同种类的高效光源，可降低电能消耗、节约能源。表 4-10 介绍了常见的电光源及其特性。

几种常见典型电光源的性能 表 4-10

电光源类型	光源性能		
	光效（lm/W）	寿命（h）	显色指数 *Ra*
白炽灯	9~34	1000	99
高压汞灯	39~55	10 000	40~45
荧光灯	45~103	5000~10 000	50~90
金属卤化物灯	65~106	5000~10 000	60~95
高压钠灯	55~136	10 000	＜ 30

2）照明系统的节能要点

（1）充分利用自然采光

最大限度地利用自然采光，不但可以降低照明能耗、节约能源，还能够改善室内光环境品质。在建筑设计初期，结合建筑所在地的光气候特点及周边环境条件，合理进行采光设计，在综合考虑保温隔热与眩光问题的前提下，增加采光口面积，并在适宜的条件下，充分利用反射镜、光导纤维、导光管等集光装置提高采光效率。

（2）选择优质高效的节能光源

采用高效长寿电光源是技术进步的趋势，也是实现照明节能的重要因素之一。光源选择时，应尽量减少能耗较大的白炽灯使用量；提倡使用细管荧光灯和紧凑型荧光灯等节能灯具；积极地推广高压钠灯和金属卤化物灯等发光效率高、耗电少、寿命长的节能光源。

（3）采用高效率节能灯具及器件

灯具的效率会直接影响照明的质量和能耗，在满足眩光限制的要求下，应选择直接型灯具，室内灯具的效率不宜低于 75%，室外灯具的效率不宜低于 55%。根据使用场所的不同，采用配光合理的灯具，并应根据照明场所的功能和空间形状确定灯具的配光类型，如蝙蝠翼式配光灯具、块板式高效灯具、多平面反光镜定向射灯等。除此之外，选用光通量维持率较好、灯具利用系数高的灯具，以及使用高效低能耗的镇流器设备，也可以有效降低照明能耗。

（4）选用合理的照明方式

当某一工作区需要高于一般照明照度时，可采用分区一般照明；对于照度要求较高，工作位置密度不大，且单独装设一般照明不合理的场所，宜采用混合照明；在一个工作场所内不应只装设局部照明。

（5）照明节能控制措施

选用适宜的控制方法和控制开关，也是实现照明节能的重要措施。根据建筑照明的实际情况，合理选择照明的控制方式，充分利用天然光的照度变化，合理确定照明的点亮范围；根据建筑照明的使用特点，可采取分区控制灯光的措施，并适当增加照明灯的开关点，以便灵活地掌握各分区灯光的开关；采用各种类型的节电开关和管理措施，如定时开关、调光开关、光电自动控制器、节电控制器、限电器、电子锁控制器，以及照明智能控制管理系统等；对于公共场所照明、室外照明，可以采用集中控制的遥控管理方式或自动控光装置等；对于低压配电系统的设计，应注意便于按经济核算单位装表计量。

4.4.2 可再生能源利用

可再生能源主要指太阳能、风能、生物质能、地热能、水能、海洋能及潮汐能等非化石能源，与煤炭、石油、天然气等不可再生能源相比，可再生能源具有资源丰富、清洁安全、易取易用、资源可再生的优势。在能源状况日益紧张的今天，充分利用可再生资源，能够改善能源结构、有效减少对环境的破坏。

1. 太阳能利用技术

1）我国太阳能资源分布

太阳能是取之不尽、用之不竭的天然能源，我国太阳能能源丰富，全国总面积 2/3 以上地区年日照数大于 2000h，辐射总量为 3340~8360MJ/m^2，相当于 110~280kg 标准煤的热量。全国陆地面积每年接受的太阳辐射能约等于 2.4 万亿 t 标准煤。如果将这些太阳能有效利用，对于减少 CO_2 排放、保护生态环境、保证经济发展过程中能源的持续稳定供应都将具有重大而深远的意义。

我国大部分地区都具备推广应用太阳能技术的良好条件，尤其是西北干旱区、青藏高原等太阳能富集地区。目前，太阳能在建筑领域的应用可归纳为太阳能热发电（能源产出）和建筑用能（终端直接用能），包括供暖、空调和热水。其中，最为普遍的是太阳能热水系统与集热技术、建筑一体化光伏系统、太阳能供暖与制冷系统。

2）太阳能利用原理

太阳能利用的基本形式分为被动式和主动式。被动式太阳能建筑是通过利用建筑朝向和周围环境的合理布置、内部空间和外部形体巧妙地处理，以及材料、结构的恰当选择等方式，集取、蓄存、分配太阳能的建筑，在上述章节中已作详细阐述。主动式太阳能利用，即全部或部分应用太阳能光电和光热技术为建筑提供能源。如图 4-29 所示为太阳能技术在建筑中的综合利用。

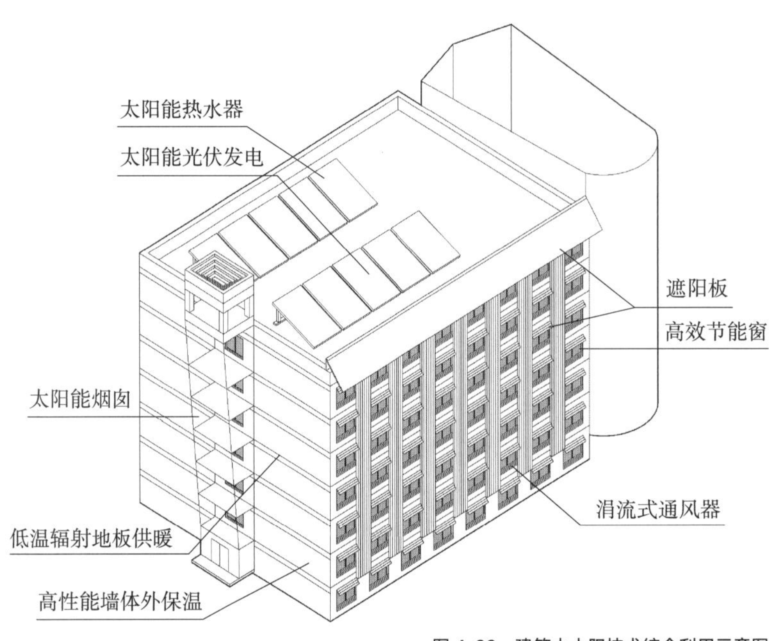

图 4-29　建筑中太阳技术综合利用示意图
（图片来源：根据《建筑节能应用技术》资料，整理改绘）

3）太阳能技术

（1）太阳能热水系统与集热技术

太阳能热水系统是以太阳辐射能为热源、将吸收的太阳能转化为热能、对水进行加热的装置，包括太阳能集热装置、储热装置、循环管路装置等，其工作原理如图 4-30 所示。由于太阳能热水系统在全年运行中受天气的影响较大，其应用存在间歇性、不稳定性和地区差异性，除利用集热器将太阳能转换为热能外，一般还应采取热水保障系统（辅助加热系统）和储热措施来确保太阳能热水系统全天候稳定供应热水。

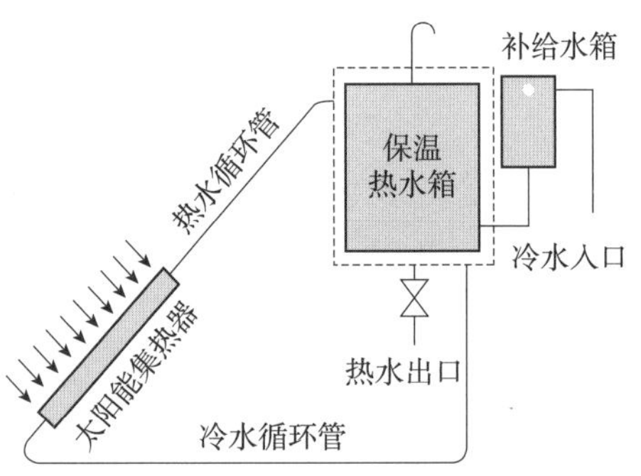

图 4-30　太阳能热水器的工作原理
（图片来源：作者改绘）

太阳能热水系统按其集热、储热和辅助加热方式，可分为三种类型：单机式，即分户集热、储热、辅助加热；集中式，即集中集热、储热，集中辅助加热或分户辅助加热；半集中式，即集中集热、分户储热和辅助加热。

太阳能集热器主要包括平板式、全玻璃真空管式、热管式、U形管式等，应根据当地气候特点及安装要求选择适宜的集热器。

平板式集热器吸收太阳辐射能的吸热面积与透光面积相等，具有结构简单、可固定安装（不需跟踪太阳）、可同时利用直射辐射和散射辐射、成本较低等优点。但因它不具备聚光功能、热流密度较低，工作温度仅限于100℃以下。

全玻璃真空管式集热器是在平板型太阳能集热器基础上发展起来的太阳能集热装置，其核心部件真空管主要由内部的吸热体和外层的玻璃管所组成，吸热体表面通过各种方式沉积有光谱选择性的吸收涂层，由于吸热体与玻璃管之间的夹层保持高真空度，可有效地抑制真空管内空气的传导和对流热损失，由于选择性吸收涂层具有较低的红外发射率，可明显降低吸热板的辐射热损失。这些都使真空管集热器可以最大限度地利用太阳能，即使在高工作温度和低环境温度的条件下仍具有优良的热性能。

（2）光伏建筑一体化系统

光伏与建筑的结合有两种方式：一种是建筑与光伏系统的结合，简称为BAPV，把封装好的光伏组件平板或曲面板安装在建筑物屋顶，建筑物作为光伏阵列载体，起支撑作用，光伏阵列再与逆变器、蓄电池、控制器、负载等装置相连。另一种是建筑与光伏组件相结合，简称BIPV，光伏组件不仅要满足光伏发电要求，同时还要兼顾建筑的基本功能要求，在建筑结构外表面铺设光伏组件提供电能，将太阳能发电系统与屋顶、天窗、幕墙等融为一体，或者直接用作建筑材料使用。

光伏建筑一体化系统不必单独占用土地、节省了蓄电储能装置，分散就地供电，进一步降低了发电成本。将光伏与通风屋面结合，不仅可以提高其转换效率，而且可以降低通过屋面传入室内的冷热负荷。如图4-31为不同形式的光伏一体化屋面结构，光伏板与屋面之间形成的通风空气夹层，有利于降低空调冷负荷，同时提高光电转化效率；光伏板与屋面之间形成的封闭空气间层，具有热负荷低、光电转化效率高的优点。

（3）太阳能供暖与制冷系统

太阳能供暖系统是利用太阳能集热器在冬季集热，利用产生的热量来满足建筑热负荷的一种太阳能利用形式。系统主要包括集热器、集热水箱、循环水泵、阀门管件、室内供暖末端等部件，其核心部件是太阳能集热装置，如图4-32所示。太阳能供暖系统与热水系统的差异主要是末端水路的循环方

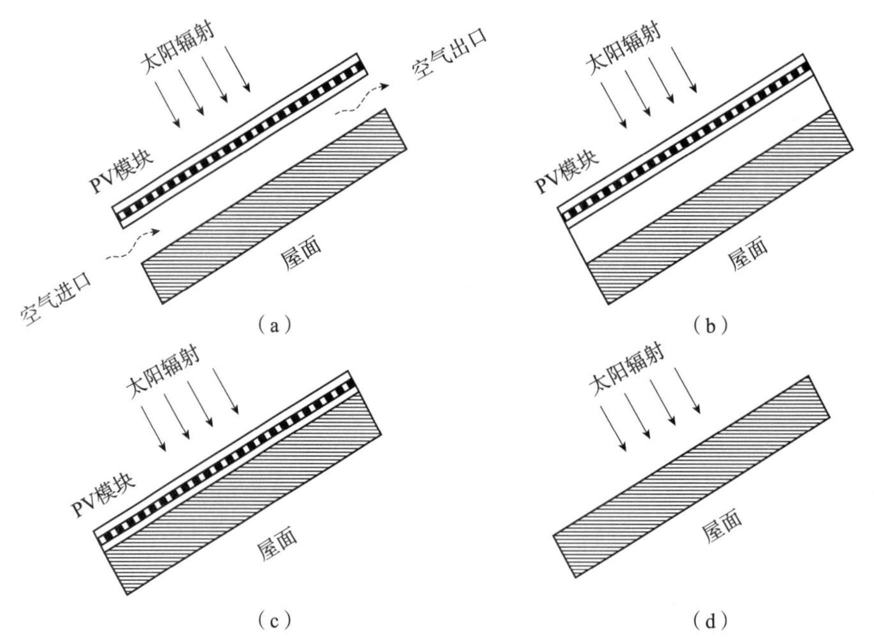

图 4-31 光伏一体化屋面结构

（a）通风架空屋面 BIPV；（b）非通风架空屋面 BIPV；（c）屋面镶嵌 BIPV；（d）传统屋面

（图片来源：根据《绿色建筑能源系统》资料，整理改绘）

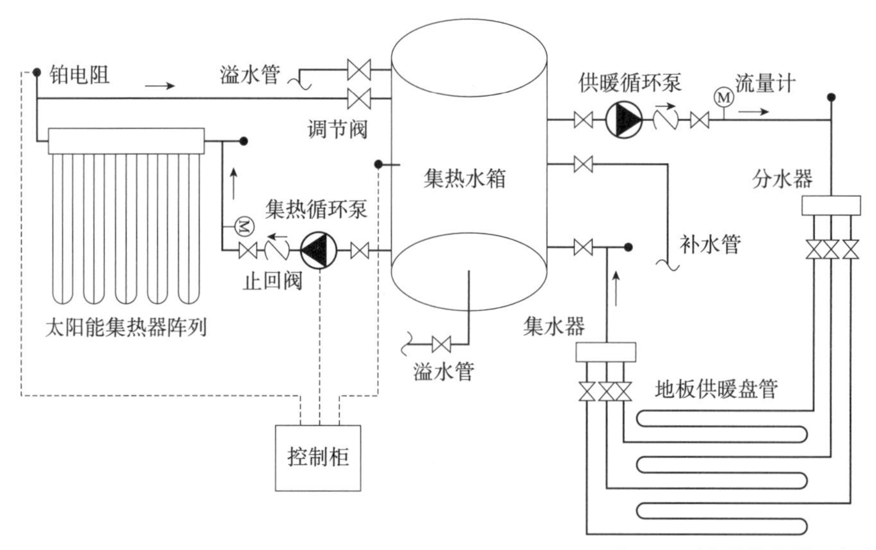

图 4-32 太阳能供暖系统示意图

（图片来源：根据《绿色建筑能源系统》资料，整理改绘）

式和末端水循环温差，太阳能供热水系统末端水循环是开式循环，城市供水水源经太阳能集热器加热升温，储存在保温水箱中被直接消耗掉。然而，太阳能供暖系统末端水系统的循环方式为闭式循环，室内水系统中的水被太阳能集热器加热到设定温度后在室内释放热量降温，最后被循环水泵送回到太阳能集热器继续加热。通常供暖回水仍然具有较高的温度，经过太阳能集热器加热后的温升较小。在实际运行中，太阳能集热器和供暖供水环路之间宜加装一个蓄热水箱来保证供暖供水温度稳定。

太阳能光热制冷空调系统一般包括太阳能集热子系统和制冷子系统，通过太阳能制取热水驱动吸收式或者吸附式制冷机产生冷量，对室内进行温湿度调节。如图 4-33 所示，集热器将太阳辐射转换为热能储存在集热介质中，循环水泵把高温介质送到制冷机组中驱动制冷机来制取冷水。太阳能制冷系统使用的集热器不同于太阳能供暖系统，它要求较高的集热温度（一般高于 80℃），所以系统对于集热器品质要求较高。目前，系统中使用的制冷机较为普遍的是以溴化锂 / 水、氨 / 水为介质的吸收式制冷机组，以硅胶 / 水、沸石 / 水为介质的吸附式制冷机。吸收式制冷机组对热水温度要求较高，单效溴化锂 / 水吸收式机组的驱动热源一般大于 90℃，而硅胶 / 水吸附式制冷机组可以在 60~70℃热源温度下运行。

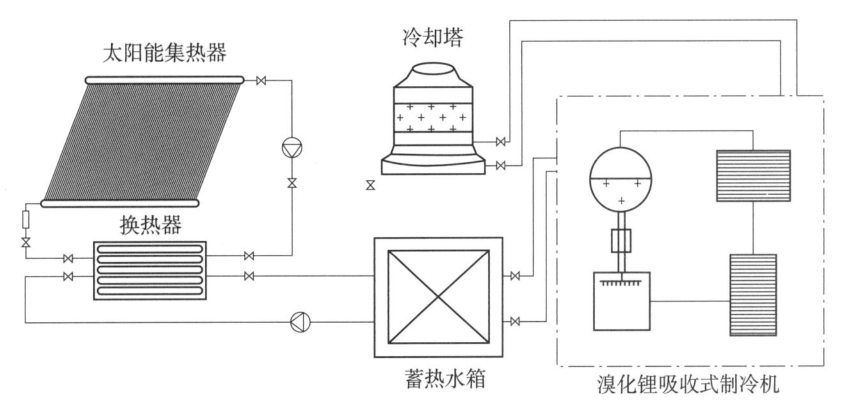

图 4-33　太阳能溴化锂吸收式制冷系统
（图片来源：根据《绿色建筑能源系统》资料，整理改绘）

2. 地能利用原理与技术

1）地能利用原理

地热能具有储量大、分布广、清洁环保、稳定可靠等特点，是一种现实可行且具有竞争力的清洁能源。

地源热泵是一种利用地下浅层地热资源既能供热又能制冷的高效节能环保型空调系统，通过输入少量的高品位能源（电能），即可实现能量从低温热源向高温热源的转移。在冬季，把土壤中的热量“取”出来，提高温度后供给室内用于供暖；在夏季，把室内的热量“取”出来释放到土壤中去，并且常年能保证地下温度的均衡。

2）地源热泵系统

地源热泵系统利用浅层地热能资源作为热泵的冷热源，按照与浅层地热能的换热方式不同可以分为地埋管换热、地下水换热和地表水换热

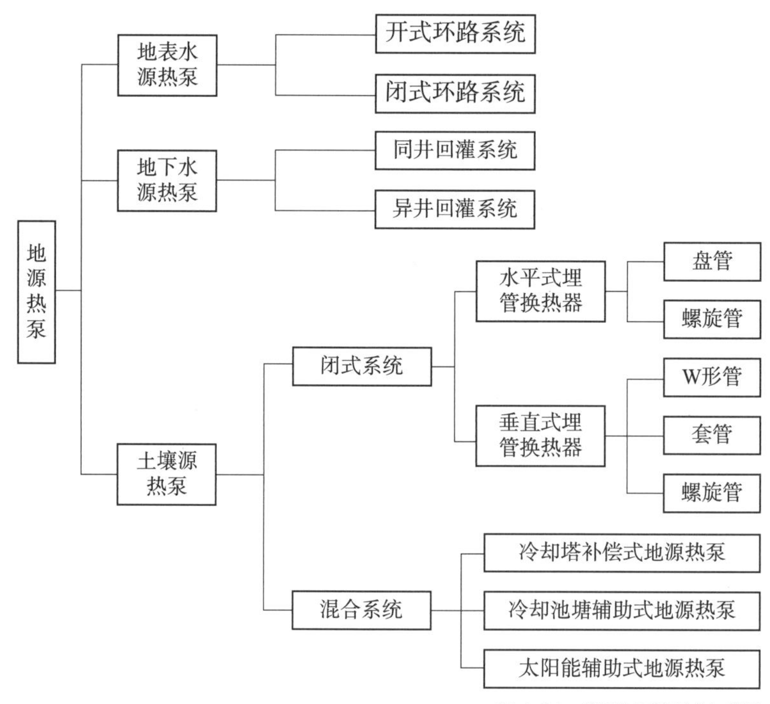

图 4-34　地源热泵的组成与分类
（图片来源：根据《绿色建筑设计与技术》资料，整理改绘）

三类，即土壤源热泵、地下水源热泵、地表水源热泵。地源热泵的组成与分类，如图 4-34 所示。

（1）土壤源热泵

土壤源热泵是利用地下常温土壤温度相对稳定的特性，通过深埋于建筑物周围的管路系统与建筑物内部完成热交换的装置。冬季从土壤中取热，向建筑物供暖；夏季向土壤排热，为建筑物制冷。以土壤作为热源、冷源，通过高效热泵机组向建筑物供热或制冷，从而实现系统与大地之间的换热。

土壤源热泵系统主机通常采用水—水热泵机组或水—气热泵机组。根据地下热交换器的布置形式，主要分为垂直埋管和水平埋管。水平式埋管换热器系统是指利用地表浅层（<10m）的位置，铺入水平换热管，其施工方便，但由于地温变化较大的原因，换热效率较低，占地面积较大。垂直式埋管换热器系统指沿地面竖直方向打深约 30~100m 的井，打井深度取决于土质和建筑界面的情况，将换热管竖直埋入地下，实现换热管中的水和土壤的热交换。

（2）地下水源热泵

地下水源热泵系统是以地下水作为热泵机组的低温热源，因此需要有丰富和稳定的地下水资源作为先决条件。地下水源热泵系统的经济性和地下水层的深度有很大的关系。如果地下水位较深，不仅打井的费用较高，而且运行中水泵耗电量增加，将大大降低系统的效率。地下水资源是紧缺、宝贵的资源，对地下水资源的浪费或污染是不允许的。因此，地下水源热泵系统必须采取可靠的回灌措施，确保置换冷量或热量的地下水 100%回灌到原来的含水层。目前，常见的地下水回灌模式包括同井回灌和异井回灌两种：同井回灌是指抽取水与回灌水在同一个井中完成；异井回灌是指抽取水与回灌水在不同的井中完成。

（3）地表水源热泵

地表水指的是暴露在地表上面的江、湖、河、海等水体的总称，在地表水源热泵系统中使用的地表水源主要是指流经城市的江河水、城市附近的湖泊水和沿海城市的海水。地表水源热泵以地表水为热泵装置的热源，夏季以地表水源作为冷却水使用向建筑物制冷的能源系统，冬天从中取热向建筑物供热。简单地说，地表水水源热泵，是一种典型地使用从水井或河流中抽取的水为热源（或冷源）的热泵系统。

根据传热介质是否与大气相通，水源热泵机组与地表水的不同连接方式，可将地表水源热泵分为闭式地表水换热系统（也称为闭式环路系统）和开式地表水换热系统（也称为开式环路系统）两个类型。闭式地表水换热系统是将封闭的换热盘管按照特点进行排列并放入具有一定深度的地表水体中，传热介质通过换热管管壁与地表水进行热交换的系统。开式地表水换热系统是地表水在循环泵的驱动下，经处理直接流经水源热泵机组或通过中间换热器进行热交换系统。

3. 其他可再生能源利用

1）自然风应用技术

（1）夜间通风蓄冷

由于夏季夜间的室外空气温度比白天低得多，所以夜间室外冷空气可作为自然冷源加以利用。夜间通风蓄冷的原理是在夜间引入室外的冷空气，冷空气与作为蓄冷材料的建筑围护结构接触换热，将冷量储存在建筑材料中；在白天则通过房间的空气与建筑材料换热，将建筑材料中储存的冷量释放到房间，抑制房间温度上升，从而大大延长房间处于舒适环境的时间。

在昼夜温差比较大的城市，如乌鲁木齐、呼和浩特等，夏季夜间通风的利用潜力很大。在严寒地区，自然风、夜间通风和蒸发冷却的复合利用技术开发也有很大的潜在经济效益。当室外空气焓值低于室内空气，但温度高于室内值时，无法采用新风直接制冷，此时可将室外空气经蒸发冷却降温后，再将其送入室内，系统的总风量已远远大于夏季设计风量，在夜间，增大的风量也会加强通风蓄冷的效果，再辅以蒸发冷却，人工冷源的运行时间将会大大减少，甚至可能完全替代人工冷源。

（2）地道风应用技术

地道风降温是利用地道（或地下埋管）冷却空气，然后送至地面上的建筑物，实现降温的一种专门技术。空气经过地道降温的状态变化过程近似为一个等湿冷却过程，在地道壁面温度低于空气露点温度的情况下，空气冷却过程的后期可发生水汽凝结从空气中分离出来的现象，即为降湿冷却过程，因此，地道风降温不但不会使空气的含湿量增加，还可能使空气的含湿量减少。地道风降温不受湿球温度的限制，即可以将气温降到湿球温度以下，所以地道风降温在我国高温高湿地区应用比蒸发降温效果更好。

地道风制冷属直流式空调系统，其送风温度随室外气温的变化而变化。若系统的通风量不变，当室外气温随时间变化时，送风温度和房间冷负荷皆发生变化，使房间温度改变，若根据全年气象（气温）逐时分布数据，结合建筑动态热过程（动态负荷）模拟计算方法，可分析和预测出该通风系统的实际运行效果。

2）生物质能的应用

生物质能是以生物质为载体的能量，可作为能源利用的生物质主要是农林业的副产品及其加工残余物，包括人畜粪便和有机废弃物。生物质能本质上来自于太阳，地球上的绿色植物、藻类和光合细菌通过光合作用贮储化学能。生物质能有效利用的关键在于其转换技术的提高，直接燃烧是最简单的转换方式，但普通炉灶的热效率仅为15%左右。生物质经微生物发酵处理，可转换成沼气、酒精等优质燃料。在高温和催化剂作用下，可使生物质转化为可燃气体，利用热分解法将木材干馏，可制取气体或液体燃料。

我国是农业大国，生物质能资源十分丰富，仅农作物秸秆每年就有6亿t，其中一半可作为能源利用。据调查统计，全国生物质能可再生能量按热当量计算为2亿t标煤，相当于农村耗能量的70%。可见，在农村大力推广生物质能利用意义重大。

3）海洋能的利用

海洋能通常是指海洋本身所蕴藏的能量，它包括潮汐能、波浪能、海流能、温差能、盐差能和化学能，不包括海底或海底下储存的煤、石油、天然气等化石能源和“可燃冰”，也不含溶解于海水中的铀、锂等化学能源。海洋是地球气候和淡水循环的天然调节源，其容量巨大，与大气、陆地间通过水汽等方式不断进行能量和物质循环，是一个天然容量巨大的低位冷热源，为人类制冷供热提供了良好的条件。海洋能利用的主体是海洋能发电，其技术已日趋成熟。

4）风能的应用

风力发电不消耗资源、不污染环境，作为一种无污染和可再生的新能源，具有广阔的发展前景。然而，风能主要分布在西北、华北和东北地区的草原，以及东部和东南沿海及岛屿。对于空调系统需求量大的城市地区，目前仅能作为提供电能的一种途径。因为设备成本高，而且对于风力的要求较高，风力发电并不适用于民用建筑尺度，且风力发电机组会产生振动，需要对建筑进行防振处理。由于建设成本很高，中小型建筑一般不考虑设置风力发电设备。

思考与练习题

1. 分析几例在不同气候分区的传统民居建筑，分别通过哪些设计策略来适应气候。

2. 请分析不同建筑类型的能源消耗特点，并针对不同类型的建筑提出适宜的节能减碳措施。

3. 思考自然环境、建筑与人和谐共存的前提条件，以及建筑设计所发挥的作用。

4. 以西藏自治区、新疆维吾尔自治区、甘肃省、内蒙古自治区（太阳能富集区）中的某一地域为例，分析在设计小型办公类、医疗类、教学类建筑时，如何采用被动式太阳能集热设计。

5. 举例说明不同地域气候条件下，建筑围护结构的差异性。

6. 在建筑节能设计中，如何考虑材料的循环利用，以减少资源消耗和减少建筑废弃物对环境的影响。

7. 建筑节能技术在减少能源消耗方面起着关键作用。请列举几种建筑用能设备系统和可再生能源利用技术，并说明它们如何帮助实现建筑的低碳化。

8. 可再生能源在节能领域的利用具有潜力，请列举几种常见的建筑可再生能源系统，并讨论它们的适用性、经济性和环境效益。

9. 思考在低碳建筑设计中，如何平衡建筑的能源效率和舒适性。

参考文献

[1] 刘加平，董靓，孙世钧 . 绿色建筑概论 [M].2 版 . 北京：中国建筑工业出版社，2021.

[2] 中国建筑节能协会，重庆大学 . 2022 中国建筑能耗与碳排放研究报告 [R/OL]. 碳中和前沿微信公众号，2023-04-16.

[3] 清华大学建筑节能研究中心 . 中国建筑节能年度发展研究报告 2022(公共建筑专题)[M]. 北京：中国建筑工业出版社，2022.

[4] 上海市住房和城乡建设管理委员会，上海市发展和改革委员会 . 2022 年上海市国家机关办公建筑和大型公共建筑能耗监测及分析报告：沪建建材联〔2023〕284 号 [R/OL]. 上海市人民政府官方网站，2023-06-28.

[5] 清华大学建筑节能研究中心 . 中国建筑节能年度发展研究报告 2017[M]. 北京：中国建筑工业出版社，2017.

[6] 清华大学建筑节能研究中心．中国建筑节能年度发展研究报告 2021（城镇住宅专题）[M]. 北京：中国建筑工业出版社，2021.
[7] 中华人民共和国住房和城乡建设部，国家市场监督管理总局，联合发布．建筑节能与可再生能源利用通用规范：GB 55015—2021[S]. 北京：中国建筑工业出版社，2021.
[8] 中华人民共和国住房和城乡建设部，国家质量监督检验检疫总局，联合发布．公共建筑节能设计标准：GB 50189—2015[S]. 北京：中国建筑工业出版社，2015.
[9] 中华人民共和国住房和城乡建设部．严寒和寒冷地区居住建筑节能设计标准：JGJ 26—2018[S]. 北京：中国建筑工业出版社，2018.
[10] G. Z·布朗，马克·德凯．太阳辐射·风·自然光——建筑设计策略 [M]. 常志刚，刘毅军，朱宏涛，译．北京：中国建筑工业出版社，2008.
[11] 杨柳．建筑物理 [M]. 5 版．北京：中国建筑工业出版社，2021.
[12] 彭琛，江亿，秦佑国．低碳建筑和低碳城市 [M]. 北京：中国环境出版集团，2018.
[13] 冷嘉伟，虞菲，徐菁菁．高大空间公共建筑绿色设计导则 [M]. 南京：东南大学出版社，2021.
[14] 宋德萱．建筑环境控制学 [M]. 上海：同济大学出版社，2023.
[15] 王瑞，董靓．建筑节能设计 [M]. 2 版．武汉：华中科技大学出版社，2020.
[16] 陈易，等．低碳建筑 [M]. 上海：同济大学出版社，2015.
[17] 夏冰，陈易．建筑形态创作与低碳设计策略 [M]. 北京：中国建筑工业出版社，2016.
[18] 刘经强，田洪臣，赵恩西．绿色建筑设计概论 [M]. 北京：化学工业出版社，2016.
[19] 清华大学建筑节能研究中心．中国建筑节能年度发展研究报告 2016[M]. 北京：中国建筑工业出版社，2016.
[20] 中华人民共和国住房和城乡建设部，国家市场监督管理总局，联合发布．建筑碳排放计算标准：GB/T 51366—2019[S]. 北京：中国建筑工业出版社，2019.
[21]《建筑节能应用技术》编写组．建筑节能应用技术 [M]. 上海：同济大学出版社，2011.
[22] 杨维菊．绿色建筑设计与技术 [M]. 南京：东南大学出版社，2011.
[23] 杜涛．绿色建筑技术与施工管理研究 [M]. 西安：西北工业大学出版社，2021.
[24] 王如竹，翟晓强．绿色建筑能源系统 [M]. 上海：上海交通大学出版社，2013.

第5章 低碳能源技术

> ➢ 建筑运行消耗的能源来自哪里?
> ➢ 可再生能源有哪些?
> ➢ 能源如何储存和输配?

本章整体知识框架，如图 5-1 所示。

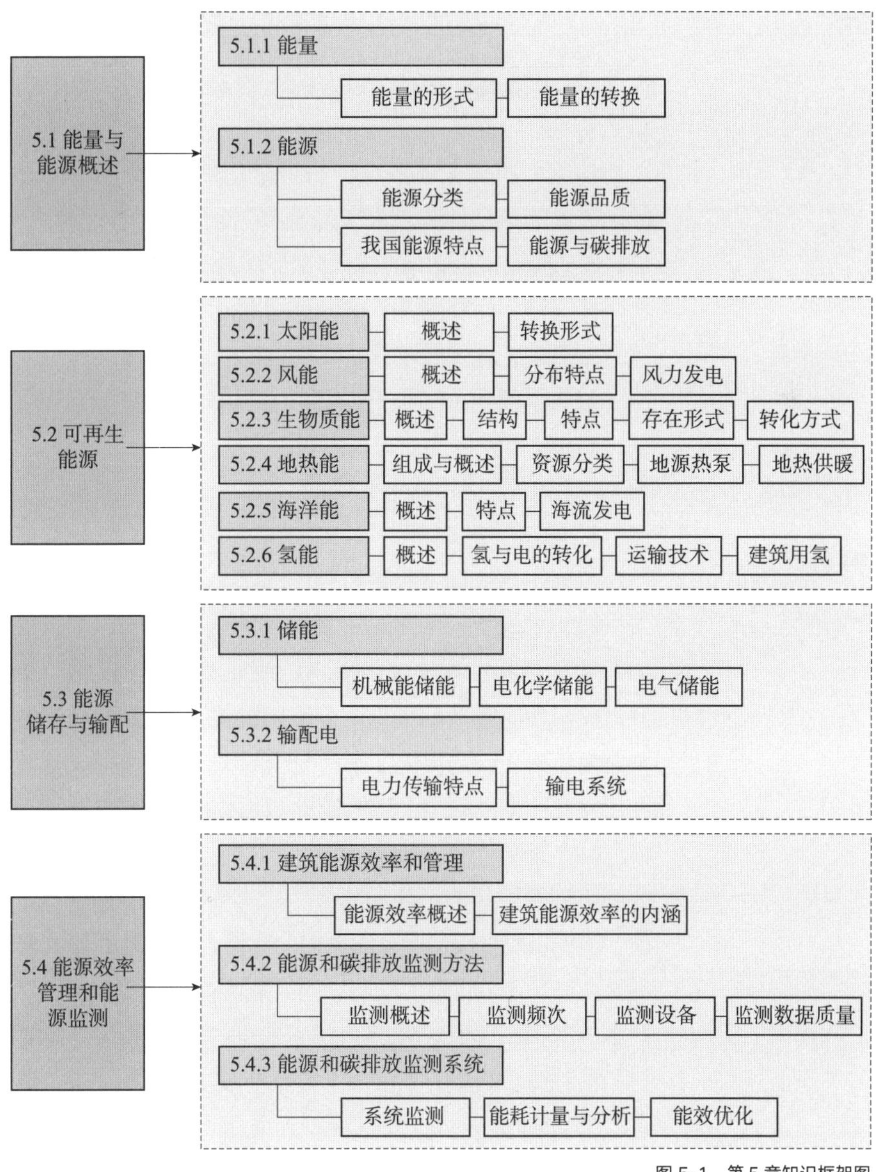

图 5-1 第 5 章知识框架图

能源在人类文明历史中承担了重要的角色，对于现代社会的重要性如同粮食对于人的重要性。能源是生存的基础，也是从事生产和生活的基础。能源的开发与利用水平，标志着社会进步和发展的程度。没有节制和计划性的能源开采和能源低利用率，会使能源资源大幅度减少。能源短缺引起了包括人口增长与资源匮乏的全球问题，进一步加大了全球范围内的贫富差距。为了争夺能源甚至还发动了战争，引发了国家和民族间的矛盾，造成了巨大的人员、经济损失和国际关系紧张局势。因此，一方面要寻找和充分利用其他替代能源，另一方面要提高能源的利用率，节约资源。

5.1.1 能量

能量即物体（或系统）对外做功的能力，是考察物体运动状况的物理量，如物体运动的机械能（动能和势能）、分子运动的热能、电子运动的电能、原子振动的电磁辐射能、物质结构发生改变而产生的化学能等。

广义地讲，能量是产生某种效果（变化）的能力。反过来说，产生某种效果（变化）的过程必然伴随着能量的消耗或转化。

能量不能消灭，也不能创造，只能由一种形式转换为另一种形式，这就是通常说的能量守恒定律。

1. 能量的形式

能量主要有如下六种形式。

（1）机械能

它包括固体和流体（能够流动的物体）的动能、势能、弹性能及表面张力能。动能和势能统称为宏观机械能，是最早认识的能量。在力学中，机械能表现为平动动能 E_k、转动动能 E_r 和重力势能 E_p。可再生能源中的水能、波浪能、风能也属于上述能量形式。

（2）热能

热能是能量的一种基本形式，所有其他形式的能量都可以完全转换为热能，热能在能量利用中有着重要的意义。根据能量守恒原理，对于封闭系统：

$$\Delta U=Q-W \quad (5\text{-}1)$$

式中，ΔU——系统热力学能的变化（J）；

Q——热能（J）；

W——功（J）。

热能的本质是微观粒子随机热运动的动能和势能的总和，这种能量的宏观表现是温度的高低，它反映了分子运动的剧烈程度。由于分子运动速度越快，物体的温度越高，因此在热力学中，热能也可以表示为由温差传递的能量。在实际中，绝大多数化石能源的利用，都是先将燃料的化学能转变为热能，然后再转变成其他形式的能量。

（3）化学能

化学能是一种原子核外进行化学反应时放出的能量。利用最普遍的化学能是通过燃烧C（碳）和（H）（氢）获得的，而这两种元素正是煤、石油、天然气、薪柴等燃料中最重要的可燃元素。同时在光化学反应中，涉及的能量包括化学键能、热能与辐射能等。当燃料燃烧时，内部的化学键能转变成为分子热运动的热能和辐射能。无论是吸热反应或放热反应，由于原子需要重新组合，首先必须由外界提供能量，如热能或辐射能，使构成分子的原子的化学键打开。干电池和蓄电池等都是利用了化学能。

（4）辐射能

物体以电磁波形式发射的能量称为辐射能，如地球表面所接受的太阳能就是辐射能的一种。辐射能被物体吸收时产生热效应，物体吸收的辐射能不同，所表现的温度也就不同。因此，辐射是能量转换为热量的重要方式。地球表面所接受的太阳能就是最重要的辐射能。

（5）核能

核能是蕴藏在原子核内部的物质结构能。释放巨大核能的核反应有两种，即核裂变反应和核聚变反应。

（6）电能

电能是和电子流动与积累有关的一种能量，通常是由电池中的化学能转化而来，或是通过发电机由机械能转换得到；反之，电能也可以通过电动机转化为机械能，从而显示出电做功的本领。

不同学科的各种能量形式及表达式见表5-1。

不同学科的各种能量形式及表达式　　表5-1

学科	能量	表达式	符号意义
力学	平均动能	$E_k=\frac{1}{2}mv^2$	m 为物体的质量，kg； v 为物体的平均速度，m/s
	转动动能	$E_r=\frac{1}{2}I_m\omega^2$	I_m 为转动惯量，kg·m²； ω 为物体的转动角速度，rad/s
	重力势能	$E_p=mgh$	m为物体的质量，kg； g为重力加速度，9.8N/kg； h为物体的相对高度，m
热力学	热能、热力学能	$\Delta U=Q-W$	ΔU 为系统热力学能的变化，J； Q 为热能，J；W 为功，J
电磁	电场能	$E_e=\frac{1}{2}CV^2$	C 为电容，F；V 为电压，V
	磁场能	$E_e=\frac{1}{2}LI^2$	L 为电感，H；I 为电流，A

续表

学科	能量	表达式	符号意义
核物理学	核能	$\varepsilon=h_p f$ $E=mc^2$	ε 为单个粒子或光子的最小能量，J；h_p 为普朗克常数；f 为振动频率；m 为质量，kg；c 为光速，m/s
化学能	化学键能、热能、辐射能	化学反应方程式	在化学反应中，先由外界提供能量，如热能或辐射能，使连接原子之间的化学键断开；然后，原子发生重新组合，释放出多余的化学能
生物学	光合作用	$6H_2O+6CO_2 \xrightarrow{\text{光、叶绿素}} C_2H_{12}O_6+6O_2$	植物利用阳光将空气中的水和 CO_2 转化为葡萄糖

2. 能量的转换

能量在使用过程中会发生转换。人们通常所说的能量转换是指能量形态上的转换，如燃料的化学能通过燃烧转换成热能，热能通过热机再转换成机械能。

任何能量的转换过程都必须遵循自然界的普遍规律——能量转换和能量守恒定律，即输入能量 - 输出能量 = 储存能量的变化。使用最多、最普遍的能量形式是热能、机械能、电能。它们都可以由其他形态的能量转换而来，它们之间也可以相互转换。任何能量的转换过程都需要一定的转换条件，并在一定的设备或系统中才能实现见表 5-2。

能量转换过程及转换设备和系统 表 5-2

能源	能量转换过程	转换机械或系统
石油、煤炭	化学能→热能	炉子、燃烧器
天然气等矿物质	化学能→热能→机械能	各种热力发动机
燃料	化学能→热能→机械能→电能	热机、发电机、磁流体发电、ECD 发电（压电效应）
二次能源	化学能→电能	燃料电池
水能、风能、潮汐能、海流能、波浪能	机械能→热能 机械能→热能→电能	水车、风车、水力发电机、波力发电、风力发电、潮汐发电、海流发电
太阳能	辐射能→热能 辐射能→热能→机械能 辐射能→热能→机械能→电能 辐射能→热能→电能 辐射能→电能 辐射能→化学能 辐射能→生物能 电磁波→电能	光化学反应、太阳灶 太阳热发动机 太阳热发电 热力发电、热电子发电 光电池、光化学电池 光化学反应（水分解） 光合成 充电转换器
海洋热能	热能→机械能→电能	海洋温度差发电（热力发动机）
海洋盐差（能）	化学能→电能 化学能→机械能→电能 化学能→热能→机械能→电能	浓度发电 渗透压发电 浓度差发电

续表

能源	能量转换过程	转换机械或系统
地热能	热能→机械能→电能 热能→电能	热力发电机 热能发电
核能	核分裂→热能→机械能→电能 核分裂→热能 核分裂→热能→电能 核聚裂→热能→机械能→电能	核发电、磁流体发电 热力发电、热电子发电 光电池 核聚变发电

5.1.2 能源

能源最初主要指能量的来源，凡是能直接或者经过转化而获取某种能量的自然能源通称为能源。任何物质都可以转化为能量，但转化的量和转化的难易情况存在较大的差异。一般将比较集中、较易转化并且具有某种形式能量的自然资源，以及由它们加工或转换得到的产品统称为能源。

在自然界里一些自然资源如煤、石油、天然气、太阳能、风能、水能、地热能等本身就拥有某种形式的能量，并且能够转换成人们所需要的能量形式，这些自然资源都是能源。但在生产和生活过程中，由于使用需求，或为便于储存、运输和使用，常将上述能源经过一定的加工使之成为更符合使用要求的能源来源，如煤气、焦炭、电、沼气、氢等。

1. 能源分类

按能否再生可将能源分为两大类，即可再生能源和非可再生能源。

（1）可再生能源，不会随它本身的转化或利用而日益减少，如太阳能、风能和海洋能等。可再生能源在使用过程中污染较少。

（2）非可再生能源，随着利用而越来越少，如石油、天然气、核燃料等。非可再生能源在其开采、输送、加工、转换、利用和消费过程中，都直接或间接地改变着地球上的物质平衡和能量平衡，并对生态系统产生影响。

2. 能源品质

能源的种类很多，各有特点。从开发、使用角度考虑可以从以下两个方面对能源进行评估。

（1）能流密度

能流密度是指在单位空间或单位面积内从某种能源实际所取得的能量或功率。显然，如果能流密度很小就很难作为主要使用能源。按照目前的技术水平，风能和太阳能的能流密度较小，只有 1000W/m² 左右的水平，各种常规能源的能流密度比较大，1kg 标准煤发热量为 29 307kJ，1kg

石油发热量为 41 860kJ。核燃料的能流密度很大，1kg 铀 235 裂变时释放出 $68\ 660 \times 10^6$kJ 的热量。

（2）品位

能量可以相互转换，但转换的效率有所差异。如：热能转换为机械能时，只有其中一部分转变为机械能，其余部分则以热的形式传给另一较冷的物体，而机械能却可以全部转变为热能。由此可见，机械能和热能是不等价的。与机械能等价的能量形态有电能、水力等，如果没有摩擦阻力，它们之间可以完全相互转换。相同数量的热能，温度不同，可以转变为功的多少也不同；温度高的热能，其转变为机械能的数量多，品位就高；温度低的热能，转变为机械能的数量少，品位就低；与环境温度相同的热能，品位最低，做功能力等于零。我们把能够得到较高热源温度的能源称为高品位能源，反之是低品位能源。

因此，能够直接转变成机械能和电能的能源（如水力），品位要比必须先经过热转换的能源（如矿物燃料）高一些。能源选用时应根据使用情景合理安排好不同品位能源的应用。机械能是一切形态能量中品位最高的一种，也是人类生产和生活中最常使用的，所以常以机械能为标准，用转变为机械能的程度来衡量其他形态的能。

3. 我国能源特点

我国能源总体具有以下特点。

（1）煤炭资源总量相对丰富，石油、天然气资源缺乏，人均能源资源量严重不足。

我国探明的煤炭可采储量 1145 亿 t，约占世界总量的 13.3%，居世界第三位；探明的石油可采储量 20 亿 t，占世界总量的 0.9%；天然气可采量 3.1 万亿 m^3，占世界总量的 1.5%。但从人均能源资源占有量来看，只是世界平均水平的 1/2，仅为美国的 1/10。

（2）能源资源分布很不均匀。

煤炭资源大部分集中在我国华北地区，石油资源偏于东北地区，天然气资源偏于西北地区，水力资源则偏于西南地区，而人口密集、工业发达的东部和南部地区则能源资源很少。我国呈现北煤南运、西气东输、西电东送等总体的能源输送态势，不但增加了能源开采利用成本，也对环境造成了额外的不利影响。

（3）可再生能源占比水平低。

2022 年我国风电和光伏发电量达到 1.19 万亿 kW · h，占全社会用电量的 13.8%，可再生能源发电量达到 2.7 万亿 kW · h，占全社会用电量的 31.6%。可再生能源以其可再生、低污染等特点，受到各国的重视。近年来，我国可再生能源的开发和利用发展很快，可再生能源在能源结构中的占比逐渐增加，为实现能源转型和可持续发展作出了积极贡献。

4. 能源与碳排放

能源转型是发展与进步的必然。煤、石油和天然气等能源的使用，极大提高了劳动生产力，并由此从农耕文明进入工业文明。使用传统化石能源是 CO_2 排放的主要来源，因此，降低 CO_2 排放必然需要将传统化石能源转为使用其他能源。建筑领域通过推进建筑能源转型，使用太阳能、风能、生物质能、地热能、氢能和海洋能等可再生能源，结合能源储存与输配技术，减少化石能源的使用和依赖，可以实现节能减排、保护环境和碳中和目标，为可持续发展作出积极贡献。

5.2.1 太阳能

太阳能是各种可再生能源中重要的基本能源，由太阳中的氢经过聚变而产生的一种能源，其分布广、容易获取，取之不尽、用之不竭，是我们可以依赖的可再生能源，是能源发展的重点。

1. 概述

太阳以辐射的形式每秒向太空发射 3.8×10^{19}MW 能量，其中有 22 亿分之一投射到地球表面。地球上一年中接收到的太阳辐射能高达 1.8×10^{18}kW · h，是全球能耗的数万倍。

太阳能光线是一种电磁波，它与无线电波没有本质的差别，只是波长与频率不同而已。太阳辐射波穿过大气层到达地球表面后，绝大部分辐射能量集中在波长 0.3~3.0μm 区间，占总能量的 99%。其中可见光波段占 50%、红外波段占 43%、紫外波段约占 7%。能量最大值对应太阳光的波长为 0.475μm。

太阳能与常规能源相比，具有资源量大、分布广泛、清洁、经济的优点。

（1）资源量大，太阳能具有储量的无限性和使用寿命的长久性，太阳每秒钟达地球的能量高达 8×10^{13}kW，相当于 6×10^{9}t 标准煤。

（2）太阳能分布广泛，可以就地取用，不用开采和运输。很多国家因为能源分布的不平衡性不得不花去庞大的费用用于建设输电设备或交通运输。太阳能通过简单的转换装置可就地利用，不需要进行运输。太阳能的应用有利于缓解能源供需矛盾、减轻运输压力，可解决偏僻边远地区，如交通不便的农村、海岛的能源供应。

太阳能与常规能源比，也有能量密度低、不稳定和间歇性等缺点。

（1）能量密度低。在地球的表面，在垂直于太阳方向的地面上，即使是晴朗的正午，每平方米所能接受的太阳能平均只有 1kW，大多数情况低于 500W。要得到较大功率的能量，需要相当大的太阳能接收设备。

（2）能量不稳定和间歇性。太阳辐射随时间在不断变化，再加上天气、大气透明度和季节因素的影响，且夜晚没有能量，太阳辐射能是非常不稳定的。其收集、存储和转换需要相应的设备，给太阳能利用增加了一定的投资，也是大规模太阳能利用的挑战。

2. 转换形式

目前人们通常提到的太阳能利用实际上指的是太阳能的直接利用，主要有光热和光电转换两种基本形式。

（1）光热转换

光热转换的基本原理是将太阳辐射能收集起来，通过与工质的相互作用转换成热能加以利用，这是太阳能利用的最主要的方式。目前太阳能热利用的主要方式有太阳能集热、太阳能热发电、太阳能空调等。太阳能热利用系统通常包括太阳能集热器、太阳能蓄热系统等，其中太阳能集热器是其核心的部件之一。

太阳能热水系统由太阳能集热系统、供热水系统和辅助热源系统组成，热水温度一般为 40~55℃。太阳能热水供暖复合系统由太阳能集热系统、供热水系统、供暖系统和辅助热源系统组成，供暖系统末端一般采用辐射换热为主的散热系统，工质温度为 40~60℃。太阳能热水、供暖和空调复合系统，包括太阳能集热系统、热力驱动的冷水机组、供暖空调末端系统、辅助热源或者辅助冷源系统，热力驱动的吸收式冷水机组需要供热温度达到 80℃以上。太阳能热发电系统一般由太阳能集热系统、蓄热系统和蒸汽发电系统组成，工质温度在 100℃以上。

（2）光电转换

太阳辐射转换成电能有两种过程。一种是通过热过程的太阳能热发电，如塔式发电、抛物面聚光发电、太阳能烟囱发电、热离子发电、热光伏发电、温差发电等；另一种是不通过热过程的发电，如光伏发电、光感应发电、光化学发电和光生物发电等。本节主要介绍应用普遍的基于光生伏特效应的光电能量转换原理。

光生伏特效应简称光伏效应，是指光照固体，尤其是半导体时，使不均匀半导体或半导体与金属组合的不同部位之间产生电位差现象，光伏效应原理，如图 5-2 所示。

光伏系统与传统的化石燃料燃烧系统不同。常规燃料系统所需输入燃料量取决于输出，而光伏系统的输入取决于辐照度。光伏输出可能由于外部因素（如移动的云）而发生变化。

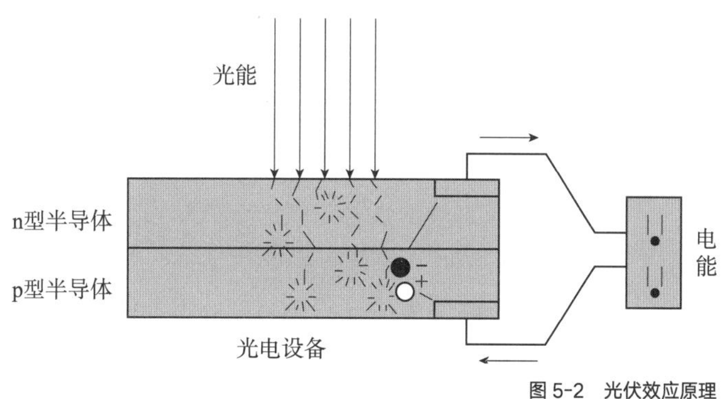

图 5-2　光伏效应原理
（图片来源：改绘自《可再生能源及其利用技术》）

5.2.2 风能

风能是风所具有的动能，是最具有活力的一种可再生能源。风能作为一种重要的动力用于船舶航行、碾谷和提水灌溉等。在蒸汽机出现之前，风力机械是动力机械的一大支柱。到 19 世纪末开始利用风力发电，在偏远地区电气化方面发挥了重要的作用。

1. 概述

风是矢量，风向和风速是描述风特性的两个重要参数。各种风向的频率通常用风向玫瑰图表示。在极坐标上标出某年或某月 8 个或 16 个方向上各种风向出现的频率，称为风向玫瑰图。风速是单位时间内空气在水平方向上移动的距离，以符号 v 表示，单位是 m/s。

地球上风的大小和方向是由水平气压梯度、水平地转偏向力、惯性离心力和摩擦力决定的。

2. 分布特点

风具有不稳定性，每时每刻风都随着时间和空间发生着变化。

（1）风随时间的分布

通常自然风是平均风速与瞬时激烈变动的紊流风速相叠加的。随着时间的变化，包括随机变化、每日的变化和季节的变化。不同的时间长度具有不同的变化规律。

风速的季节变化是风速在一年内的变化，一般通过各月平均风速的变化来表示月平均风速的空间分布。造成风速的气候背景、地形与海陆分布等有直接的关系，中国一般是春季风速大、夏季风速小。

风速的日变化为风速在一日之内的变化。日变化规律通常表现为在午后达到最大值，而在夜间和清晨达到最小值。这种变化主要是由于地面受热不均导致的。在白天，地面受到太阳辐射加热，使得近地面的空气变得不稳定，产生对流和乱流，将上层大风速的动量下传至下层，使下层空气加速。而在夜间，地面失去热量，空气变得相对稳定，对流和乱流减弱，上下层空气交换减少，动量下传减少，近地面的风速就小了。

（2）风速随高度的分布

在从地球表面到 10 000m 的高空层内，风随高度有显著变化。造成风在近地层中的垂直变化的原因有动力因素和热力因素，前者主要来源于地面的摩擦效应，即受地面的粗糙度，后者主要表现为与近地层大气垂直稳定度的关系。风速随高度的变化可用经验指数公式求解，即：

$$V=V_0\left(\frac{h}{h_0}\right)^n \qquad (5-2)$$

式中，h、h_0——离地面的高度（m）；

V_0——已知高度 h_0 处的风速（m/s）；

V——欲知高度 h 处的风速（m/s）；指数 n 为地面的平整程度（粗糙度）、大气的稳定等因素有关（无单位）。

3. 风力发电

风力发电技术是利用风的动能来驱动风力机，风力机带动发电机进行发电的技术，实现风力发电的成套设备称为风力发电系统或风力发电机组。风力发电机组一般由风力机、发电机、支撑部件、基础，以及电气控制系统等几部分组成。

按风轮结构和其在气流中的位置，可分为水平轴（图 5-3a）和垂直轴两种形式（图 5-3b）。水平轴风力机很早就被应用，是迄今应用最广的形式，因技术成熟、单位发电量成本较低，大型风力发电系统采用的多是水平轴风力机。

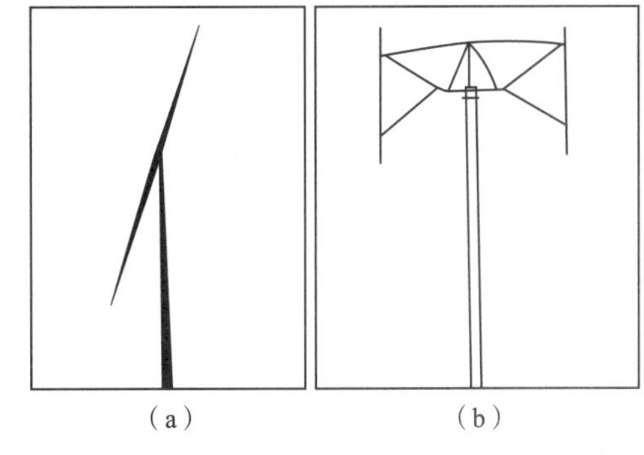

图 5-3　风力发电机示意图
（a）水平轴；（b）垂直轴

5.2.3　生物质能

生物质能由于其低排放、永不枯竭的特性得到了更加广泛的重视。根据国际能源署数据，全球 2011 年可再生能源为能源总供应量的 13%，其中 10% 来自于生物质能。

1. 概述

广义地讲，生物质是一切直接或间接利用绿色植物进行光合作用而形成的有机物质，包括世界上所有动物、植物和微生物，以及由这些生物产生的排泄物和代谢物。狭义地说，生物质是指来源于草本植物、树木和农作物等有机物质。

生物质能是可再生能源，其原料通常包括六方面：木材及森林工业废弃物、农作物及其废弃物、水生植物、油料植物、城市和工业有机废弃物、动物粪便。

在世界能源消耗中，生物质能约占 10%，而在不发达国家和地区占 60% 以上，全世界约 25 亿人的生活能源中 90% 以上是生物质能。

生物质在生长过程中通过光合作用吸收 CO_2，在将其作为能源利用过程中，排放的 CO_2 又有效地通过光合作用被生物质吸收，因而，其产生和利用过程构成 CO_2 的闭路循环。即：

$$CO_2+H_2O+\text{太阳能}\xrightarrow{\text{叶绿素}}(CH_2O)+H_2O\rightarrow(CH_2O)\xrightarrow{\text{燃烧}}CO_2+\text{热量}$$

（CH_2O）是生物质生长过程中吸收的碳水化合物的总称。如上述两个反应的 CO_2 达到平衡，对温室气体效应可产生缓解作用。

2. 结构

从生物学角度，一切动、植物都是由细胞组成的。作为生物质能主要来源的植物，其细胞主要包括细胞壁、原生质和细胞后含物。

（1）细胞壁的化学组成

细胞壁的主要成分是纤维素、半纤维素和木质素。纤维素的结构单位是 D- 葡萄糖，其高位发热量为 17MJ/kg。半纤维素是由多种糖原组成的共聚物。木质素是一类复杂的有机聚合物，高位发热量约为 21MJ/kg。

（2）原生质的化学组成

原生质体由细胞的膜系统、细胞核、细胞质及细胞器组成，是以蛋白质与核酸为主的复合物。原生质中含有多种化学元素，其中 C（碳）、H（氢）、N（氮）、O（氧）四种元素占 90% 以上，是构成各类有机化合物的主要成分。其有机物包括糖类、蛋白质、脂类、维生素和核酸等。

（3）细胞后含物的化学组成

细胞后含物是细胞中不参与原生质组成的代谢物质的总称，其中最重要的是以一定的形式存储起来的有机物，主要包括淀粉、脂类和蛋白质等。

3. 特点

生物质能属于清洁能源，生物质的组成成分包括纤维素、半纤维素、木质素、蛋白质、单糖、淀粉、水分、灰分和其他化合物。与化石燃料相比，生物质具有以下特点。

（1）生物质是 CO_2 零排放的能源资源。在利用生物质能转化过程中排放的 CO_2 量等于生物生长过程中吸收的量，因此，生物质能可以在提供能源的同时不增加 CO_2 排放量。

（2）生物质的 S（硫）和 N（氮）含量少，转化过程中可以减少硫化物、氮化物和粉尘的排放。

（3）低能源品位性。单位质量生物质的热值低，能源密度低。此外，生物质在利用前，需要经过预处理和提高能源品位的过程，需要能量转化设备和有足够的空间投入原料等。

（4）分散性。除规模化种植的能源作物及大型工厂、农场的废弃物资源外，生物质资源分布极为分散。这种分散性增加了生物质的收集难度，提高了生物质转化的成本。

4. 存在形式

（1）林木生物质及其废弃物

森林生长和林业生产过程提供的生物质能源，主要来源于林木生物质和林业剩余物。其中林木生物质资源主要是指以能源利用为目的而种植的林木，所生产的林木用于产出能源，我国主要以薪炭林为主。林业剩余物是指林木生长、生产和加工过程中产生的修整去除的枝叶、林间抚育物，以及木材加工过程中产生的锯末、树皮等。

（2）农业废弃物

农业废弃物是指农作物在生长、生产和加工过程中产生的废弃物，主要包括农作物秸秆和农产品加工废弃物（如稻壳和玉米芯）。秸秆资源主要是与种植业生产关系十分密切，我国农作物秸秆造肥还田及其收集损失约占15%。农作物秸秆除了作为饲料、工业原料、造肥还田之外，还可以作为农户炊事、供暖燃料，但其转换效率仅为10%。

（3）禽畜粪便

禽畜粪便也是一种重要的生物质能源，除在牧区有少量的直接燃烧外，禽畜粪便主要为沼气的发酵原料。我国主要的畜禽是鸡、猪和牛，根据这些畜禽品种、体重、粪便排泄量等因素，可以估算出粪便资源量。

（4）有机垃圾

生活垃圾主要是由居民生活垃圾，商业、服务业垃圾和少量建筑废弃物所构成的混合物，成分比较复杂，其构成主要受居民生活水平、能源结构、城市建设、绿化面积及季节变化的影响。其中，我国城市垃圾中有机垃圾含量接近1/3甚至更高。

5. 转化方式

生物质能转化利用途径主要包括燃烧、热化学法、生化法、化学法和物理化学法等（图5-4），可转化为二次能源，分别为热量或电力、固体燃料（木炭或成型燃料）、液体燃料（生物柴油、生物原油、甲醇、乙醇和植物油等）和气体燃料（氢气、生物质燃气和沼气等）。

生物质燃烧的热量或电力可直接为建筑和城市提供能源，其转化的二次能源的液体燃料和气体燃料都可在能源丰富时储存起来，作为风能、太阳能等不稳定可再生能源的补充。

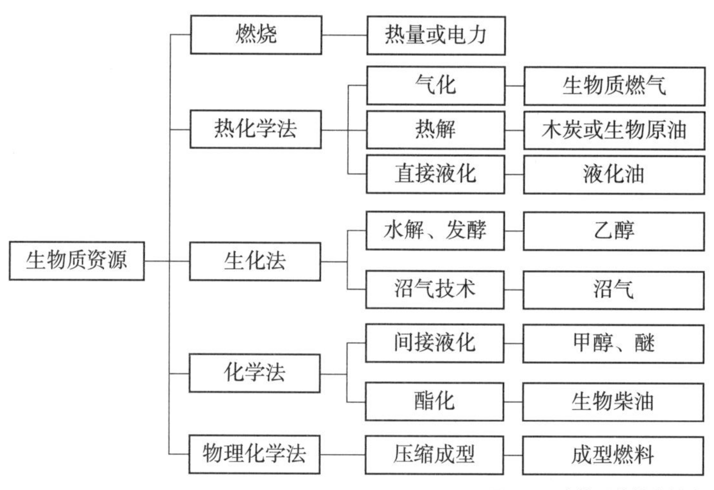

图 5-4　生物质能转化技术
（图片来源：改绘自《生物质能利用技术和装备研究》）

5.2.4　地热能

地热能是地球内部蕴藏的各类热能的总称。在众多可再生能源中，地热能与太阳无关的能源。

1. 地球组成与地热能概述

地球是一个平均直径为 12 742.2km 的巨大实心圆球体。地球内部是由圈层组成的，由表及里分别为地壳、地幔与地核，如图 5-5 所示。

地壳的底界为莫霍面，它在大陆地区的平均深度约为 33km。

地幔居于莫霍面与古登堡面之间，其厚度将近 2900km，体积占地球的 82%，质量占地球的 67.8%，地幔在地球内部各圈层中处于举足轻重的位置。

地核位于古登堡面以内，其物质成分主要是铁和金。通过钻孔与矿山测温获得的大量温度数据表明，地球越往深处地温越高。

地球的温度场遵循能量守恒定律。地球内部的热，主要是来自放射性同位素的衰变过程。地热主要是由地球内部长寿命的微量放射性元素 [主要是铀 -238(^{238}U)、钍 -232 (^{232}Th) 和 钾 -40 (^{40}K)] 衰变而放出的热量。

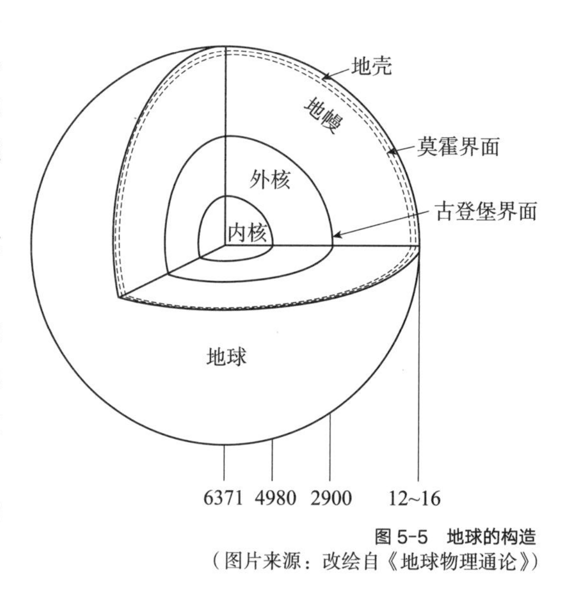

图 5-5　地球的构造
（图片来源：改绘自《地球物理通论》）

此外，地热能也来源于地核早期形成时的余热。地球内部所放出的热量以各种形式传到地面，最明显的形式是火山和温泉。

地球内核中心温度可达 6000~7000℃；外核的温度为 4300~4500℃，地幔的温度约为 1000~3700℃，地壳表层的温度为 0~50℃；地壳下层的温度为 500~1000℃。在地壳表面 3km 以内，可利用的热能就有 8.37×10^{20}kJ，接近世界储煤的总发热量。

地热能是通过漫长的地质作用而形成的集热、矿水为一体的矿产资源。地热可以作为能源用于建筑供暖、通风、空调和冷却。

2. 地热热资源分类

（1）浅层地热能

从地表以下几米到几百米的范围内，形成了温度相对稳定的恒温层，温度一年四季基本保持不变，这个恒温层所含有的热能称为浅层地热能。浅层地热能储量巨大，但是温度不高，一般在几度到二十几度之间，接近常温。由于浅层地热能温度不高，通常也被称为“浅层地能”。浅层地热能的价值在于它与大气环境之间存在温差，冬季温度高于大气环境，夏季温度低于大气环境温度。

（2）深部地热能

深部地热能是一种特殊的矿产资源，其功能多，用途广，是一种清洁的可再生资源。深部地热能的存在形式有：蒸汽型、热水型、地压型、干热岩型和岩浆型等。目前可以利用的主要是蒸汽型和热水型两大类资源。地压型、干热岩型和岩浆型地热资源还尚未被人们充分认识，钻探、开采和提取还比较困难。

3. 地源热泵

地源热泵（Ground Source Heat Pump，简称 GSHP）系统利用大地（土壤、地层、地下水）作为冷源、热源，通过管内液体（通常是水）循量交换，使不能直接利用的岩土低品位热能转换为可利用的高品位热能，是目前开采浅层地热能中应用最为广泛的技术之一。

冬季地源热泵系统通过热泵装置提取大地中的热能，经过升温处理后供给建筑物用于供暖，同时此过程降低了大地中的温度，相当于储存了冷量，以备夏季使用。夏季地源热泵系统则通过热泵将建筑内的热量转移到大地中，达到建筑的降温效果，同时在大地中蓄积热量，为冬季的供暖提供热源。

常见的地源热泵系统有三种：①土壤交换器地源热泵；②地下水地源热泵；③地表水地源热泵。

（1）土壤交换器地源热泵

土壤交换器地源热泵包括一个土壤耦合地热交换器，它或是以U形管状垂直安装在竖井之中，或是以水平安装在地沟中，如图5-6所示。不同的管沟或竖井中的热交换器成并联连接，再通过不同的集管进入建筑中与建筑物内的水环路相连接。在北方地区应用时应特别注意，液体温度较低时系统中需加入防冻液。

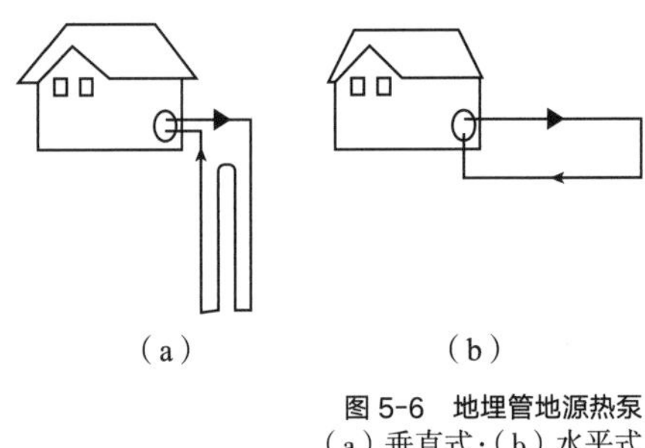

图5-6 地埋管地源热泵
（a）垂直式；（b）水平式

（2）地下水地源热泵

地下水地源热泵系统分为两种，一种通常被称为开式系统，另一种则为闭式系统。地下水地源热泵系统与地热供暖系统设计思路相似。由于地下水温度常年基本恒定，夏季比室外空气温度低，冬季比室外空气温度高，且具有较大的热容量，因此地下水源热泵系统的效率较高，*COP*（性能系数）值一般在3~4.5，并且不存在结霜等问题。

（3）地表水地源热泵

地表水地源热泵系统由潜在水面以下的、多重并联的塑料管组成的地下水热交换器取代了土壤热交换器，与土壤热交换地源热泵一样，它们被连接到建筑物中，并且在北方地区需要进行防冻处理。一定的地表水体能够承担的冷热负荷与其面积、深度和温度等多种因素有关，需要根据具体情况进行计算。

4. 地热供暖

地热能可用于建筑供暖、供热水和工业供热，是目前地热能最广泛的利用形式。它简单、经济，能源利用高，可操作性强。

考虑地热水有腐蚀性，因而采用换热器将地热水与供暖循环水隔开。地热水通过换热把热量传递给洁净的循环水后排放或者综合利用；循环水通过散热器供暖后返回换热器加热循环使用。

不锈钢材在含有氯离子的地热水中会被腐蚀，特别是地热水接触空气（氧）后腐蚀加剧，因此供暖系统的换热器，一般都采用耐腐性好的钛材而不采用不锈钢材。如图5-7所示为地热供暖

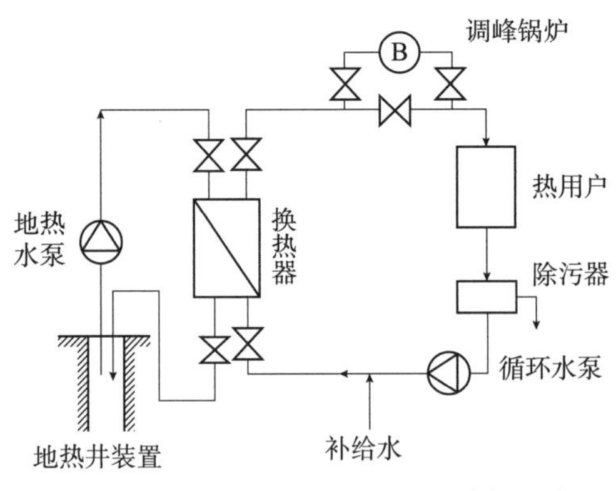

图5-7 地热供暖系统流程示意图

系统流程示意图。该系统配备建设了地热井口装置，潜水电泵、除砂器、井泵房、换热站、循环水泵及动态监测仪等除供暖外，地热水也可供地热浴室、地热浴疗等综合利用。

5.2.5 海洋能

海洋能（Ocean Energy）是指依附在海水中的可再生能源，海洋能主要以潮汐、波浪、海流、温度差、盐度差等形式存在于海洋之中。

1. 海洋能概述

潮汐能和海流能源自月球、太阳和其他星球引力，其他海洋能均源自太阳辐射。

海水温差能是一种热能。低纬度的海面水温较高，与深层水形成温度差，可产生热交换，其能量与温差的大小及热交换数量成正比。

潮汐能、海流能、波浪能都是机械能。潮汐的能量与潮差大小及潮量成正比。波浪的能量与波高的二次方及波动水域面积成正比。

在河口水域还存在海水盐差能（又称为海水化学能），入海径流的淡水海洋盐水间有盐度差，若以半透膜隔离，淡水向海水一侧渗透，可产生渗透压力，其能量与压力差及渗透能量成正比。

2. 海洋能特点

发电是开发利用海洋能的主要方式，海洋能具有如下特点：

（1）在海洋总水体中的蕴藏量巨大，但单位体积、单位面积、单位长度所拥有的能量效率不高，经济性差。

（2）具有可再生性。海洋能来源于太阳辐射能与天体间的万有引力，只要太阳、月球等天体与地球共存，这种能源就会再生，就会取之不尽，用之不竭。

（3）能量多变，具有不稳定性。潮汐能与海流能不稳定，但其变化有一定规律，人们可根据潮汐和海流变化规律，编制出各地逐日、逐时的潮汐与海流预报，潮汐电站与海流电站可根据预报表安排发电运行。波浪能是既不稳定又无变化规律可循的能源，而海水温差能、盐差能和海流能变化较为缓慢。

3. 海流发电

利用海流发电的装置主要是轮叶式结构，与风力发电类似，海流发电就是利用海流推动轮叶，轮叶带动发电机发电。区别在于海流发电动力来源于海洋里的水流而不是天空的气流。因此，人们形象地把海流发电装置比喻为水下风车，很多设计也是参照了风力机的这种结构。海流发电装置的轮叶可

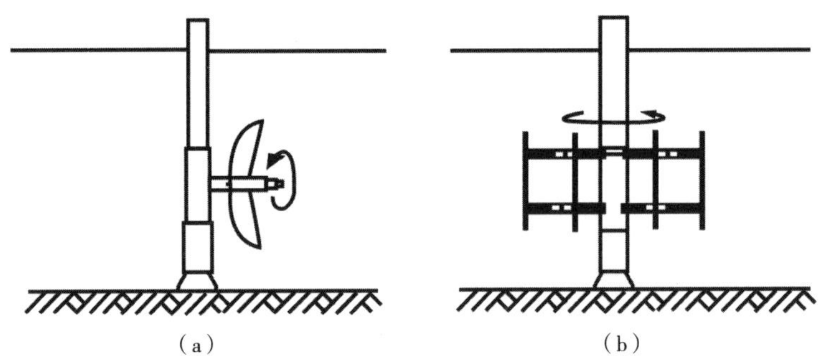

图 5-8　海流发电装置的涡轮机示意图
（a）转轴平行于海流；（b）转轴垂直于海流

以是螺旋桨式的，也可以是转轮式的。轮叶的转轴有与海流平行的（类似于水平轴风力机），也有与海流垂直的（类似于垂直轴风力机），如图 5-8 所示。

5.2.6　氢能

氢气不仅像化石燃料可以作为燃料，而且可以作为能源的载体，在能量的转换、储存、运输和利用过程中发挥独特的作用。

1. 氢能概述

氢位于元素周期表中诸元素的第一位，原子序数为 1，相对原子质量为 1.008，相对分子质量为 2.016。氢气是原子质量最轻的气体，在通常情况下，氢气是无色无味的气体，可以气、液、固三种状态存在。氢气极难溶于水，也很难液化。它的物理特性是：无毒，无刺激性味，无腐蚀性，无辐射性，不致癌；易挥发，易燃易爆，会引起一些金属发生氢脆。

氢（包含所有的同位素）是宇宙空间丰度（丰度，是指一种化学元素在某个自然体中的重量占这个自然体总重量的相对份额）最大的元素，大约占宇宙中普通物质总质量的 75%，占总原子数的 90%。

氢气在空气和氧气中都很容易点燃，因为氢气在空中的最小着火能量为 9×10^{-8}J，在氧气中的最小着火能量为 7×10^{-8}J，所以氢气具有易燃性。氢气和氧气发生剧烈的氧化反应（即燃烧），并释放出大量的热量，其化学反应式为：

$$H_2+O_2 \rightarrow H_2O+40.2\text{kW}\cdot\text{h/kg}\ (H_2)$$

图 5-9 比较了氢和传统燃料的能量性能。氢的明显优势在于氧化过程（燃烧）产生的能量是碳氧化过程的四倍，而且与一般化石燃料不同，燃烧过程不产生氧化碳。

氢作为能源，具有环境友好性；作为能源的载体，可实现能源的可持续发展。氢能作为理想能源有如下特点。

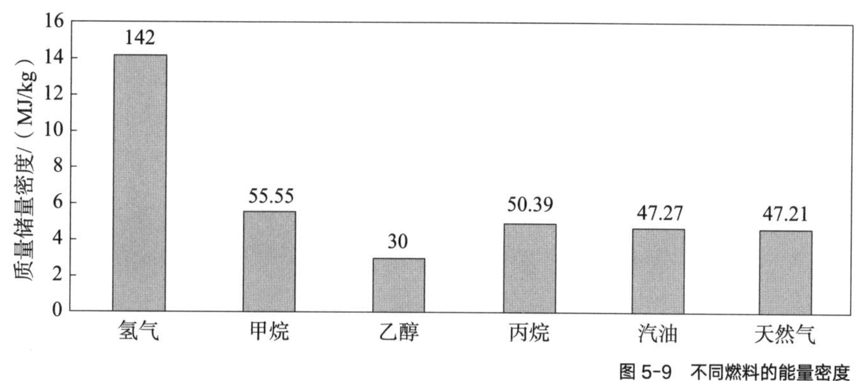

图 5-9　不同燃料的能量密度

（图片来源：改绘自《氢与氢能》）

（1）氢气的能量高，能量密度可调范围大。具有可存储性。与电能和热能相比，氢气可以大规模存储。可再生能源如风能、太阳能都具有不稳定性，可以将再生能源制成氢气存储起来。

（2）氢的来源多样性。地球上的氢主要以混合物的形式存在，如水、甲烷、氨、烃类等。

（3）氢气有较高的安全性。氢气不会产生温室气体，也不具有放射性和毒性。氢气在空气的扩散能力很强，在燃烧或泄漏时就可以很快地垂直上升到空气中并扩散，后续伤害可能性较低。

2. 氢与电的转化

氢气可以通过各种能源来获得，也可以长期储存，在需要的时候可以转变为电能，且可以和电力可逆高效率转化。氢能和电能结合，可以弥补相互的不足，这也是能源发展的一个趋势。各种发电机效率与氢的转换情况，如图 5-10 所示。

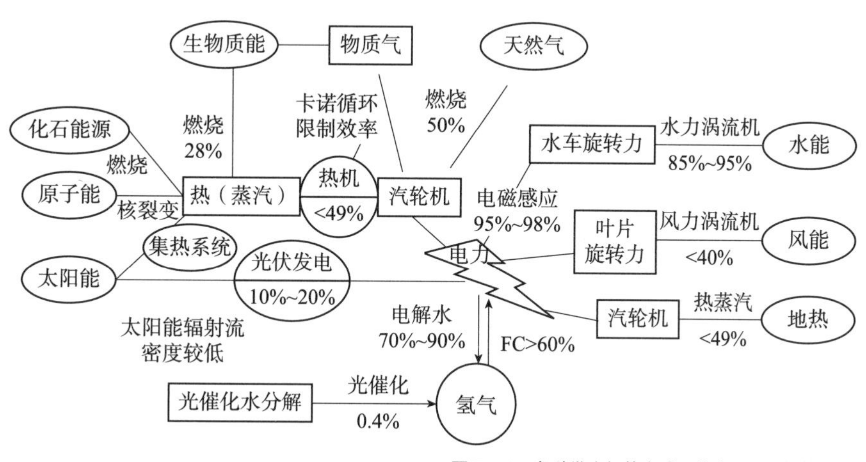

图 5-10　各种发电机的方式、效率以及和氢的转换

（图片来源：改绘自《氢与氢能》）

3. 氢能运输技术

按照运输时氢气所处的状态不同，可以分为气态氢（GH_2）输送、液态氢（LH_2）输送和固态氢（SH_2）输送，目前大规模使用的是气态氢输送和液态氢输送。根据氢气的输送距离、用氢要求和用户的分布情况，气态氢可以用管网输送，也可以用储氢容器装在车、船等运输工具上进行输送。管网输送一般适用于用量大的场合，而车、船运输则适合于用户数量比较分散的场合。液态氢一般利用储氢容器用车、船进行输送。

4. 建筑用氢

目前，氢能作为燃料主要应用于工业生产用能，在建筑和汽车领域初步开始研发和示范。可利用光伏电解水制氢装备，接入局域氢气管网工程，为建筑供应氢气，通过燃料电池热电联供设备为建筑提供电力、供暖和生活热水。2021 年，在我国佛山市南海区丹灶镇建设了氢能进万家智慧能源示范社区——丹青苑。

未来可通过氢气管道将氢能输入到城市建筑用户，接通厨房灶具、热水器和空调机等。在偏远地区，氢能可以作为太阳能和风能等可再生能源的存储载体，成为建筑用能的补充。

大部分的可再生能源在生产时具有不稳定性，建筑在用能时也存在时间和空间的不平衡，这就需要：①能量的时间转换，即能量的储存；②能量的空间转换，即能量的传输。

5.3.1 储能

广义的储能包括基础燃料的存储（煤、石油、天然气等）、二次燃料的存储（煤气、氢、太阳能燃料等）、电力储能和储热等。从狭义上讲，储能是指利用化学或物理的方法将产生的能量存储起来的一系列措施。按照储能的原理分类，储能可分为机械能储能、电化学储能、电气类储能、热储能，以及化学类储能。

机械能储能主要包括抽水蓄能、压缩空气储能、飞轮储能。

电化学储能技术种类繁多，包括铅酸电池、钾离子电池、钠硫电池、液流电池等。

电气类储能主要包含超导储能和超级电容储能。

热储能可分为显热储能、潜热储能、混合储能，以及热化学吸附等。

化学类储能主要指利用氢或者合成天然气作为二次能源载体的储能方式。

储能技术的选择需要在不同的影响因素之间进行综合考虑。

（1）成本与维护：这往往是综合考虑首要的因素，指的是储能系统的建设投资成本，也包括维护在内的储能全寿命周期成本。

（2）储能效率：对于发电成本已经很高的光伏系统来说，储能的效率是重要的因素之一。

（3）荷电保持能力：该因素与储能系统的效率和自放电率有关，它决定了一段时间后电池中还存有多少电量。

（4）适应不同运行工况的能力：如电池的寿命受环境温度和充放电循环方式的影响。

1. 机械能储能

1）抽水储能

抽水储能是以一定的水量作为能量载体，通过势能和电能之间的能量转换向电力系统提供电能的一种特殊形式的水力发电系统。抽水储能电站配备有两个水库，在负荷低谷时段，抽水储能电站工作在电动机状态下，将下游水库里的水抽到上游水库保存。在负荷高峰时，抽水储能电站工作在发电机状态下，上游水库中存储的水经过水轮机流到下游水库，并推动水轮机发电。抽水储能电站建造地点要求水头高、发电库容大、渗漏小、压力输水管道短、距离负荷中心近。抽水储能的特点是存储能量非常大，其存储的能量释放时间为几小时至数天，综合效率为 70%~85%，非常适合电力系统调峰和作为备用电源。

2）压缩空气储能

压缩空气储能系统的工作原理，如图 5-11 所示，其压缩机与涡轮不同时工作。在储能时，压缩空气储能系统消耗电能将空气压缩并存于储气室中；在释放能时，高压空气从储气室释放，进入燃气轮机燃烧室同燃料一起燃烧后，驱动涡轮发电。

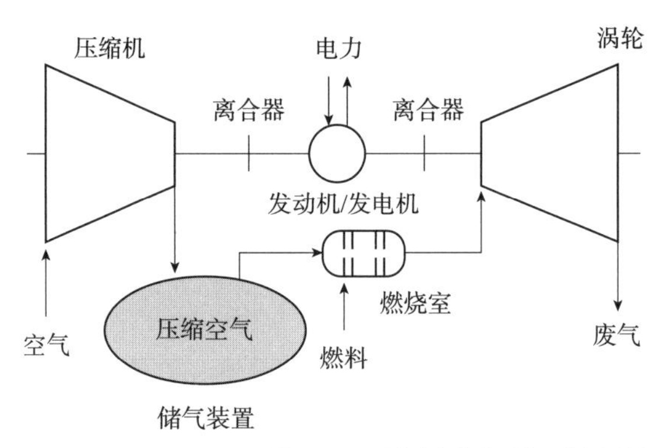

图 5-11　压缩空气储能系统工作原理图

（图片来源：改绘自《能源储运管理》）

与其他储能技术相比，压缩空气储能具有容量大、工作时间长、经济性能好、充放电循环寿命长等优点。

（1）压缩空气储能电站仅次于抽水储能，可以持续工作数小时乃至数天，工作时间长。

（2）大型压缩空气储能系统的单位建造成本和运行成本均比较低，具有很好的经济性；小容量系统可采用多个球罐存储压缩空气。

（3）压缩空气储能系统的寿命长，可以储 / 释能上万次，并且其效率可以达到 70% 左右，接近抽水储能电站。

3）飞轮储能

飞轮储能是利用电机带动飞轮高速运转，将电能转化成机械能存储起来，并在需要时飞轮带动电机发电的一种物理储能技术。飞轮储能的储能量由飞轮转子质量和转速决定，其功率输出由电机和变流器特性决定。理论上，其储能量和输出功率可以独立设计和控制。飞轮储能技术主要分为两类：一类是以接触式机械轴承为代表的低速飞轮，其主要特点是存储功率大，但支撑时间较短，一般用于高功率场合；另一类是以磁悬浮轴承为代表的高速飞轮，其主要特点是结构紧凑、高效，可用于较长时间的功率支撑，突出优势是功率密度高，可达电池储能的 5~10 倍，还具有响应速度快、寿命长等优点。

2. 电化学储能

电化学储能通过电能与化学能之间的相互转换而实现电能存储的。电化学储能技术已经发展并应用了 100 多年，从传统的铅酸电池，到镍镉电池、镍氢电池、锂离子电池等，广泛应用于各类中小功率储能场合。随着材料和工艺的不断进步储能技术也逐步成熟，包括铅酸电池、锂离子电池、钠硫电池、液流电池、铅碳电池、锂碳电池等。

1）铅酸电池

铅酸电池（Lead Acid Battery）是利用铅在不同价态之间的固相反应实现充放电的可充电电池，至今已有 150 多年历史，是最早规模化使用的二次电池。铅酸电池原材料来源价格低廉，性能优良，安全性好，废旧电池回收体系成熟，是目前产量最大，在工业、通信、交通、电力领域应用最广的二次电池。

铅酸电池的缺点是充放电速度慢，一般需要 6~8h，而且能量密度低，过充容易致寿命下降。铅酸电池有其适宜的应用场景，如对场地空间要求不高，有较长的充放电时间，是非常有竞争力的储能技术。此外，定期的均衡充电对于活性物质的充分活化和提高循环寿命非常有必要。

2）锂离子电池

锂离子电池（Lithiumion Battery）以锂离子为活性离子，充电时正极材料中的锂原子失电子变成锂离子，通过电解质向负极迁移，在负极与外部电子结合并嵌插存储于负极，以实现储能，放电时过程可逆。

锂离子电池具有能量密度高、自放电率小、无记忆效应、工作温度范围宽、可快速充放电、寿命长等优点。与铅酸电池相比，锂离子电池的大电流放电能力强，储能效率可达到 90% 以上。但锂离子电池耐过充 / 放能力差，组合及保护电路复杂，成本相对较高。锂离子电池还具有其他一些性能优势，如储能效率高、使用寿命长、不用维护、可靠性高，以及性能的可预见性等。

3）钠硫电池

钠硫电池（Sodium Sulfur Battery）是以金属钠为负极，以硫为正极，以陶瓷管为电解质隔膜的熔融盐池。钠硫电池的比能量可达铅酸电池的 3~4 倍，可以大电流放电，其电流密度一般可达 200~300mA/cm^2，充放电效率高。

钠硫电池比能量高、功率特性好、循环寿命长、无自放电等优势使其成为早期电化学储能的主力军。钠硫电池工作时要求温度为 300~350℃，金属钠熔点为 90℃，硫的熔点为 118.2℃，因此两个电极在电池工作条件下都呈现熔融状态，从而使两个电极与固体电解质有非常良好的接触界面。核心反应元件陶瓷电极一旦损坏，会形成剧烈的燃烧，而且电池在充电状态下工作时需要一定的加热保温，在放电状态下还需要良好的散热设计，存在运行环境要求苛刻、散热要求高等问题。

钠硫电池能量密度较高，比较适用于大功率、大容量的储能应用场合。与其他类型的电池相比，钠硫电池具有高能量和比功率，高循环寿命（最长达 5000 次，平均 1500 次），潜在成本较低等优点。

4）液流电池

液流电池（Redox Flow Battery）是一种大规模化学储能装置。液流电池的能量储存在溶解于液态电解质的电活性物质中，分别装在两个电池外部的储液罐中。电池内部正负极之间由离子交换膜分隔开。电池工作时，正负极的电解液由泵的驱动实现循环和反应，从而实现电能与化学能之间的转化。

液流电池最大的特点就是与铅酸电池、锂离子电池等的结构不同，液流电池的活性物质是独立存放的，其能量大小由外部储罐中存储的活性物质所决定，因此电池的功率和能量单独设计。因为不受电池内部空间的限制，所以其能量能够达到远超于常规二次电池的容量。

液流电池与其他大容量电池相比，有以下特点。

（1）液流电池输出功率和容量相互独立，系统设计灵活，选址自由度大，占地小，适于太阳能、风能等固定储能领域。

（2）过载能力和深放电能力强，循环寿命长，充放电性能好，可深度放电，减少自放电损失，电池容量更容易保持。

（3）液流电池需要泵来维持电池运行，因而电池系统维护要求较高，低载荷时的效率较低。

3. 电气储能

1）超级电容器

超级电容器（Super Capacitor Energy Storage，SCES），超级电容储能是根据电化学双电层理论研制而成的，又可称为超大容量电容器、双电层电容器等。

超级电容采用有着高比表面积的碳材料作为电极，电荷是以静电方式存储在电极和电解质之间的双电层界面上的，碳材料可以得到巨大的表面积，加上电荷之间距离非常小，所以超级电容实现了电容量由微法级向法拉级的飞跃。超级电容具有高至数千法拉的电容量，瞬间放电电流可达数千安培，具有响应迅速和适用范围宽等特点，是改善电能质量的储能技术。

超级电容具有如下特点。

（1）容量扩容范围大。超级电容通常采用活性炭粉与活性炭纤维作为可极化电极，这样它与电解液的接触面积能够大大增加，使得普通电容的容量跃升 3~4 个数量级。

（2）充放电时间短、响应速度快。超级电容可以在数十秒到数分钟内快速充电，响应速度也比较快，可实现高比功率和高比能量输出，可以提供很高的放电电流。

（3）贮存寿命长，充放电寿命长，充放电循环效率高，无旋转部件和运动部件，维护工作极少，可靠性强。

（4）运行温度范围广，环境友好。超级电容的工作范围在 40~85℃，温度范围广。

2）超导储能

超导储能（Super-conducting Magnetic Energy Storage，SMES）的原理是降温到超导材料的临界温度以下，用电阻为零的超导磁体制成的超导线圈置于磁场中，在撤去磁场后，圆环中因电磁感应便有感生电流产生，只要温度保持在临界温度以下，电流便会持续，能量以超导线圈中循环流动的直流电流的方式储存在磁场中，如图 5-12 所示。

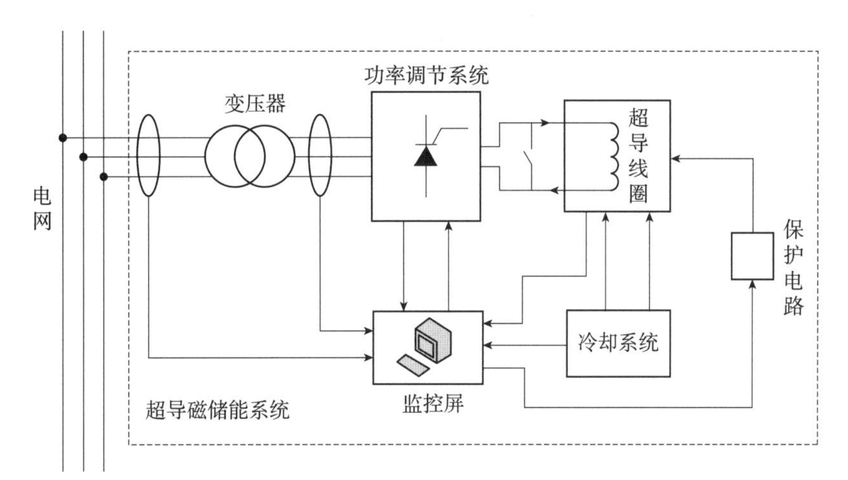

图 5-12　超导储能系统的构成示意图
（图片来源：改绘自《规模化储能技术综论》）

因为超导体的电阻在临界温度下为零，所以被绕制成电感线圈的超导体内部一旦产生电流就不会衰减，理论上超导储能系统可以无损地储存电能。超导储能具有如下特点。

（1）超导储能不经过其他形式的能量转换，可以长期无损耗地储存能量，其效率高达 95%。

（2）超导材料价格昂贵，维持低温制冷运行需要消耗大量能量，超导储能的能量密度较低。

（3）超导储能的功率调节系统采用现代电力电子装置，其响应速度非常快（几毫秒至几十毫秒）。

（4）超导储能除真空和制冷系统外没有传动部分，可靠性较强，其建造不受地点限制，维护简单、污染小。

5.3.2　输配电

人们用能的时间和空间与产能所在时空往往存在一定的距离，在城市和建筑周围可使用的可再生能源的总量往往是有限的，这需要将周围其他地区可再生能源输送到城市和建筑中。输配电是产能与用能之间衔接的纽带，可再生能源转化为电能后，输电传输的损耗小、效益高、灵活方便、易于调控、环境污染少。输电是电能利用优越性的重要体现，也是重要的能源转移形式。

1. 电力传输特点

产能系统大多建设在城市边缘或可再生能源富集区，电能在那里生产出来需通过电力线跨过千山万水，到达城市和乡村，输送给用户后才能被使用。电力过剩会造成电力生产能力的积压浪费，电力短缺则会影响国民经济的发展。电能供电量与用电需求应始终保持平衡，所以用户在每一瞬间需要多少电，就应供多少电。电能的生产、输送和分配是靠电力网实现的。电能的特点是发电、传输、用电都是同时发生。目前大规模地储存电能还有待发展，电能及电能生产的发电、供电、配电必须紧密配合，保证供电量符合用电需求并始终保持平衡。

2. 输电系统

电力系统是发电厂（不含动力部分）、变电所、输配电线路和用电设备连接起来的整体的统称。它包括从发电、变电、输电、配电到用电的全过程电力系统中各种不同电压等级的电力线路和变配电所构成的网络称为电力网，一般简称电网。依据功能、等级不同将电网分为输电网和配电网，将众多电源连接起来，以及将不同电网连接起来的称为主干网，将电力分配到用户并提供配电服务的支网称为配电网，如图 5-13 所示。

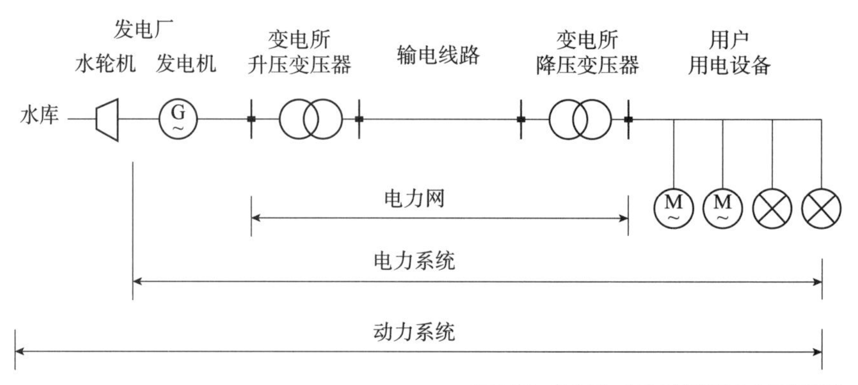

图 5-13　电力网、电力系统和动力系统的区别
（图片来源：改绘自《能源储运管理》）

输电过程为升压、输电、降压、用电。其实整个输电过程是一个很复杂的过程，包括电能质量的监控和继电保护等一系列内容。下面简单介绍输电线路的形式、输电种类和变电站。

（1）输电线路

输电是用变压器将发电机发出的电能升压后，再经断路器等控制设备接入输电线路来实现。按结构形式，输电线路可分为架空输电线路和地下线路。

架空输电线路由线路杆塔、导线、绝缘子等构成，架设在地面之上。地下线路主要是使用电缆，敷设在地下（或水域下）。架空线路架设及维修比较方便，成本也较低。目前用架空线路输电是最主要的方式。但架空线路容易受到气象和环境（如大风、雷击、污秽等）的影响而引起故障，同时还有占用土地面积、造成电磁干扰等缺点。

地下线路没有上述架空线路的缺点，但造价高，发现故障及检修维护等均不方便。地下线路多用于架空线路架设困难的地区，如城市或特殊跨越地段的输电。

（2）输电种类

按照输送电流的性质，输电分为交流输电和直流输电。目前我们所见的绝大部分电气都为交流电驱动，直流电驱动的电机较少，虽然目前直流输电技术正在蓬勃发展，但是交流电仍然占据着主导地位。

长距离直流输电过程中，存在网损显著增加的情况，并导致用户端电压过低。以一个电灯泡为例，一个电灯泡发出的光与它的功率 P 有关，而 $P=UI=RI^2$。因此灯泡的功率与电流直接相关，电流越大，灯泡就越亮。直流输电线路上任意一点的电流都是相同的，为了保证灯泡的亮度，直流输电的电流（I）必须足够大，而电流的大小同时也与线路损耗（$P_{损}=I^2R$）成正比。

交流输电可避免网损过大的问题。交流电使用变压器，在输电线路上改变自身的电压与电流，而只损失 1% 的功率。由于网损与电流相关，在远距离输送前升高电压，电流随之降低，线路损耗也降低。在远距离传输的末端再降低电压，电流随之升高。

（3）变电站

为了供电力用户使用，在用电终端还需要将输电的高电压再降下来，因此接受、输电和分配电能就成为变电所的任务。变电所将多个电源连接起来，升到所需电压，传输到远方也可以将高压电变为低压后分配到用户。我国电网的变电所分为四级：枢纽变电所→中间变电所→地区变电所→终端变电所。枢纽变电所位于电力系统的枢纽点，它将电力系统的高压、中压部分连接起来，汇集了多个电源和多个回路，变电容量大，电压等级高，一般为 330~500kV。若枢纽变电所发生事故出现停电时，将导致系统解列，出现崩溃的灾难。中间变电所一般位于系统的主要环路中或系统主干线的接口处，汇集了2、3路电源，电压等级多为220~330kV，在系统中起交换功率、高压长距离输送分段和降压供本地用户使用的作用。地区变电所的目标是对本地区用户供电，是一个地区或城市的主要变电所，电压为110~220kV。终端变电所位于电网的末端，接近负荷点高压一侧的电压为110kV或更低，经降压后直接向用户供电。

5.4.1 建筑能源效率和管理

1. 能源效率概述

效率是衡量产出与投入比例的指标，使资源能发挥最大作用，达到充分利用。管理学的效率被定义为一定的投入量所产生的有效成果。可以用以下公式表示：

$$效率=\frac{有效结果}{投入量}$$

1996 年帕特森（Patterson）给出了能源效率的经典定义，即“用较少的能源生产同样数量的服务或合意的产出”。可以这样理解：能源效率是能源开发、加工、转换、利用等各个过程的效率；是减少提供同等能源服务的能源投入。“能源效率”与“节能”基本上是一致的，但“能源效率”更强调通过技术进步实现节能。能源效率通常用能源服务产出量与能源投入量的比值来度量，提高能效即指用更少的能源投入提供同等的服务或产出。

2. 建筑能源效率的内涵

建筑能源效率是指建筑物及其用能系统效率或能源消耗量等性能，简称为建筑能效。其中，与建筑本身相关的能耗包括建筑材料的生产用能和运输用能、建筑的建造施工和维修用能、建筑使用过程中的运行能耗和建筑报废时的拆除及回收能耗。而建筑物用能系统则是指与建筑物同步设计、同步安装的用能设备和设施。

建筑能效可用单位建筑面积能耗指标（如单位建筑面积供暖耗热量、单位建筑面积空调耗冷量等）来度量。建筑能效分析的内容应包括如下内容：

①建筑的位置和朝向及室外气候；

②太阳能利用系统和遮阳装置；

③建筑围护结构的热工特性（包括气密性）；

④自然通风；

⑤机械通风设备效率；

⑥冷热源及空调系统效率；

⑦照明设备效率；

⑧室内设计参数。

还应考虑：

①其他基于可再生能源的供暖或发电方式；

②区域供热和区域制冷。

分析建筑能效时，应对建筑进行必要的分类，如不同类型的单户家庭住宅、公寓类建筑、办公楼、学校、医院、旅馆和餐厅、体育建筑、批发和零售商店等。

5.4.2 能源和碳排放监测方法

能源和碳排放监测是控制温室气体排放的关键环节，也是进行企业和国家层面温室气体减排的基础。碳排放监测是对各种排放活动进行记录、测量和计算，确定不同企业、行业和建筑使用过程产生的温室气体量。我国温室气体排放监测体系建设主要应当包括监测方法、监测频次、监测设备和监测数据质量保证等方面。

1. 监测概述

目前国内在温室气体排放监测方面开展了一些研究性的工作，主要是针对不同部门和行业展开的，对于国家层面的温室气体排放监测方法尚无系统研究。温室气体排放监测方法可以分为直接监测和间接监测两大类。直接监测是采用在线连续监测的方式对生产、运输、废物处理等环节的温室气体排放进行定性、定量分析，适合于温室气体排放量大、温室气体种类比较单一或确定的、技术水平较高的企业和行业，如石油化工、污水处理等行业。通过对已有环保设备如 NO_x 和 SO_x 在线监测系统等的升级改造，实现对 CO_2 等温室气体的监测。部分发达国家通常要求具备条件的企业都应当采用在线监测的方式，以提高监测数据的可靠性。

间接监测是指通过对某一过程消耗的能源量进行测定，估计该过程的温室气体排放量，这是一种近似的监测，一般利用能源消耗量和排放因子就可以确定温室气体的排放量。这种方式可以用于由能源消耗产生温室气体的情形，如运输、电力等，也可以用于对直接监测的数据进行核实、评价。

2. 监测频次

监测频次的确定与监测方法和监测目的有关。按照监测目的可将温室气体排放监测分为常规监测和监督性监测两大类。常规监测是企业和环保主管部门对温室气体排放进行的在线监测，或根据燃料、能源利用情况进行的间接监测。其特点是监测活动的常态化和监测结果的文件化。① 如果采用直接监测，可以小时为单位，监控每小时温室气体的排放量。这种监测不仅可以提供温室气体排放总量信息，还能够反映排放量随时间的变化关系。如果采

① 即记录并保存监测数据。

用间接监测，则可以一次燃料使用或能源消耗为监测频率单位，考察某一次生产过程、运输过程等的温室气体排放量。

监督性监测是环保主管部门为保证监测数据的可靠性、监测的公平性，与企业或下级环保主管部门对排放源进行同步监测的过程。上级环保主管部门对下级环保主管部门、环保部门对企业进行监督性监测时，可以每季度开展，也可以不定期抽查。两者结合能更好地提高企业和地方环保主管部门对碳排放监测的重视程度。

3. 监测设备

对于燃煤和其他固体燃料燃烧的单元过程，发达国家通常采用连续监测系统，用于温室气体的取样和定性定量分析。考虑到我国的国情，大规模推广在线连续监测系统并不现实，因此在监测设备方面可以允许企业根据其技术水平、发展状况和生产实际，选用适合的监测设备，并在得到环保主管部门认证批准后开始进行监测。当前，研发低成本、易普及的温室气体排放监测设备也是构建碳排放监测体系的重要技术支撑。

4. 监测数据质量

碳排放监测体系中的数据质量控制可以借鉴污染物总量控制监测体系。省级温室气体排放监测的主管部门负责辖区内监测数据的质量控制和管理，主要包括对监测设备进行校准、实验室比对监测，以及监测数据的有效性审核。实验室比对监测应当与监测设备同步现场采用，经权威实验室检测后分析监测设备提供数据的准确性，对监测设备做相应的校准。实验室比对监测可由地方政府环保部门组织进行，也可由省级环保部门负责，监测频次可设定为每季度一次。除进行定期的监督性监测外，温室气体排放监测部门还应对提供的排放数据进行抽查检验，通过随机性检验，实现温室气体排放监测的常态化、正规化，进一步提高监测数据的质量。

5.4.3 能源和碳排放监测系统

针对能源和碳排放管理的需要，通过现场总线把建筑中的电压、功率、温度、湿度、压力流量等能耗数据采集到上位管理系统，将建筑的热水、水蒸气、电力燃料的用量由计算机集中处理，实现动态显示、报表生成和打印等一系列功能。并根据这些数据实现系统的优化控制，最大限度地提高能源的利用率。一般而言，建筑能源管理系统必须具备能耗的监控和计量功能。

1. 系统监测

（1）供暖和空调监测

监测各层主要功能房间温度，控制各楼层、各区域冷冻水量和热水量的合理分配。监测水冷机组压缩机、冷却水泵等设备的运行状态和电量参数，对过流、过压等故障报警，并及时关停压缩机。监测冷却塔水位，冷冻水、冷却水进出口水温，作相应调节控制。远程监测各设备的主要运行数据，直观了解设备运行状态。

（2）照明监测

监测照明系统的运行状态和电量参数，集中控制各照明灯的开关时间，监控管理节假日照明和应急照明。

（3）供水监测

监测储水池液位，自动控制补水泵和阀的开停，自动补水。监测消防水池液位，自动加水，并对超限产生报警。监测电动阀、补水泵的工作状态和工作电流、电压、功率等电量参数，并对这些参数出现异常情况进行报警，如超压、过流、短路等。

（4）配电监测

电源监测与控制。监测高低压电源进出线的电压、电流、功率、功率因数频率的状态，并进行供电量计算。在主要电压供电中断时自动启动应急发电机组，在恢复供电时停止备用电源，并进行倒闸操作，通过对高低压控制柜自动地切换，对系统进行节能控制；通过对交连开关的切换，实现动力设备联动控制。

2. 能耗计量与分析

（1）计量各区域、楼层或功能空间耗水量、耗电量、制冷量和供热量。

（2）计量楼内各系统（空调系统、电梯系统、热水系统等）的耗电量和耗能量（燃气、燃油、蒸汽）。

（3）能耗基础历史数据应具备存储、查询、分析、统计和计算功能，可形成相应的能耗周报、月报和年报等文件，并可生成各种形式的统计报表和曲线图。进行能耗的趋势分析和能耗的比较（例如，与历史数据的比较和与相同建筑的标准比较）。

以上这些监控和计量功能，是建筑能源和碳排放管理系统必须具备的基本功能。尤其是计量功能，它是能源和碳排放管理的基础。建筑能源管理系统的计量功能还应具有分系统计量（又称为分项计量）的能力，否则只记录全楼总能耗，对能源审计工作极为不利。

3. 能效优化

除了以上基本功能之外，一个理想的建筑能源管理还应具有能效优化的功能。这主要指的是同一系统内设备与设备之间的权衡（Tradeoff）和优化（Optimization）、不同系统（例如遮阳、照明和空调）之间的权衡和优化。举例来说，能效优化功能包括以下方面。

（1）最优启停功能：可根据室内设定温度和湿度提前或滞后启停设备，根据建筑结构的蓄热特性和室内室温变化确定最佳启动时间，使建筑在开始新一天使用时，室温恰好达到设定值。

（2）室温回设功能：在房间无人使用情况下自动调整恒温器的设定温度。

（3）利用焓值控制新风的节约装置（Economizer）：当新风状态可被利用时实现“免费制冷”（Free Cooling），同时避免将高湿度空气引入室内。

（4）供暖、热水、送风和冷冻水温度重设：根据室外气温重新设定供暖水温，减少空调系统过量制冷和供热，根据回水温度重新设定制冷水温。

（5）冷水机组和锅炉运行优化：根据冷负荷和热负荷需求变化，用台数控制等方法，使冷水机组始终处于高效运行；用控制锅炉燃烧空气量等方法，使锅炉出力与负荷平衡。

（6）工作循环控制：根据事先确定的时间表，每小时有一定比例的时间段关闭设备，既“计划停机”，以降低负荷、减少能耗。

（7）蓄热空调系统的负荷预测和运行策略的优化控制。

思考题与练习题

1. 查阅资料，估算我国的煤炭、石油、天然气的使用年限。

2. 查阅资料，分析可再生资源是取之不尽、用之不竭的吗？

3. 查阅资料，分析我国可再生能源的分布特点。

4. 讨论分析家乡所在地区有哪些可再生能源，为家乡住宅（居住小区）选用合理的供热、供电和储能系统。

5. 讨论分析学校教学楼和宿舍楼的能源和碳排放监测的实施方案。

参考文献

[1] 姚晔 . 能源转换与管理技术 [M]. 上海：上海交通大学出版社，2018.
[2] 时君友，李翔宇 . 可再生能源概述 [M]. 成都：电子科技大学出版社，2017.
[3] 王淑娟 . 可再生能源及其利用技术 [M]. 北京：清华大学出版社，2012.
[4] 刘艳峰，王登甲 . 太阳能利用与建筑节能 [M]. 北京：机械工业出版社，2015.
[5] 钱伯章 . 风能技术与应用 [M]. 北京：科学出版社，2010.

[6] 李允武．海洋能源开发 [M]. 北京：海洋出版社，2008.
[7] 李海滨，袁振宏，马晓茜．现代生物质能利用技术 [M]. 北京：化学工业出版社，2012.
[8] 张培栋，杨艳丽．中国生物质能开发与二氧化碳减排 [M]. 北京：科学出版社，2016.
[9] 于海明，金中波，张雪峰．生物质能利用技术和装备研究 [M]. 北京：中国农业出版社，2014.
[10] Willian E. Glassley. 地热能 [M]. 2 版．王社教，闫家泓，李峰，译．北京：石油工业出版社，2017.
[11] 蔡义汉．地热直接利用 [M]. 天津：天津大学出版社，2004.
[12] 张军．地热能、余热能与热泵技术 [M]. 北京：化学工业出版社，2014.
[13] 美国制冷空调工程师协会，地源热泵工程技术指南 [M]. 徐伟，等，译．北京：中国建筑工业出版社，2001.
[14] 张军，孟祥睿，马新灵．低品位热能利用技术 [M]. 北京：化学工业出版社，2011.
[15] 李星国，等．氢与氢能 [M]. 北京：机械工业出版社，2012.
[16] 伊夫・布鲁内特，等．储能技术及应用 [M]. 唐西胜，徐鲁宁，周龙，等，译．北京：机械工业出版社，2018.
[17] 肖钢，梁嘉．规模化储能技术综论 [M]. 武汉：武汉大学出版社，2017.
[18] 张世翔．能源储运管理 [M]. 北京：中国电力出版社，2014.
[19] 潘卫国，陶邦彦，俞谷颖．分布式能源技术及应用 [M]. 上海：上海交通大学出版社，2019.
[20] 唐西胜，齐智平，孔力．电力储能技术及应用 [M]. 北京：机械工业出版社，2019.
[21] 中国建筑节能协会．建筑节能技术 [M]. 北京：现代出版社，2010.
[22] 中国科协发展研究中心．中国能源利用效率研究报告 [M]. 北京：中国科学技术出版社，2009.
[23] 中华人民共和国住房和城乡建设部，发布．建筑能效标识技术标准：JGJ/T 288—2012[S]. 北京：中国建筑工业出版社，2012.
[24] 林健．碳市场发展 [M]. 上海，上海交通大学出版社，2013.
[25]《建筑节能应用技术》编写组．建筑节能应用技术 [M]. 上海：同济大学出版社，2011.
[26] 黄维纲．商业建筑空调系统选型及节能技术 [M]. 广州：华南理工大学出版社，2012.

第6章 低碳建筑评估与碳排放计算

> 低碳建筑由谁来评定?
> 如何计算建筑材料的碳排放?
> 碳排放计算软件有哪些?

建筑全生命周期涉及的活动构成复杂，通过建筑碳排放计算及低碳建筑评估可以提高人们对建筑和施工活动对气候变化影响的认识，确定合理的碳减排目标，为决策提供支持，促进建筑业向更可持续和环保的方向发展，并为管理和规范碳排放提供指导，从而制定科学的低碳发展路径。

本章将重点论述低碳建筑评估相关标准，建筑碳排放如何计算及定量分析，并进一步介绍低碳建筑碳排放相关计算工具及软件。通过本章的学习，可初步了解建筑碳排放计算和低碳建筑评估方法的概念、原理及应用，为实现低碳建筑和可持续发展提供有益的知识和工具。本章整体知识框架，如图6-1所示。

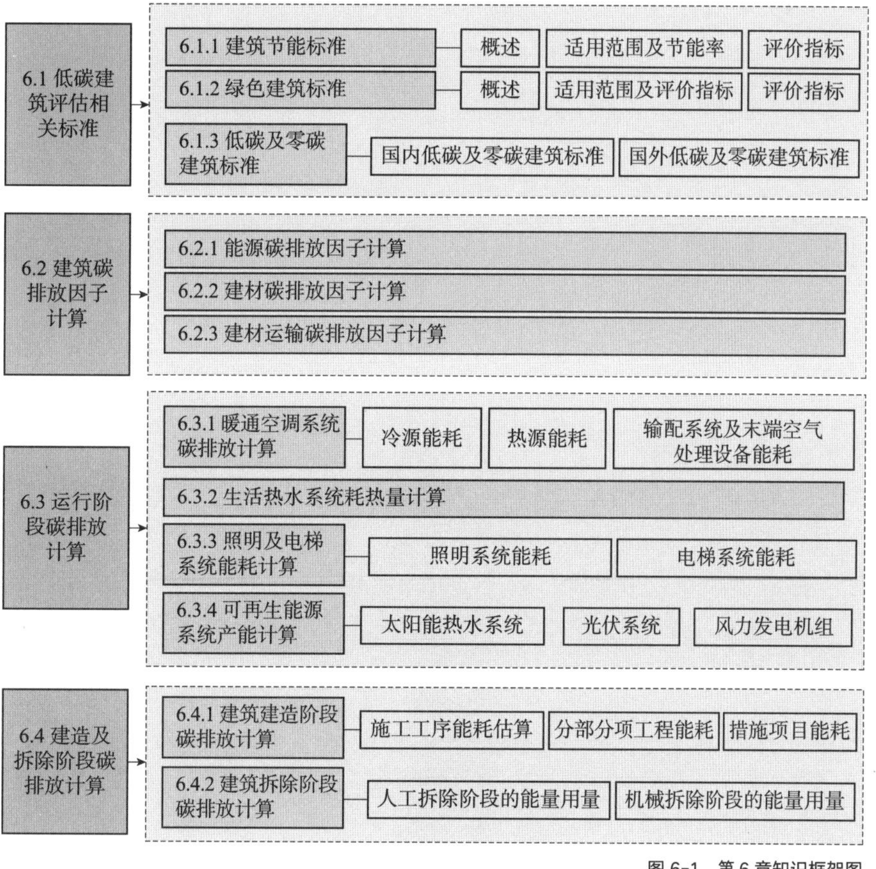

图6-1 第6章知识框架图

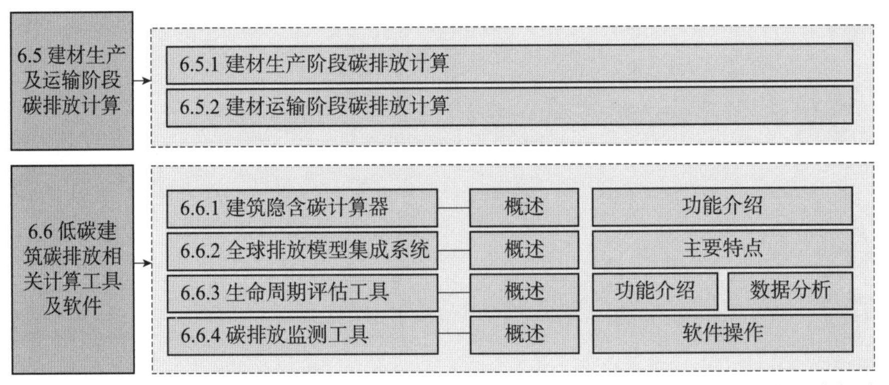

图 6-1　第 6 章知识框架图（续图）

建筑作为城市的主要组成之一，低碳、近零碳、零碳建筑体系的发展是建立低碳城市的重要组成部分。自 20 世纪 80 年代开始，我国建筑领域的节能减排标准由建筑节能标准、绿色建筑标准到低碳建筑标准不断发展。目前我国低碳建筑标准正处于初期建立阶段，但节能建筑标准和绿色建筑标准已经形成了完整的标准体系，这对低碳建筑标准的发展具有重要指导意义。

6.1.1 建筑节能标准

1. 概述

从 20 世纪 80 年代开始，我国的建筑节能标准化工作开始推进，从点到面，由易到难。经过 40 多年的发展，以建筑节能专用标准为核心的独立建筑节能标准体系已初步形成。1986 年，我国颁布了第一部建筑节能标准《民用建筑节能设计标准（采暖居住建筑部分）》JGJ 26—（19）86，随后，我国建筑节能标准从北方供暖地区逐步延伸到夏热冬冷地区、夏热冬暖地区，从居住建筑逐步延伸到公共建筑。建筑节能标准完成了节能率从 30% 到 50% 再到 65% 的跨越，见表 6–1。

中国建筑节能标准 30 年发展概况　　表 6–1

序号	年份	标准名称	状态
1	1986	《民用建筑热工设计规范》JGJ 24—（19）86	废止
2	1986	《民用建筑节能设计标准（采暖居住建筑部分）》JGJ 26—（19）86	废止
3	1990	《旅游旅馆设计暂行标准》	废止
4	1993	《民用建筑热工设计规范》GB 50176—（19）93	废止
5	1993	《建筑气候区划标准》GB 50178—（19）93	现行
6	1993	《旅游旅馆建筑热工与空气调节节能设计标准》GB 50189—（19）93	废止
7	1995	《民用建筑节能设计标准（采暖居住建筑部分）》JGJ 26—（19）95	废止
8	2000	《既有采暖居住建筑节能改造技术规程》JGJ 129—2001	废止
9	2001	《夏热冬冷地区居住建筑节能设计标准》JGJ 134—2001	废止
10	2003	《夏热冬暖地区居住建筑节能设计标准》JGJ 75—2003	废止
11	2005	《公共建筑节能设计标准》GB 50189—2005	废止
12	2007	《建筑节能工程施工质量验收规范》GB 50411—2007	废止
13	2009	《居住建筑节能检测标准》JGJ/T 132—2009	现行
14	2009	《公共建筑节能改造技术规范》JGJ 176—2009	现行
15	2009	《公共建筑节能检测标准》JGJ/T 177—2009	现行
16	2010	《严寒和寒冷地区居住建筑节能设计标准》JGJ 26—2010	废止
17	2010	《夏热冬冷地区居住建筑节能设计标准》JGJ 134—2010	现行
18	2012	《夏热冬暖地区居住建筑节能设计标准》JGJ 75—2012	现行

续表

序号	年份	标准名称	状态
19	2012	《既有居住建筑节能改造技术规程》JGJ/T 129—2012	现行
20	2015	《公共建筑节能设计标准》GB 50189—2015	现行
21	2016	《民用建筑热工设计规范》GB 50176—2016	现行
22	2018	《严寒和寒冷地区居住建筑节能设计标准》JGJ 26—2018	现行
23	2021	《建筑节能与可再生能源利用通用规范》GB 55015—2021	现行

2. 适用范围及节能率

目前，我国现行的建筑节能标准为《建筑节能与可再生能源利用通用规范》GB 55015—2021。该规范适用于新建、扩建和改建的民用建筑及工业建筑。除新建建筑节能设计章节及针对新建建筑的条文外，也适用于既有建筑节能改造。扩建是指保留原有建筑，在其基础上增加另外的功能、形式、规模，使得新建部分成为与原有建筑相关的新建建筑；改建是指对原有建筑的功能或者形式进行改变，而建筑的规模和占地面积均不改变的新建建筑。既有建筑节能改造是在建筑原有功能不变的情况下，对建筑围护结构及用能设备或系统的改善。

该规范不适用于没有设置供暖、空调系统的工业建筑，也不适用于战争、自然灾害等不可抗条件下对建筑节能与可再生能源利用的要求。对使用期限为 2 年以下的临时建筑不作强制要求，可参照执行。该规范只规定了节能性能及相关节能技术措施，与节能措施相关的防火、电气及结构安全方面的要求，应按相应工程建设强制性规范执行。

新建居住建筑和公共建筑平均设计能耗水平应在 2016 年执行的建筑节能设标准的基础上分别降低 30%和 20%。不同气候区平均节能率应符合下列规定。

（1）严寒和寒冷地区居住建筑平均节能率应为 75%。

（2）除严寒和寒冷地区外，其他气候区居住建筑平均节能率应为 65%。

（3）公共建筑平均节能率应为 72%。

3. 评价指标

该规范主要对以下 6 个方面进行了规定。

（1）规定了节能总目标，给出了新建建筑平均设计能耗水平、平均能耗指标及平均建筑碳排放强度。

（2）规定了建筑和围护结构、供暖通风与空调、电气、给水排水及燃气的相关节能要求及措施。

（3）规定了既有建筑节能改造围护结构及设备系统的节能诊断及改造设计要求。

（4）规定了太阳能、地源及空气源热泵等可再生能源建筑应用系统设计要求。

（5）规定了围护结构、建筑设备系统、可再生能源系统的施工、调试及验收相关要求。

（6）规定了运行维护和节能管理的相关要求。

通过标准的提高降低新建建筑的用能强度，同时优化用能结构，实现新建建筑碳排放强度的降低，是建筑领域实现碳达峰、碳中和战略的重要措施。该规范对建筑能耗的降低比例进行了规定，在建筑用能结构上，燃煤和燃气等化石能源的消耗大幅度降低，电力在用能占比逐步提高，且我国电力排放因子从 2001 年的 0.773kgCO_2/kW · h 逐年下降到 2015 年的 0.553kgCO_2/kW · h，进一步推动了我国建筑碳排放强度的下降。

6.1.2 绿色建筑标准

1. 概述

绿色建筑是在全寿命周期内最大限度地节约资源（节能、节地、节水、节材）、保护环境、减少污染，为人们提供健康、适用和高效的使用空间，与自然和谐共生的建筑。绿色建筑的高质量发展是实现碳达峰、碳中和“双碳”目标的重要内容。建筑行业的 CO_2 排放量相对较高，建筑业减碳的进度将几乎决定碳达峰、碳中和目标的如期实现与否。在整个绿色建筑寿命期内，全面提升建筑性能，促进绿色材料、建筑运维，以及施工的全面发展，是建筑领域实现“双碳”目标的必由之路。

自 20 世纪 90 年代绿色建筑概念引入我国，中央及各地方政府相继出台了多项政策文件和标准规范，大力推动绿色建筑发展，绿色建筑的政策体系初步建立。经过多年的发展，多项技术标准、规程相继颁布。主要包括：绿色建筑设计、施工、运行维护标准，绿色工业、办公、医院、商店、饭店建筑评价标准，民用建筑绿色性能计算、既有社区绿色化改造技术规程，以及绿色超高层、保障性住房、数据中心、养老建筑评价标准等，绿色建筑标准体系正在逐步完善。目前绿色建筑评价体系依据主要包括《绿色建筑评价标准》GB/T 50378—2019、《绿色建筑评价标准技术细则 2019》、《既有建筑绿色改造评价标准》GB/T 51141—2015、《绿色建筑后评估技术指南》（办公和商店建筑版）（建办科〔2017〕15 号）及《绿色建筑评价标识管理办法（试行）》（建科〔2007〕206 号）等。

2. 适用范围及评价原则

《绿色建筑评价标准》GB/T 50378—2019 是目前绿色建筑标准体系中的核心

标准。该标准适用于各类民用建筑绿色性能的评价，包括居住建筑和公共建筑。

绿色建筑评价应遵循因地制宜的原则，结合建筑所在地域的气候、环境、资源、经济和文化等特点，对建筑全生命周期内的各项性能进行综合评价。

3. 评价指标

绿色建筑评价指标体系由安全耐久、健康舒适、生活便利、资源节约、环境宜居 5 类指标组成，且每类指标均包括控制项和评分项，评价指标体系还统一设置了加分项。评价分值设定见表 6-2。

绿色建筑评价分值　　表 6-2

项目	控制项基础分值	评价指标评分项满分值					提高与创新加分项满分值
		安全耐久	健康舒适	生活便利	资源节约	环境宜居	
预评估分值	400	100	100	70	200	100	100
评估分值	400	100	100	100	200	100	100

发展绿色建筑在转变我国城乡发展模式、破解资源约束及培育节能环保新兴产业等方面具有十分重要的意义。绿色建筑同样具有低碳的特点，大力发展绿色建筑能够大大减少建筑碳排放量，绿色建筑标准体系为低碳建筑标准的构建提供了坚实的基础。

6.1.3　低碳及零碳建筑标准

1. 国内低碳及零碳建筑标准

前些年，我国相继发布了《“十二五”控制温室气体排放工作方案》（国发〔2011〕41 号）和《“十三五”控制温室气体排放工作方案》（国发〔2016〕61 号），明确要“研究提出低碳城市、园区、社区和商业等试点建设规范和评价标准”“加快建立温室气体排放统计核算体系”。国务院于 2014 年 5 月 15 日明确提出推进建筑节能减碳，深入开展全国低碳绿色建筑的行动方案。① 低碳建筑的有效推行必将是中国社会低碳经济发展的重中之重。

2012 年 5 月 1 日，由重庆大学和重庆勘察设计协会编制的国内首个《低碳建筑评价标准》DBJ50/T—139—2012 正式实施。该评价标准从建筑全生命周期碳排放量对建筑性能进行评价，从规划、设计、施工、运营、拆除与回

① 国务院办公厅 . 国务院办公厅关于印发 2014—2015 年节能减排低碳发展行动方案的通知：国办发〔2014〕23 号 [EB/OL]. 中国政府网，（2014-05-15）[2014-05-26].

收利用各阶段进行碳排放量控制。同时，该评价体系针对重庆市的公共建筑和居住建筑分别进行评价，该体系从碳源和碳汇 2 个方面进行综合考虑，由建筑低碳规划、低碳设计、低碳施工、低碳运营、低碳资源化 5 类指标组成。该评价标准仅适用于重庆本地。

2017 年 6 月 29 日，北京市发布了《低碳建筑（运行）评价技术导则》DB11/T 1420—2017，于 2017 年 10 月 1 日实施。该标准适用于已完成竣工验收并投入使用 1 年以上的居住、办公、商业和酒店建筑。该标准规定了低碳建筑运行阶段的基本要求、评价指标体系、评价方法和评价程序。采用定量与定性评价相结合的评价方法，从准则层及指标层对使用建筑的真实碳排放数据进行定量评分，对建筑运行中所采用的减碳措施进行定性评分，评价指标体系如表 6–3 所示。

低碳建筑（运行）评价指标体系　　表 6–3

准则层	指标层	分值
碳排放强度	单位建筑面积碳排放量	70
节能	能耗分项计量	2
	围护结构可开启面积比	2
	冷、热源机组能效等级	2
	照明功率密度值	2
	楼宇设备自控系统	2
	照明节能	2
	电梯节能	2
	余热废热利用	2
	可再生能源技术利用	2
绿化	绿化方式	2
	绿化面积占比	2
管理	能源资源绩效管理	2
	碳排放工作专人管理	2
	能耗、碳排放数据的核算分析	2
	低碳宣传活动	2

此外，在零碳建筑标准方面，天津市环境科学学会于 2021 年发布了团体标准《零碳建筑认定和评价指南》T/CASE 00—2021。该标准规定了零碳建筑认定和评价的术语及定义、基本规定、工作流程、控制指标、碳排放量核算、评价认定、提交技术材料等内容。

零碳建筑的评价过程共分为以下 5 步：确定认定主体和计算边界；评价建筑是否满足控制指标要求；核算建筑运行阶段碳排放量；按照评价和核算结果进行认定；编制零碳建筑认定和评价报告。

该标准中对于零碳建筑的控制指标分为室内环境参数和能效指标两大部分。其中，室内环境参数包括温度、相对湿度、新风量、噪声级、室内空气品质等，能效指标包括供暖年耗热量、制冷年耗热量、建筑气密性等。

2. 国外低碳及零碳建筑标准

自20世纪90年代开始，全球多国相继开发出适用于本国的绿色建筑评价体系，其中影响较大的有英国的BREEAM、德国的DGNB、美国的LEED、日本的CASBEE、澳大利亚Green Star-EB和加拿大的SBTool等体系。

（1）英国BREEAM体系

英国早在20世纪90年代便已探索和制订了世界第一套绿色建筑评估体系——英国BREEAM体系（Building Research Establishment Environmental Assessment Method）。其目标是将可持续性和绿色建筑的理念完全深入到建筑全生命周期之中，使社会、环境、经济三者的共同效益达到最大化，以提高用能效率、提高水的使用效率、提高环境健康指数和舒适度并考虑材料对建筑寿命及项目管理对环境的影响。就材料而言，BREEAM体系是第一个提出考虑建筑全生命周期的碳排放的体系。它包含了社区、非住宅、住宅、运营、基础设施、住宅改造，以及非住宅改造7种类型的评价体系。

BREEAM体系是欧洲权威度最高并具备全球影响力的建筑评价体系，该体系旨在追求建筑品质、安全性、内部舒适性，以及能耗、碳排放等方面的平衡发展，减少建筑对地区和全球环境的负面影响。建筑全生命周期的碳排放首次被纳入BREEAM体系中，其鼓励建筑使用对环境影响度低的建材，并从全生命周期的角度考虑建材的使用。建筑的碳排放数据被纳入多处评价指标中，其中建材的碳排放被按照产品环境声明中的13种类型指标权重汇总为生态分作为建筑的一个评价数据。BREEAM体系还通过建立建筑模型和建筑主要部件的内隐碳排放数据量化建筑的内隐环境排放。BREEAM体系作为国际上最早进行建筑碳排放计算并研发绿色评价标准体系的机构，其计算理论和方法的科学性已经获得国际社会的广泛认可。

（2）德国DGNB体系

进入21世纪以来，德国也在建筑碳排放的计算及评价方面作了大量的研究与实践。德国可持续建筑委员会研究并提出了建筑碳排放度量指标，从建筑材料生产、建造、使用、拆除及重新利用等方面分别对碳排放量进行计算和汇总，形成了一套较为系统且可操作的计算方法。主要表现在建筑的材料生产与建造、建筑运营期间、建筑维护与更新，以及拆除和重新利用这四大方面。

建筑材料生产与建造的碳排放量是根据DIN276体系，计算所有应用在建筑上不同组别的建筑材料及建筑设备的体积，考虑材料施工损耗及材料运输等因素，计算出其生产过程中排放的CO_2当量。

建筑运营期间的碳排放主要来源为建筑供暖、制冷、通风、照明等，其计算要根据建筑在使用过程中的能耗，区分石油、煤、电、天然气及可再生能源等不同能源种类，计算其一次性能源消耗量并换算相应的 CO_2 排放量。建筑维护与更新碳排放量指的是在建筑全生命周期内，为保证建筑处于满足全部功能需求的状态，为此进行必要的更新和维护、设备更换等。根据建筑使用周期内所有更换材料设备的种类体积，计算出建筑在全生命周期内维护与更新过程中的碳排放量。该体系将建筑在拆除和重新利用阶段产生的碳排放也纳入了其中，对该阶段产生的 CO_2 排放量计算采用如下方法，将建筑达到全生命周期终点时的所有建筑材料和设备按可回收利用材料和需要加工处理的建筑垃圾分别计算，最后计算出建筑拆除和重新利用过程中的碳排放量。

（3）澳大利亚 Green Star-EB 体系

由澳大利亚绿色建筑委员会在 2009 年对外正式发布的 Green Star-EB 体系，也将建筑的碳排放纳入到评价体系中，并主要用于评价既有办公建筑运行的环境性能。通过对比既有建筑和新建建筑的环境性能，找到既有办公建筑在运行过程中对环境的负面影响，降低建筑的运行能耗和碳排放。

（4）美国 LEED 体系

在中国最受欢迎的国外绿色建筑评价体系为 LEED（Leadership in Energy and Enviromental Design）体系，在 V4 以上的版本中，添加了与建筑全生命周期评价相关的计算条文，旨在减少建筑全生命周期对环境的负面影响，但是，该标准是否真正适用于我国，该标准的应用对降低我国建筑的碳排放量是否具有切实有效的作用，还有待探究。

（5）日本 CASBEE 体系

2001 年日本政府和科研机构发布了针对建筑物的综合环境评价系统 CASBEE（Comprehensive Assessment System for Built Environment Efficiency）体系，也是将碳排放作为建筑评价指标的绿色建筑评价体系。该体系重点评估建筑物对周围环境产生的负面影响，以建筑环境效率（Building Eco-efficiency, BEE）作为建筑物的评估基准，每个纳入标准的参数均对应相应的权重系数，建筑环境效率根据权重系数累计计算出来。同时针对全球变暖问题，CASBEE 增加了建筑全生命周期 CO_2 排放的计算，包括建设过程、运用阶段，以及修缮、更新和解体过程中的 CO_2 排放。

以上国外评价体系在应对气候变化问题等方面起到了引领发展趋势的作用。但随着社会的发展、时代的变迁，所有评价体系均需要不断完善、发展。虽然英国的 BREEAM、日本的 CASBEE 和德国的 DGNB 等体系为适应时代发展的需要，在评价体系中陆续加入了建筑碳排放性能指标项，旨在评价建筑全生命周期或某阶段的碳足迹，但也未能明确将碳排放计量评价标准及有效措施等纳入体系。

建筑碳排放因子是指建筑行业在建造、使用和拆除建筑物过程中产生的温室气体排放量与建筑相关指标（例如建筑面积、建筑体积或建筑产值）之间的比例关系。这一因子通常用于评估建筑的碳足迹或建筑行业在全球温室气体排放中的作用。

建筑碳排放因子的具体数值受到多种因素的影响，包括建筑材料的选择、能源的使用效率、建筑设计和施工过程的可持续性等。因此，不同类型的建筑和不同国家或地区的建筑行业可能具有不同的碳排放因子。

建筑碳排放因子包括建筑各阶段中所消耗能源的碳排放因子、建材碳排放因子及建材运输碳排放因子三部分。

6.2.1 能源碳排放因子计算

建筑的各个阶段均离不开能源，能源碳排放因子计算是建筑碳排放计算的基础。主要能源类型包括化石燃料（如石油、天然气、煤炭）、核能、可再生能源（如太阳能、风能、水力能、生物质能）。以及其他能源。每种能源类型都具有不同的碳排放因子，各种能源的碳排放因子均可按式（6-1）计算：

$$EF=\frac{C}{E} \tag{6-1}$$

式中 EF——能源的碳排放因子（$kgCO_2/kW \cdot h$）；

C——CO_2 排放量（$kgCO_2$）；

E——能源消耗量（$kW \cdot h$）。

6.2.2 建材碳排放因子计算

建筑碳排放因子的计算大致分为两类：一类是根据建筑材料生产的具体工艺流程进行计算。第二类是根据国家或区域的行业宏观统计数据进行计算。第一类计算方法更加准确，但计算过程复杂，本书重点介绍第二类计算方法。

建材碳排放因子可按式（6-2）计算：

$$F=\frac{C_{SC}}{E_{SC}} \tag{6-2}$$

式中 F——建材的碳排放因子（$kgCO_2/t$）；

C_{SC}——某建材生产过程 CO_2 排放量（$kgCO_2$）；

E_{SC}——生产某建材的质量（t）。

具体建材生产的碳排放因子见本书附录 1。

6.2.3 建材运输碳排放因子计算

建材运输碳排放因子可按式（6-3）计算：

$$T=\frac{C_{ys}}{DM} \tag{6-3}$$

式中 T——建材运输的碳排放因子 [kgCO_2/（km · t）]；

C_{ys}——某建材运输方式 CO_2 排放量（kgCO_2）；

D——运输距离（km）；

M——运输建材的质量（t）。

当以建筑为研究对象计算建筑全生命周期碳排放时，将不再考虑碳排放因子的计算，直接使用已确定的碳排放因子，详见本书附录 1、2。

【例题 6-1】已知采用重型汽油货车（载重 10t）将 5t 建材运输 10km 所排放的 CO_2 量为 7.01kg，试求重型汽油货车（载重 10t）运输的碳排放因子。

【解】已知：C_{ys}=7.01kg、D=10km、M=5t

由式（6-3）得：

$$T=\frac{7.01}{10\times 5}=0.140\,2\text{kg CO}_2/（\text{t}\cdot\text{km}）$$

故重型汽油货车（载重 10t）运输的碳排放因子为 0.140 2kg CO_2/（t · km）。

6.3 运行阶段碳排放计算

建筑运行阶段是建筑全生命周期碳排放中时间最长的一个阶段，也是常规能源系统碳排放比例最大的一个阶段。建筑运行阶段碳排放量包括暖通空调、生活热水、照明及电梯、可再生能源、建筑碳汇系统在建筑运行期间的碳排放量等。建筑碳排放计算中采用的建筑设计寿命应与设计文件一致，当设计文件不能提供时，应按50年计算。建筑物碳排放的计算范围应为建设工程规划许可证范围内能源消耗产生的碳排放量和可再生能源及碳汇系统的减碳量。

通常，在建筑物运行阶段，使用碳排放因子法来计算碳排放量。该方法将建筑在运行期间消耗的各种能源（如电能、燃油、燃煤、燃气等）的终端能耗进行综合计算，然后匹配相应的碳排放因子，从而得出建筑在运行阶段的总碳排放量。如果涉及特殊物质，比如制冷剂，它们释放的碳排放量会根据其全球变暖潜值被转换成 CO_2 当量，然后加入总排放计算中。建筑运行阶段的碳排放计算需求通常可以分为两部分，一部分是在设计阶段进行，目的是设计更加节能减碳的建筑。另一部分是在运维阶段进行，目的是指导建筑的优化运行。

目前，建筑运行碳排放核算主要采用实测法、物料平衡法和碳排放因子法。实测法通过仪器测量建筑内温室气体的流量和浓度，从而得出建筑温室气体的总排放量；物料平衡法则在建筑物运行过程中全面分析投入物和产出物，以计算建筑的碳排放量；碳排放因子法则主要监测建筑在运行过程中消耗的各种能源，如电能、燃油、燃煤、燃气等，然后结合各种能源的碳排放因子，计算出建筑的实际碳排放量。尽管不同的技术水平和能源结构在一定程度上会影响能源的碳排放因子，但由于碳排放因子法相对简单，其仍然是我国建筑运维阶段计算碳排放的主要方法之一。

建筑运行阶段碳排放量应根据各系统不同类型的能源消耗量和不同类型能源的碳排放因子来确定，建筑运行阶段单位建筑面积的总碳排放量（C_M）可按式（6-4）计算：

$$C_M=\frac{[\sum_{i=1}^{n}(E_iEF_i)-C_p]y}{A} \tag{6-4}$$

$$E_i=[\sum_{j=1}^{n}(E_{i,j}-ER_{i,j}) \tag{6-5}$$

式中 C_M——建筑运行阶段单位建筑面积碳排放量（tCO_2/m^2）；

E_i——建筑第 i 类能源年消耗量（单位/a），计算方法见第6.3.1节至第6.3.4节；

EF_i——第 i 类能源的碳排放因子，计算方法见第6.2节；

$E_{i,j}$——j 类系统的第 i 类能源消耗量（单位/a）；

$ER_{i,j}$——j 类系统消耗由可再生能源系统提供的第 i 类能源量（单位/a）；

i——建筑消耗终端能源类型，包括电力、燃气、石油、市政热力等；
j——建筑用能系统类型，包括暖通空调、照明、生活热水系统等；
C_p——建筑绿地碳汇系统减碳量（$kgCO_2/a$）；
y——建筑设计寿命（a）；
A——建筑面积（m^2）。

6.3.1 暖通空调系统碳排放计算

暖通空调系统能耗应包括冷源能耗、热源能耗、输配系统及末端空气处理设备能耗。年供暖（制冷）负荷应包括围护结构的热损失和处理新风的热（冷）需求，处理新风的热（冷）需求应扣除从排风中回收的热量（冷量）。

建筑碳排放计算中建筑室内环境计算参数应与设计参数一致，并应符合国家现行相关标准的要求。建筑累积冷负荷和热负荷应根据建筑物分区的空调系统计算，同一暖通空调系统服务的建筑物分区的冷负荷和热负荷应分别进行求和计算。

暖通空调系统中由于制冷剂使用而产生的温室气体排放，可按式（6-6）计算：

$$C_r = \frac{m_r}{y_e} GWP_r / 1000 \tag{6-6}$$

式中 C_r——建筑使用制冷剂产生的碳排放量（$kgCO_2e/a$）；
r——制冷剂类型；
m_r——设备的制冷剂充注量（kg/ 台）；
y_e——设备使用寿命（a）；
GWP_r——制冷剂 r 的全球变暖潜值。

6.3.2 生活热水系统耗热量计算

生活热水的热量消耗量是根据热水用水定额等因素来确定的。例如，根据国家标准《民用建筑节水设计标准》GB 50555—2010，针对不同房间类型设定了每人每天的热水用水量，将这些值乘以相应房间的用户数量，然后将结果相加，即可获得总的生活热水用量。生活热水的输送效率包括热水系统的输送能耗、管道热损失，以及生活热水的二次循环和储存的热损失，这些效率以百分比的形式表示。生活热水系统的热源年平均效率则根据设备运行的能效来设定，通常为 0.95、0.88 或 0.80 等数值。

建筑物生活热水年耗热量应根据建筑物的实际运行情况，可按式（6-7）计算：

$$Q_{rp}=4.187\frac{mq_rC_r（t_r-t_l）\rho_r}{1000} \quad （6-7）$$

$$Q_r=TQ_{rp} \quad （6-8）$$

式中 Q_r——生活热水年耗热量（kW · h/a）；

Q_{rp}——生活热水小时平均耗热量（kW）；

T——年生活热水使用小时数（h/a）；

m——用水计算单位数（人数或床位数，取其一）；

q_r——热水用水定额（L/ 人），按现行国家标准《民用建筑节水设计标准》GB 50555—2010 确定；

ρ_r——热水密度（kg/L）；

t_r——设计热水温度（℃）；

t_l——设计冷水温度（℃）。

建筑生活热水系统能耗可按式（6-9）计算，且计算采用的生活热水系统的热源效率应与设计文件一致。

$$E_w\frac{\frac{Q_r}{\eta_r}-Q_s}{\eta_w} \quad （6-9）$$

式中 E_w——生活热水系统年能源消耗（kW · h/a）；

Q_s——太阳能系统提供的生活热水热量（kW · h/a）；

η_r——生活热水输配效率，包括热水系统的输配能耗、管道热损失、生活热水二次循环及储存的热损失（%）；

η_w——生活热水系统热源年平均效率（%）。

6.3.3 照明及电梯系统能耗计算

参照《建筑碳排放计算标准》GB/T 51366—2019 附录 B 中建筑物运行特征选取月照明小时数，估算照明功率密度值。电梯的待机时间及运行时间可根据实际运行情况或电梯使用强度确定。

建筑碳排放计算采用的照明功率密度值应同设计文件一致。照明系统能耗计算应计入自然采光、控制方式和使用习惯等因素影响。

照明系统无光电自动控制系统时，其能耗可按式（6-10）计算：

$$E_l=\frac{\sum_{j=1}^{365}\sum_{i}P_{i,j}A_it_{i,j}+24P_pA}{1000} \tag{6-10}$$

式中 E_l——照明系统年能耗（kW · h/a）；

$P_{i,j}$——第 j 日第 i 个房间照明功率密度值（W/m^2）；

A_i——第 i 个房间照明面积（m^2）；

$t_{i,j}$——第 j 日第 i 个房间照明时间（h）；

P_p——应急灯照明功率密度（W/m^2）；

A——建筑面积（m^2）。

电梯系统能耗可按式（6-11）计算，且计算中采用的电梯速度、额定载重量、特定能量消耗等参数应与设计文件或产品铭牌一致。

$$E_e=\frac{3.6Pt_aVW+E_{standby}t_s}{1000} \tag{6-11}$$

式中 E_e——年电梯能耗（kW · h/a）；

P——特定能量消耗（mWh/kgm）；

t_a——电梯年平均运行小时数（h）；

V——电梯速度（m/s）；

W——电梯额定载重量（kg）；

$E_{standby}$——电梯待机时能耗（W）；

t_s——电梯年平均待机小时数（h）。

6.3.4 可再生能源系统产能计算

可再生能源系统包括太阳能生活热水系统、光伏系统、地源热泵系统和风力发电系统。通过可再生能源系统产生的能量不计入建筑的总体耗能量，其相关的碳排放应在建筑运行碳排放计算过程中扣除。

太阳能热水系统提供能量可按式（6-12）计算：

$$Q_{s,a}=\frac{A_cJ_T(1-\eta_L)\eta_{cd}}{3.6} \tag{6-12}$$

式中 $Q_{s,a}$——太阳能热水系统的年供能量（kW · h）；

A_c——太阳能集热器面积（m^2）；

J_T——太阳能集热器采光面上的年平均太阳辐射量（MJ/m^2）；

η_{cd}——基于总面积的集热器平均集热效率（%）；

η_L——管路和储热装置的热损失率（%）。

光伏系统的年发电量可按式（6-13）计算：

$$E_{pv}=IK_E(1-K_S)A_p \tag{6-13}$$

式中 E_{pv}——光伏系统的年发电量（kW·h）；

I——光伏电池表面的年太阳辐射照度（kW·h/m²）；

K_E——光伏电池的转换效率（%）；

K_S——光伏系统的损失效率（%）；

A_p——光伏系统光伏面板净面积（m²）。

风力发电机组年发电量可按式（6-14）计算：

$$E_{wt}=0.5\rho C_R(z)V_0^3A_W\rho\frac{K_{WT}}{1000} \tag{6-14}$$

$$C_R(z)=K_R\ln\left(\frac{z}{z_0}\right) \tag{6-15}$$

$$A_W=\frac{5D^2}{4} \tag{6-16}$$

$$EPF=\frac{APD}{0.5\rho V_0^3} \tag{6-17}$$

$$APD=\frac{\sum_{i=1}^{8760}0.50\rho V_i^3}{8760} \tag{6-18}$$

式中 E_{wt}——风力发电机组的年发电量（kW·h）；

ρ——空气密度，取 1.225kg/m³；

K_{WT}——风力发电机组的转换效率；

$C_R(z)$——依据高度计算的粗糙系数；

K_R——场地因子；

z——计算位置离地面的高度（m）；

z_0——地表粗糙系数；

V_0——年可利用平均风速（m/s）；

A_W——风机叶片迎风面积（m²）；

D——风机叶片直径（m）；

EPF——根据典型气象年数据中逐时风速计算出的因子；

APD——年平均能量密度（W/m²）；

V_i——逐时风速（m/s）。

【例题 6-2】已知某栋设计寿命为 70 年的住宅建筑面积为 120m²，该住宅年均用电量为 6.5×10^4kW·h，天然气年用量为 300GJ，除此之外再无其他能源使用，试求该住宅建筑运行阶段单位建筑面积碳排放量（住宅周边绿地碳汇系统减碳量为 500kg，电力碳排放因子为 1.246kgCO_2/kW · h，天然气碳排放因子为 56.1kgCO_2/GJ）。

【解】已知：$E_{电}$=6.5 × 10^4kWh/a、$EF_{电}$=1.246kgCO_2kWh、$E_{气}$=300GJ/a、$EF_{气}$=56.1kgCO_2/GJ、C_p=500kg、y=70a、A=120m^2

由式（6-4）得：

$$C_M=\frac{(6.5\times10^4\times1.246+300\times56.1-500)\times70}{120}=56\ 770\text{kg CO}_2/\text{m}^2$$

故该住宅建筑运行阶段单位建筑面积碳排放量为 56 770kg CO_2/m^2。

建造阶段的碳排放源自建筑施工活动，包括各种机械设备和人员相关活动产生的碳排放。建造活动主要包括现场施工机械设备消耗能源所导致的直接和间接碳排放，以及建造过程中施工辅助设施的能耗所产生的碳排放。一般来说，施工阶段的临时房屋通常采用夹芯彩钢板活动板房、集装箱房屋，其能耗和材料使用较少，因此在计算建筑建造阶段的碳排放时可以不计入。因此，建筑在建造阶段的碳排放主要由两部分构成：①施工机械设备运行碳排放；②施工临时照明等设备运行产生的碳排放。

拆除阶段的活动与施工阶段相似，是通过机械设备对建筑构件和材料进行拆解和清理的过程。在拆除阶段，施工人员使用机械设备对构件进行拆解、破碎等活动，同时进行废弃物的清理和处理。这些活动中，机械设备的使用以及临时设施的照明、用水等活动都会产生碳排放。此外，运输被拆解后的构件、设备和废弃物，以及废弃物的处置过程也会带来碳排放。相对于建筑全生命周期碳排放而言，拆除活动及废弃物清理所占比例较小，可以将废弃物处理过程中产生的碳排放归入拆除阶段，作为建筑物全生命周期的最后一步。因此，在建筑拆除和废弃物处置阶段，碳排放主要由两部分构成：①建筑拆除过程使用的临时设施和机械设备产生的碳排放；②废弃物处置等过程产生的碳排放。

建筑建造和拆除阶段的碳排放的计算边界应符合下列规定。

（1）建造阶段碳排放计算时间边界应从项目开工起至项目竣工验收止，拆除阶段碳排放计算时间边界应从拆除起至拆除肢解并从楼层运出止。

（2）建筑施工场地区域内的机械设备、小型机具、临时设施等使用过程中消耗的能源产生的碳排放应计入。

（3）现场搅拌的混凝土和砂浆、现场制作的构件和部品，其产生的碳排放应计入。

（4）建造阶段使用的办公用房、生活用房和材料库房等临时设施的施工和拆除可不计入。

6.4.1 建筑建造阶段碳排放计算

建筑建造阶段的碳排放量可按式（6-19）计算：

$$C_{JZ}=\frac{\sum_{i=1}^{n}E_{jz,\ i}EF_i}{A} \tag{6-19}$$

式中 C_{JZ}——建筑建造阶段单位建筑面积的碳排放量（$kgCO_2/m^2$）；

$E_{jz,\ i}$——建筑建造阶段第 i 种能源总用量（kW · h 或 kg）；

EF_i——第 i 类能源的碳排放因子（$kgCO_2$/kW · h 或 $kgCO_2$/kg），详细计算见 6.2.1 节；

A——建筑面积（m^2）。

施工工序能耗估算法的能源用量可按式（6-20）计算：

$$E_{jz}=E_{fx}+E_{cs} \tag{6-20}$$

式中 E_{jz}——建筑建造阶段总能源用量（kW · h 或 kg）；

E_{fx}——分部分项工程总能源用量（kW · h 或 kg）；

E_{cs}——措施项目总能源用量（kW · h 或 kg）。

分部分项工程能源用量可按式（6-21）计算：

$$E_{fx}=\sum_{i=1}^{n}Q_{fx,\ i}f_{fx,\ i} \tag{6-21}$$

$$f_{fx,\ i}=\sum_{j=1}^{m}T_{i,\ j}R_{j}+E_{jj,\ i} \tag{6-22}$$

式中 $Q_{fx,\ i}$——分部分项工程中第 i 个项目的工程量；

$f_{fx,\ i}$——分部分项工程中第 i 个项目的能耗系数（kW · h/ 工程量计量单位）；

$T_{i,\ j}$——第 i 个项目单位工程量第 j 种施工机械台班消耗量（台班）；

R_j——第 i 个项目第 j 种施工机械单位台班的能耗用量（kW·h/ 台班）；

$E_{jj,\ i}$——第 i 个项目中，小型施工机具不列入机械台班消耗量，但其消耗的能源列入材料的部分能源用量（kW · h）；

i——分部分项工程种项目序号；

j——施工机械序号。

措施项目的能耗，包括脚手架、模板及支架、垂直运输、建筑物超高等可计算工程量的能耗可按式（6-23）计算：

$$E_{cs}=\sum_{i=1}^{n}Q_{cs,\ i}f_{cs,\ i} \tag{6-23}$$

$$f_{cs,\ i}=\sum_{j=1}^{m}T_{A-i,\ j}R_{j} \tag{6-24}$$

式中 $Q_{cs,\ i}$——措施项目中第 i 个项目的工程量；

$f_{cs,i}$——措施项目中第 i 个项目的能耗系数（kW·h/ 工程量计量单位）；

$T_{A-i,\ j}$——第 i 个措施项目单位工程量第 j 种施工机械台班消耗量（台班）；

R_j——第 i 个项目第 j 种施工机械单位台班的能源用量（kW·h/ 台班）；

i——措施项目序号；

j——施工机械序号。

6.4.2 建筑拆除阶段碳排放计算

建筑拆除阶段的碳排放应包括人工拆除和使用小型机具机械拆除使用的机械设备消耗的各种能源动力产生的碳排放。建筑拆除阶段的碳排放量可按式（6-25）计算：

$$C_{CC}=\frac{\sum_{i=1}^{n}E_{cc,\ i}EF_i}{A} \tag{6-25}$$

式中 C_{CC}——建筑拆除阶段单位建筑面积的碳排放量（$kgCO_2/m^2$）；

$E_{cc,\ i}$——建筑拆除阶段第 i 种能源总用量（kW · h 或 kg）；

EF_i——第 i 类能源的碳排放因子（$kgCO_2/kW·h$），详细计算见 6.2.1 节；

A——建筑面积（m^2）。

建筑物人工拆除和机械拆除阶段的能量用量可按式（6-26）计算：

$$E_{CC}=\sum_{i=1}^{n}Q_{cc,\ i}f_{cc,\ i} \tag{6-26}$$

$$f_{cc,\ i}=\sum_{j=1}^{m}T_{B-i,\ j}R_j+E_{jj,\ i} \tag{6-27}$$

式中 E_{CC}——建筑拆除阶段能量用量（kW · h 或 kg）；

$Q_{cc,\ i}$——第 i 个拆除项目的工程量；

$f_{cc,\ i}$——第 i 个拆除项目每计量单位的能耗系数（kW · h/ 工程量计量单位或 kg/ 工程量计量单位）；

$T_{B-i,\ j}$——第 i 个拆除项目单位工程量第 j 种施工机械台班消耗量；

R_j——第 i 个项目第 j 种施工机械单位台班的能源用量；

i——拆除工程中项目序号；

j——施工机械序号。

建筑物拆除后的垃圾外运产生的能源用量应按第 6.5.2 节计算。

【例题 6-3】已知某建筑工程建筑面积为 $2\times10^4m^2$，建造阶段总用电量为 $8\times10^4kW·h$、柴油总用量为 7000GJ、汽油总用量为 3000GJ，试求该建筑建造阶段单位建筑面积碳排放量（电力碳排放因子为 $1.246kgCO_2/kW·h$，柴油碳排放因子为 $74.1kgCO_2/GJ$，汽油碳排放因子为 $63.1kgCO_2/GJ$）。

【解】已知：$E_{jz,\ 电}=8\times10^4kW·h$、$EF_{电}=1.246kgCO_2/kW·h$、$E_{jz,\ 柴}=7000GJ$、$EF_{柴}=74.1kgCO_2/GJ$、$E_{jz,\ 汽}=3000GJ$、$EF_{汽}=63.1kgCO_2/GJ$、$A=2\times10^4m^2$

由式（6-19）得：

$$C_{JZ}=\frac{8\times10^4\times1.246+7000\times74.1+3000\times63.1}{2\times10^4}=40.384kg\ CO_2/m^2$$

故该建筑建造阶段单位建筑面积碳排放量为 $40.384kg\ CO_2/m^2$。

建材碳排放包括建材生产阶段及运输阶段的碳排放，并应按现行国家标准《环境管理　生命周期评价　原则与框架》GB/T 24040—2008/ISO 14040：2006、《环境管理　生命周期评价　要求与指南》GB/T 24044—2008/ISO 14044：2006 计算。

建材生产及运输阶段的碳排放应为建材生产阶段碳排放与建材运输阶段碳排放之和，可按式（6-28）计算：

$$C_{JC}=\frac{C_{sc}+C_{ys}}{A} \tag{6-28}$$

式中　C_{JC}——建材生产及运输阶段单位建筑面积的碳排放量（$kgCO_2e/m^2$）；

C_{sc}——建材生产阶段碳排放（$kgCO_2e$）；

C_{ys}——建材运输过程碳排放（$kgCO_2e$）；

A——建筑面积（m^2）。

6.5.1　建材生产阶段碳排放计算

建材生产是建筑行业碳排放的重要来源之一。在建筑材料的生产过程中，涉及能源消耗、原材料开采、加工、运输等环节，这些环节都会产生大量的温室气体排放。因此，对建材生产的碳排放进行计算和评估，对于减少建筑行业的碳足迹和推动可持续发展具有重要意义。通过量化碳排放，并深入了解碳排放组成要素和影响因素，可为建筑业制定相应的减排策略和措施，促进碳减排的目标实现。

建材生产阶段碳排放可按式（6-29）计算：

$$C_{sc}=\sum_{i=1}^{n}M_iF_i \tag{6-29}$$

式中　C_{sc}——建材生产阶段碳排放（$kgCO_2e$）；

M_i——第 i 种建材的消耗量（t）；

F_i——第 i 种建材的碳排放因子（$kgCO_2e$/ 单位建材数量）。

建材生产阶段的碳排放因子（F_i）应包括下列内容。

（1）建筑材料生产涉及原材料的开采、生产过程的碳排放。

（2）建筑材料生产涉及能源的开采、生产过程的碳排放。

（3）建筑材料生产涉及原材料、能源的运输过程的碳排放。

（4）建筑材料生产过程的直接碳排放。

建材生产时，当使用低价值废料作为原料时，可忽略其上游过程的碳过程。当使用其他再生原料时，应按其所替代的初生原料的碳排放的 50% 计算；建筑建造和拆除阶段产生的可再生建筑废料，可按其可替代的初生原料的碳排放的50%计算，并应从建筑碳排放中扣除。

6.5.2 建材运输阶段碳排放计算

建筑材料的运输是建筑行业中不可避免的环节，涉及从材料生产地到施工现场的物流和运输过程。建筑材料的运输方式可以包括公路运输、铁路运输、水路运输和航空运输。具体选择的运输方式通常取决于材料的性质、数量、运输距离及运输成本等因素。建筑材料的运输过程中会产生 CO_2 等温室气体的排放。运输碳排放的数量取决于运输距离、运输工具的燃料类型和效率、货运量和装载率等因素。

建材运输阶段碳排放可按式（6-30）计算：

$$C_{ys}=\sum_{i=1}^{n}M_iD_iT_i \tag{6-30}$$

式中 C_{ys}——建材运输过程碳排放（$kgCO_2e$）；

M_i——第 i 种主要建材的消耗量（t）；

D_i——第 i 种建材平均运输距离（km）；

T_i——第 i 种建材的运输方式下，单位重量运输距离的碳排放因子 [$kgCO_2e$/（t · km）]。

【例题 6-4】已知某建筑工程建材运输情况如下表所示，试求该建筑工程建材运输阶段碳排放量。

建材名称	数量（t）	运输距离（km）	碳排放因子 [$kgCO_2e$/（t · km）]
C40 预拌混凝土	400	40	0.104
型钢	15	500	0.104
钢化玻璃	5	500	0.104
胶粘剂	0.5	500	0.104

【解】由式（6-30）得：

$$C_{ys}=400\times40\times0.104+15\times500\times0.104+5\times500\times0.104+0.5\times500\times0.104=2730kgCO_2e$$

故该建筑工程建材运输阶段碳排放量为 $2730kgCO_2e$。

为了评估建筑的碳排放水平并制定有效的减排措施，使用专业的计算工具和软件是至关重要的。这些计算工具和软件可以帮助建筑设计师、工程师和环境专家进行建筑能源模拟和碳排放分析，从而优化建筑设计、材料选择和系统配置，以实现低碳目标。一些常用的低碳建筑碳排放计算工具和软件包括：建筑隐含碳计算器、全球排放模型集成系统、生命周期评估工具、碳排放监测工具等。这些工具提供了强大的功能，可以模拟建筑能源消耗、评估碳排放并提供改进建议。它们基于先进的建筑能源模拟引擎，可以考虑建筑的整个生命周期，从设计阶段到运营阶段，为建筑项目提供全面的碳排放数据和分析结果。

6.6.1　建筑隐含碳计算器（以下简称 EC3）

1. 概述

EC3 工具是一种免费且易于使用的隐含碳排放计算工具，可以对隐含碳进行基准测试和评估，重点关注建筑材料的前期供应链碳排放。EC3 是由美国的非营利组织建筑透明度（Builing Transparency）开发及运营。建筑透明度的核心使命是提供开放的数据和工具，使整个建筑行业能够采取广泛而迅速的行动，解决隐含碳在气候变化中的作用。

EC3 工具利用了来自 BIM 模型的大量建筑材料，以及具有第三方环境产品声明（EPD）的强大数据库。在这些数据的支持下，EC3 工具可以在建设项目的设计和采购阶段使用，以计算项目的整体隐含碳排放量，从而实现低碳项目的规范。EC3 工具还可用于业主、绿色建筑认证机构及政策制定者评估供应链数据，以制定相应政策，在建筑材料或整个项目上设定隐含碳限制及减排量。

该工具及其对行业的后续影响正在推动对低碳解决方案的落实，并激励建筑材料制造商和供应商加快材料创新，以减少其产品的碳排放。

2. 功能介绍

（1）查找和比较材料

如图 6-2 所示，该功能允许用户在 9 类材料中进行搜索，包括混凝土、钢材、铝材、木材、玻璃、隔热、石膏、地板和顶棚。在每个材料类别中，用户可以按材料特定的性能特征、位置和自定义项目（如制造商名称、产品描述等）进行搜索，该工具将反馈符合用户搜索条件的所有材料 EPD。然后可以按制造商名称、工厂名称、产品描述、碳排量等指标对列表进行过滤和排序。

（2）规划和比较建筑物

如图 6-3 所示，建筑规划器中的规划和比较建筑物功能允许用户创建项

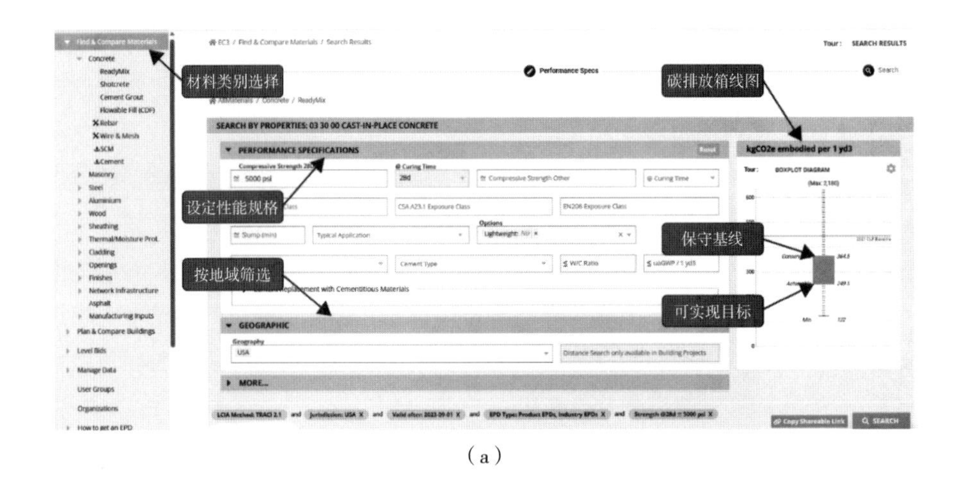

（a）

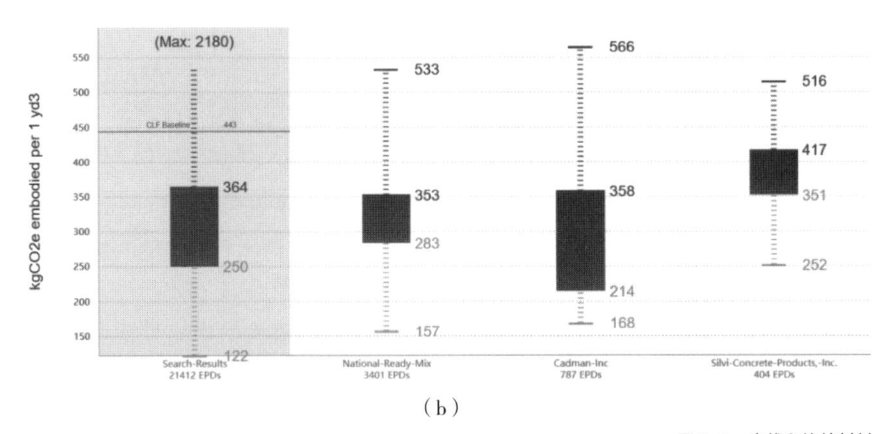

（b）

图 6-2　查找和比较材料

（a）材料性能特征的设定；（b）材料隐含碳的比较

（图片来源：软件截图）

目并输入有关该项目的特定信息（如名称、位置、开发阶段、建筑面积等）。用户可以手动输入项目材料数量，利用构造估算或导入项目 BIM 模型。该工具目前可与相关的 BIM 360 建模软件配合使用，并具有扩展到其他工具（如 Tally）的接口。用户可以设置项目特定的减排目标，并在采购产品后，选择适用的产品，并根据设定的目标记录项目的实际减排量。

以上所有内容都在项目的桑基图中可视化呈现，桑基图是项目隐含碳基线、减排目标和竣工结果的简单图形表示。

（3）数字化环境保护平台及环境保护自动化

在此功能中，EC3 工具为需要记录的材料环境产品声明数据创建了标准格式。数字化环境保护平台同时也显示已公开材料类别报告中记录的算法，让大众都能根据所提供的数据来源监督数字化环境保护平台的公正性，如图 6-4 所示。

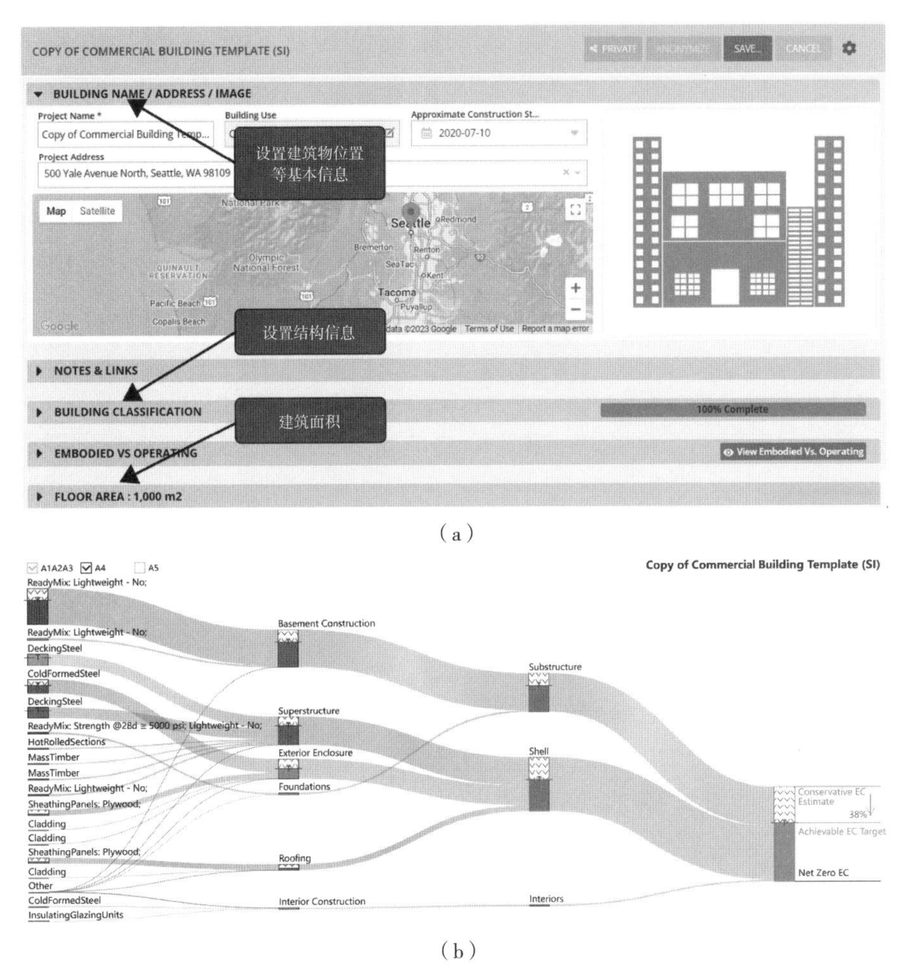

（a）

（b）

图 6-3 规划和比较建筑物
（a）编辑建筑物信息；（b）桑基图
（图片来源：软件截图）

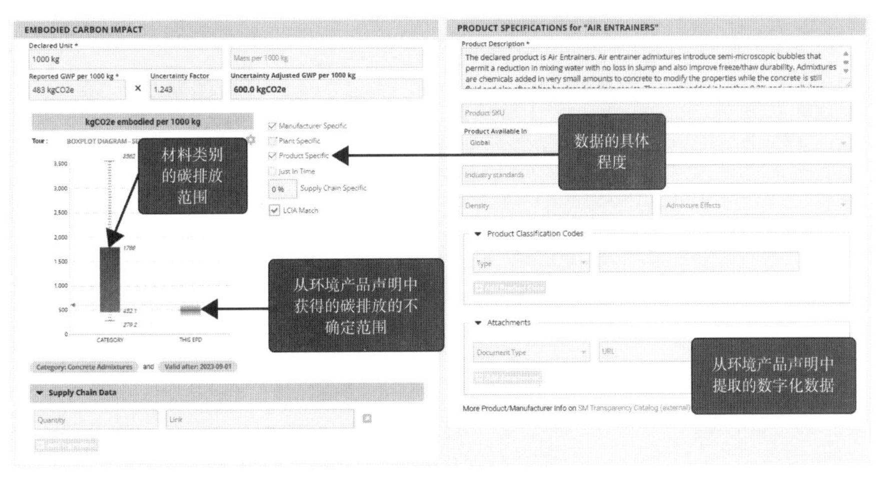

图 6-4 数字化环境保护平台
（图片来源：软件截图）

6.6.2 全球排放模型集成系统（以下简称 GEMIS）

1. 概述

GEMIS 是 1987 年由德国应用生态研究所开发的一款可对各种燃料链进行全生命周期计算的工具。GEMIS 通过计算各种燃料链的排放、资源使用及其成本来实现对燃料链的全生命周期计算。此外，GEMIS 还提供有关燃料链及不同技术的信息。

GEMIS 是一个计算机生命周期分析模型及生命周期评价数据库，以及成本—排放分析系统，可评估能源、材料和运输系统对环境的影响，也可以确定方案选择的经济成本。在应用范围上，GEMIS 可用于分析地方、区域、国家和全球的能源、材料、运输系统，或任何部门或跨部门子系统。

2. 主要特点

（1）GEMIS 是一个数据库系统

GEMIS 提供能源、材料和运输系统全生命周期的环境和成本数据，如图 6-5 所示。环境数据包括气体排放物（SO_2、NOx、颗粒物、CO、HCl、HF、H_2S、NH_3、NMVOC）、温室气体（CO_2、CH_4、N_2O、HFC、PFC、SF_6）、液体排放物（AOX、BOD、COD、N、P）、固体废物（灰烬等）和土地利用。成本数据包括投资、固定年度成本和可变成本，以及气体排放和温室气体的外部性因素，并进一步将数据存储为“元”数据。

（2）GEMIS 是一个分析系统

GEMIS 明确了能源、材料和运输系统的全生命周期影响。GEMIS 除了能够提供全生命周期的总数据外，还可提供中间各过程对计算结果的分别影响。

（3）GEMIS 是一种评估工具

GEMIS 可评估多个目标间的偏差，例如，成本与排放或排放与土地使用之间的偏差。它可以进一步计算 CO_2 和 SO_2 当量，以及总资源使用情况。由于数据库的模块化设计，任何结果都可以通过复制原始数

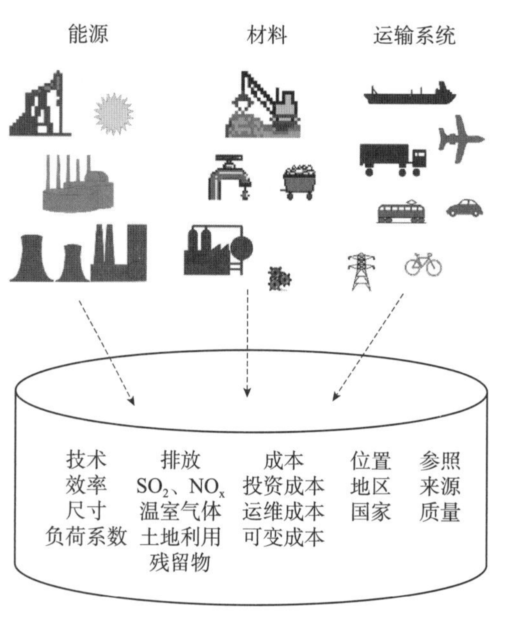

图 6-5 GEMIS 数据库
（图片来源：根据国际可持续性分析与战略研究所资料整理绘制）

据和调整关键参数在几秒钟内快速确定，然后计算出可以立即与原始数据进行比较的新结果。

6.6.3 生命周期评估工具（以下简称 eToolLCD）

1. 概述

eToolLCD 是一个优秀的生命周期评估环境管理平台，适用于建筑和土木工程项目，帮助用户量化、比较和减少项目的隐含碳排放和全生命周期碳排放。eToolLCD 还允许用户计算生成生命周期成本，以帮助用户以最低成本实现项目减排。

2. 功能介绍

（1）预设模板信息

eToolLCD 有基准模型，在概念阶段使用，可以只定义类型和粗略的占地面积。随着设计的推进，eToolLCD 拥有一个独特的模板系统，可以提供建筑组件的行业平均规格和数量，以及运行能耗和运行水平。另外，eToolLCD 拥有大量的建议库，可以帮助设计师提高项目的性能，并通过详细的描述和技术假设，帮助用户更好地应用这些建议，如图 6-6 所示。

（2）生命周期成本计算

生命周期评估和生命周期成本计算集成模块是 eToolLCD 其独特模块结构中较强大的部分之一，包含了所有人员和设备的数据，以及构成建筑元素的材料数据。因为该模块拥有包括整个生命周期的维护和更换成本数据，因此大大降低了生命周期评估转换为生命周期成本。

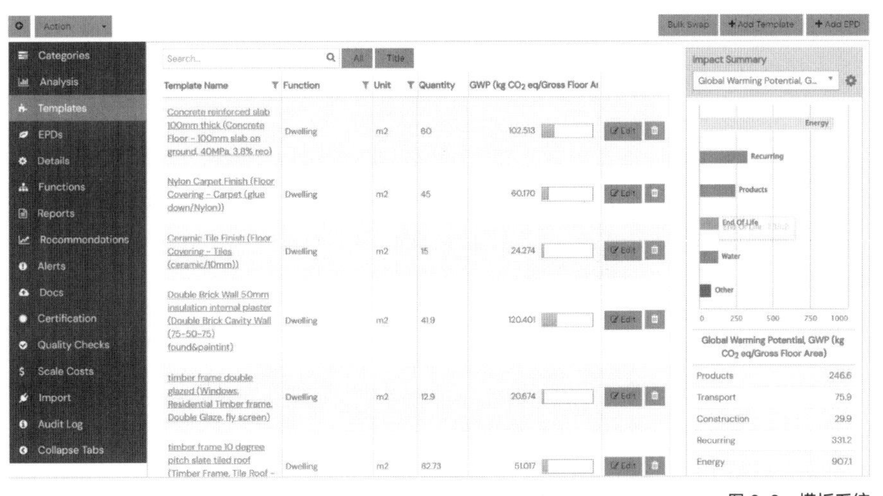

图 6-6　模板系统
（图片来源：软件截图）

（3）结果展示

eToolLCD 的分析功能通过使用数据透视表来总结或过滤来自软件数据库的项目信息。用户能够自定义表格、条形图、饼状图或从预定义设置中选择合适的图示模板，如图 6-7 所示。

3. 数据分析

（1）默认数据分析

默认表可以提供不同模块的细分影响，展现出项目生命周期中影响最大的部分，让使用者进行重点关注。还可以通过选择不同的默认选项对项目进行分析。例如，若从材料的角度来分析，通过单击“材料”框，将生成影响从大到小的材料列表，可以快速识别对设计影响最大的材料，这种方法为分析提供了另一个高级视角，如图 6-8 所示。

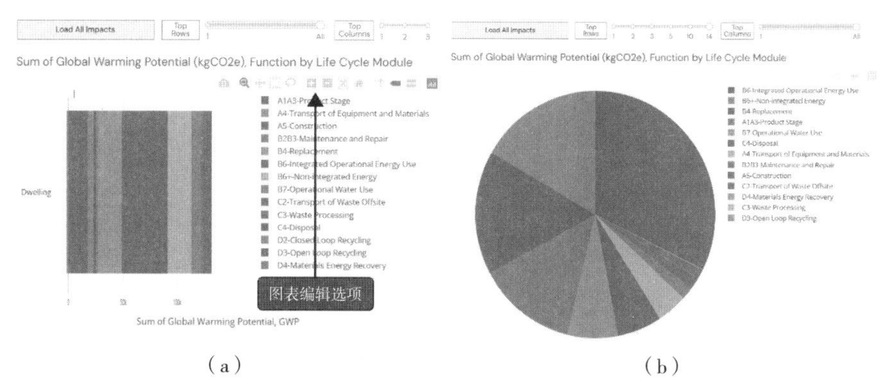

图 6-7　数据透视表
（a）条形图；（b）饼状图
（图片来源：软件截图）

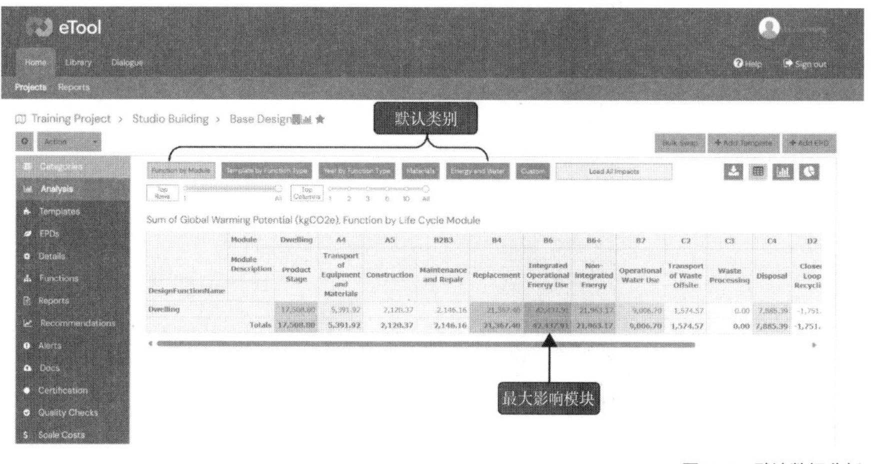

图 6-8　默认数据分析
（图片来源：软件截图）

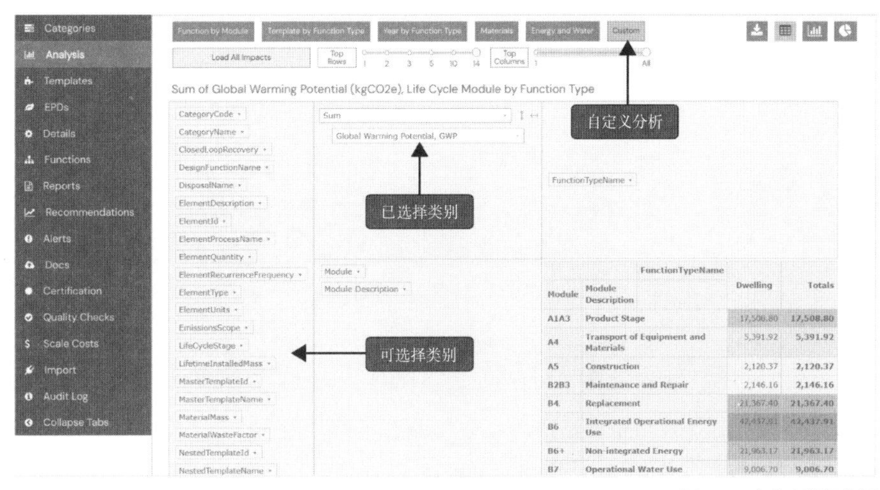

图 6-9　自定义数据分析
（图片来源：软件截图）

（2）自定义数据分析

用户可以灵活地使用各种组合执行自定义数据分析。例如，可以简单地分析每个模块的总影响。此外，还可以显示所选类别并应用过滤器来检查特定材料，缩小分析的范围，这对于比较不同材料的前期碳影响特别有用，如图 6-9 所示。

6.6.4　碳排放监测工具（以下简称 CarbonBuzz）

1. 概述

CarbonBuzz 是一款用于对项目从设计到运行的能源使用及碳排放情况进行基准测试的软件。它的目的是鼓励用户通过完善计算，以考虑使用中的额外能源负荷，进而超越强制性建筑法规的能耗及碳排等要求。该平台允许用户比较设计能耗和实际能耗，帮助用户缩小建筑设计和运行能耗及碳排放的差距。

在项目层面上，CarbonBuzz 可以帮助人们更好地估计实际能效，跟踪整个设计和施工，以及建筑运行的性能。并且这些信息都可以与相关项目的利益相关者共享，以提高协作效率和节能意识。在国家层面上，通过输入数据和能源效率特征，CarbonBuzz 平台为预测和实际建筑能源使用提供了一个现代和全面的数据库。它为未来的标准制定提供信息，以提高行业对节能减排差距的认识。随着建筑法规朝着零碳排放的方向发展，CarbonBuzz 能够帮助人们了解受监管能源之外的能源消耗，并帮助人们指出如何更好地减少实际碳排放。

2. 软件操作

（1）浏览

CarbonBuzz数据库可以免费浏览，用户可以访问匿名项目的设计和运行能耗的简单图表，以及发布案例的详细信息。CarbonBuzz是一个具有基本功能的互动平台，在这个平台上，项目数据可以按行业、基准类别和建筑能效进行分类（图6-10）。

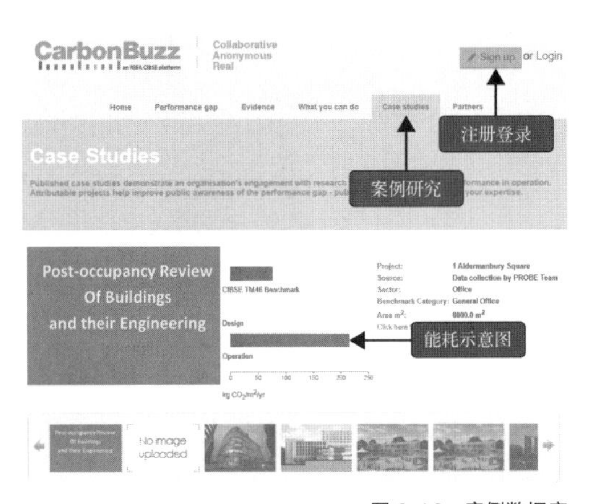

图6-10 案例数据库
（图片来源：软件截图）

（2）项目设置及记录

用户可以随时注册并免费使用CarbonBuzz，登录后，页面中的仪表板选项可以显示用户输入的项目，及其分析、报告、共享和发布的链接，以及他们的公司主页。用户还可以通过输入建筑物或场地的详细信息来添加新项目，或者查看和修改任何现有项目的数据（图6-11）。

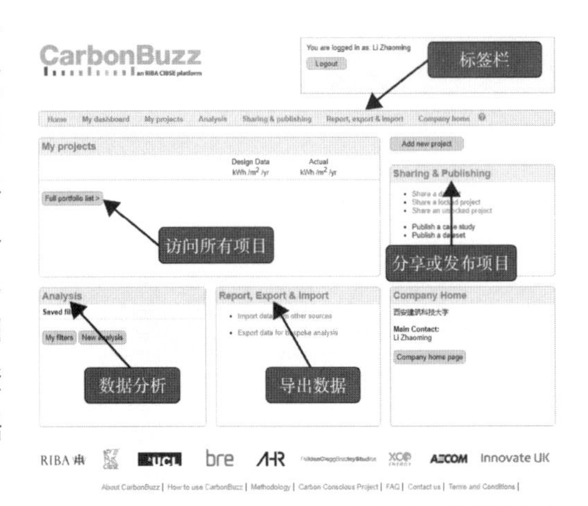

图6-11 项目数据窗口
（图片来源：软件截图）

（3）数据输入

数据输入过程可以是自顶向下的，也可以是自底向上的，这取决于用户的偏好。尽量输入尽可能多的数据，以便更准确、更可靠地进行分析，并对能效进行更准确地基准测试。但是，如果初期没有足够的数据，也可以随时编辑数据和添加进一步的细节（图6-12）。

图6-12 数据输入窗口
（图片来源：软件截图）

（4）分析

CarbonBuzz允许用户通过被称为能量棒的能源和碳排放图表分析和比较在每个项目阶段输入的建筑数据。这个简单易用的界面显示每个项目的数据，并根据燃料类型或最终用途显示每个记录的年度能源使用情况（图 6-13）。

（5）基准测试

所有参与项目所输入的数据将形成一个经审计的数据库，其中包含一系列匿名和公开项目的预测和实际能源使用情况。数据库随后会反馈给使用者的平台，让他们的项目从设计阶段到运作阶段与类似的建筑物进行比较。用户可以选择按行业部门、基准类别等各种过滤器进行分析。通过与类似项目的数据进行比较，用户将能够检查其能源估计的完整性，并区分数据的来源（图 6-14）。

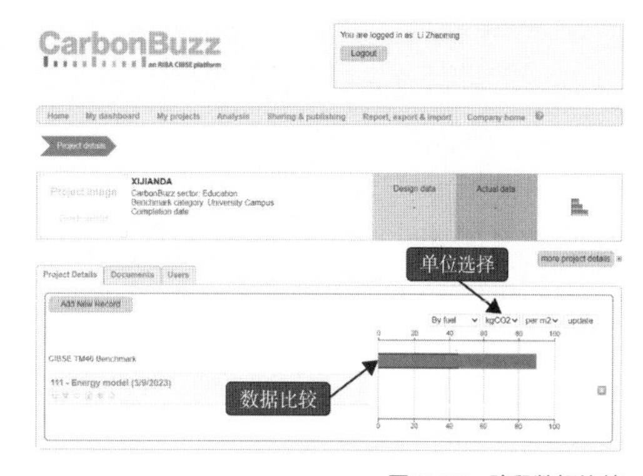

图 6-13　阶段数据比较
（图片来源：软件截图）

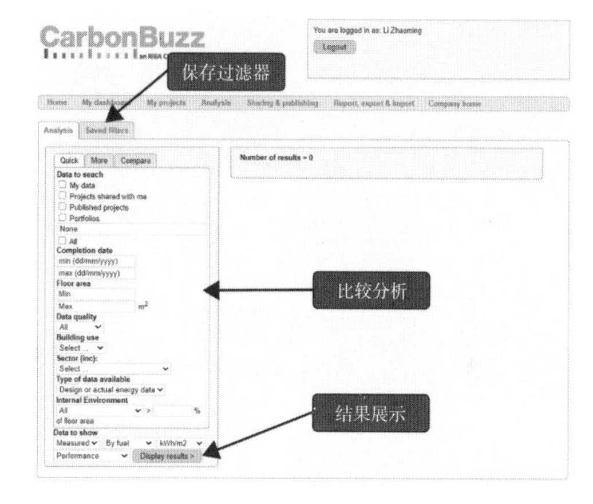

图 6-14　基准分析
（图片来源：软件截图）

（6）报告

报告功能显示关键项目阶段的能源使用和碳排放数据，以帮助用户确定运行阶段能源使用情况。项目的数据可以根据完工日期、能源、CO_2 性能及各种其他假设进行分类。报告的结果利于追踪直接及间接 CO_2 排放。

思考题与练习题

1. 请简述零碳建筑评价过程步骤。

2. 请从工作流程、控制指标、评价认定等方面简述低碳及零碳建筑标准与节能建筑标准的区别。

3. 已知燃烧汽油产生 1000kW · h 能量，会向大气排放 3.6kgCO_2，请计算汽油的碳排放因子。

4. 已知某太阳能热水系统的集热器面积为 6m^2，太阳能集热器采光面上的年平均太阳辐射量为 4.2×10^4MJ/m^2，集热器的平均集热效率为 45%，管路和储热装置的热损失率为 30%，请计算该太阳能热水系统的年供能量。

5. 已知某建筑工程建筑面积为 $6\times10^3m^2$，建造阶段总用电量为 $4\times10^4kW\cdot h$、柴油总用量为 2000GJ、汽油总用量为 1000GJ，请计算该建筑建造阶段单位建筑面积碳排放量（电力碳排放因子为 $1.246kgCO_2/kW\cdot h$，柴油碳排放因子为 $74.1kgCO_2/GJ$，汽油碳排放因子为 $63.1kgCO_2/GJ$）。

6. 已知某建筑工程建材使用情况如下表所示，试求该建筑工程建材生产阶段碳排放量。

建材名称	数量	碳排放因子（$kgCO_2e/t$）
C40 预拌混凝土	$4000m^3$	425 $kgCO_2e/m^3$
型钢	15 000kg	3740 $kgCO_2e/kg$
钢化玻璃	$5m^3$	86.68 $kgCO_2e/m^3$
胶粘剂	0.5t	6550 $kgCO_2e/t$

7. 请简述全球环境多维信息系统的主要功能及适用范围。

参考文献

[1] 中华人民共和国住房和城乡建设部，国家市场监督管理总局，联合发布. 建筑节能与可再生能源利用通用规范：GB 55015—2021[S]. 北京：中国建筑工业出版社，2022.

[2] 中华人民共和国住房和城乡建设部，国家市场监督管理总局，联合发布. 绿色建筑评价标准：GB/T 50378—2019[S]. 北京：中国建筑工业出版社，2019.

[3] 北京市质量技术监督局. 低碳建筑（运行）评价技术导则：DB11/T 1420—2017[S]. 北京：北京市质量技术监督局，2017.

[4] 天津市环境科学学会. 零碳建筑认定和评价指南：T/CASE 00—2021[S]. 天津：天津市环境科学学会，2021.

[5] 中华人民共和国住房和城乡建设部，国家市场监督管理总局，联合发布. 建筑碳排放计算标准：GB/T 51366—2019[S]. 北京：中国建筑工业出版社，2019.

[6] 吴刚，殴晓星，李德智，等. 建筑碳排放计算 [M]. 北京：中国建筑工业出版社，2022.

[7] 叶祖达，王静懿. 中国绿色生态城区规划建设：碳排放评估方法、数据、评价指南 [M]. 北京：中国建筑工业出版社，2015.

[8] 李岳岩，陈静. 建筑全生命周期的碳足迹 [M]. 北京：中国建筑工业出版社，2020.

[9] 李晓娟. 装配式建筑碳排放核算及减排策略研究 [M]. 厦门：厦门大学出版社，2021.

第7章 低碳社区评价及更新

> ➢ 低碳社区具有哪些特点?
> ➢ 如何评价低碳社区?
> ➢ 如何建设低碳社区?

社区是城市的基本单位，建筑是社区建设的主要内容，两者均为人们居住、生活、工作的主要场所，更是城市践行低碳理念的重要空间载体，在实现碳达峰、碳中和的工作上两者均起着同样至关重要的作用。即实现“双碳”目标不仅需要从建筑节能层面入手，也应注重从社区层面入手，把“低碳社区”建设作为一个切入点，从而达成绿色建筑与低碳社区的协同发展。本章整体知识框架，如图7-1所示。

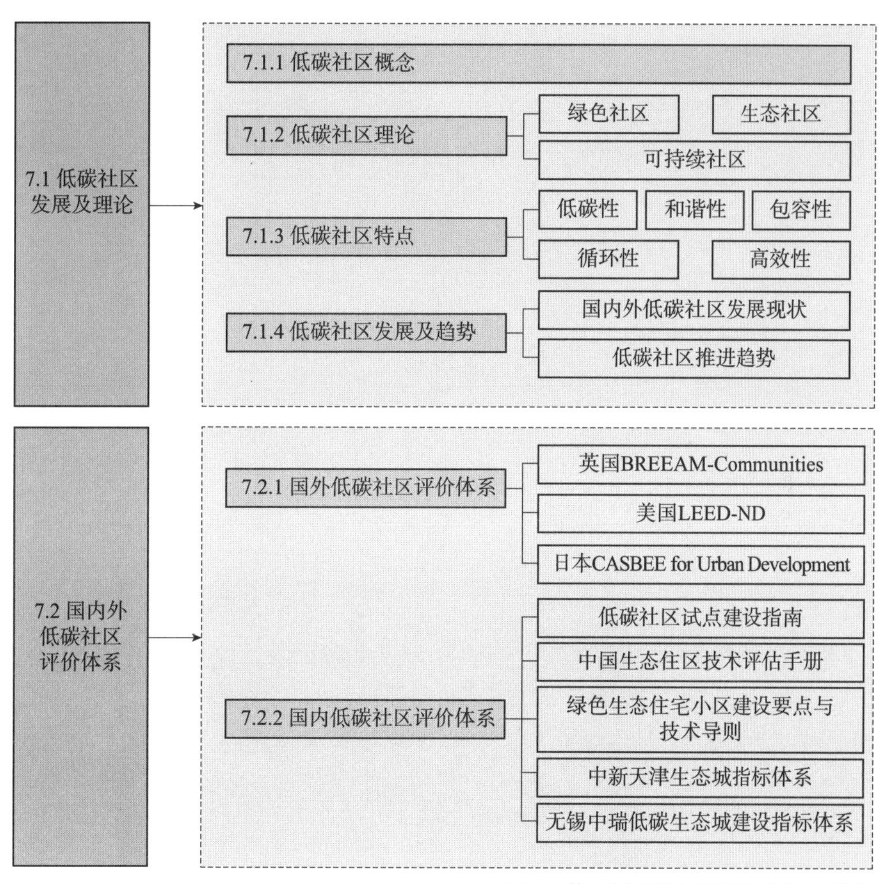

图7-1 第7章低碳社区评价及更新知识框架图

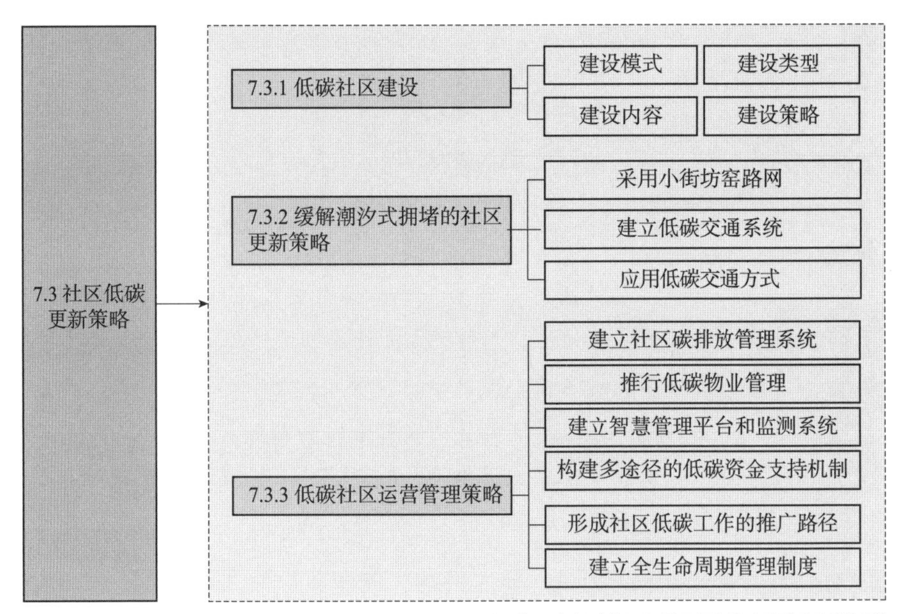

图 7-1　第 7 章低碳社区评价及更新知识框架图（续图）

7.1.1 低碳社区概念

社区作为城市的细胞，是居住活动和 CO_2（二氧化碳）排放的主要场所，对于“双碳”目标的实现至关重要，建设低碳社区成为构建低碳社会不可或缺的内容。学界亦提出了绿色社区、生态社区、低碳社区等多个概念，旨在强调社区居民舒适和健康的同时，能够减少温室气体的排放量，其共同目标是追求社区的可持续发展，为应对气候变化和减少环境影响作出贡献。低碳社区的建设是实现社区可持续发展和减少温室气体排放的重要途径。

低碳社区是一种全新的社区发展模式。其内涵包括：低碳经济、减少碳排放、可持续发展及城市建设。对于“低碳经济”而言，低碳社区建设意味着需要改变居民们的行为模式；对于“减少碳排放”而言，低碳社区是以低碳经济作为基础，以增加绿化、使用节能设备等方式来达到区域碳排放量有效降低的目的；对于“可持续发展”而言，低碳社区的建设是以实现社会可持续发展为核心目标的，两者的关系相辅相成；对于“城市建设”而言，社区和建筑的碳排放较多，需要在城市规划和建设初期就考虑 CO_2 排放的影响及相应控排措施。只有通过综合考虑社区规划和建设的方方面面，才能真正实现低碳社区。

低碳社区系统在结构上包括建筑、技术和文化三个子系统。低碳建筑方面，通过绿色建筑和生态公共设施的建设，达到减少碳排放的目的，从而改善了社区生态环境。而低碳技术系统方面，采用低碳能源（水、光、热、声）废物处理等技术减少了碳排放，提高了资源利用效率。此外，低碳社区的建设还需要低碳社区文化作为支撑。通过制定低碳社区管理制度、倡导低碳居民生活方式，从而推动低碳社区的发展。综合前人观点，低碳社区是指通过使用节能措施降低 CO_2 排放，优化社区生态环境和加强社区可持续性的一种建设模式，旨在降低碳排，减少碳源并促进社区经济、社会和环境的三重可持续。低碳社区涵盖低碳建筑、交通、能源和废弃物管理等多个方面，其建设目标是打造资源节约、环境友好、社会和谐的生态城市和乡村，需要政府、企业和居民的共同参与（图 7-2）。

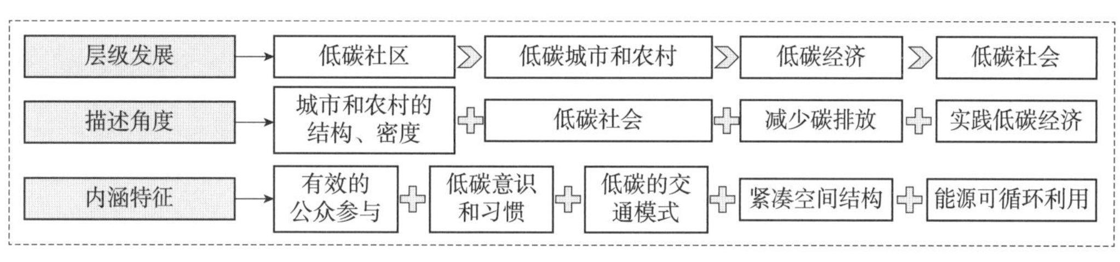

图 7-2 低碳社区内涵

7.1.2 低碳社区理论

1985 年，格鲁夫（Gruff）首次提出绿色社区理论，是可持续发展的重要里程碑。随后，1987 年布伦特兰（Brundtland）所著的《我们共同的未来》进一步完善了可持续发展理论。这两个理论的提出，为学者们提供了一个新的研究领域，也为可持续社区的概念注入了更多的内涵。我国的学者们在 20 世纪 90 年代末引入了可持续社区理念，并开始研究生态社区。

1. 绿色社区

绿色社区的目标是在环境安全友好、社会工作平等的条件下维持能源、水和生产工作的自足。为了实现绿色社区，需要注重环境、经济和社区三方面的发展。首先，应该遵循环境法规，减少污染，以确保社区的环境质量。其次，应该保护自然资源，包括水和土壤，增加植被覆盖率。通过推进循环经济、采用可再生能源和节约资源来实现。同时，绿色社区的经济发展也是至关重要的。应该促进本地可持续产业的发展，以创造更多的就业机会。可以通过支持本地农业、旅游业和发展清洁能源行业来实现。同时社区还应该提供经济适用房，以满足不同经济收入群体的住房需要。此外，公众参与也是绿色社区发展的一个重要部分，居民应该有参与社区决策的权利。绿色社区还应该融入当地文化和价值观，以保护和传承本地的文化。为了提供良好的生活环境，绿色社区还应该提供高效的基础服务，建立公平的教育医疗体系，为居民提供良好的教育和医疗资源。综上所述，通过制定环境法规、减少废弃物污染、保护自然环境、促进当地可持续产业发展、提供经济适用房和商住房、促进公众参与、积极融入当地文化与价值观，打造可持续发展的绿色社区。

2. 生态社区

生态社区是同时考虑自然环境和人文生态营造两项因素的社区。作为一种立足于生态学理论而形成的社区形式，生态社区追求人、自然的协调共生。通过综合性的生态建设和环境保护措施，生态社区的目标是创造出具有良好生产生活环境的社区。它努力保护自然资源，提倡可再生能源的使用，促进社区内的互助和共生关系。通过引入生态设计的理念和技术，生态社区在保护自然环境的同时，为居民提供了一个绿色、健康的居住环境。

而生态社区具有低能耗、循环利用和环境友好的特征和运营机制。其建设可以实现环境保护、满足人民生活需求、促进社区人文生态的发展。

3. 可持续社区

建立可持续社区的主要方式是住房开发。然而，一味关注住房开发却忽视社区的其他基本需求并不合理，可能会导致社区资源的虚耗，需要综合考虑住房开发和其他社区需求，这意味着在规划和设计可持续社区时需要更全面地考虑居民需求。除了提供高质量和可负担的住房外，还需要考虑到教育、医疗、交通、文化和娱乐等方面的需求，以维持社区的健康和繁荣。此外，可持续社区的建立需要综合考虑一系列关键点。首先，构建可持续发展的社区建设模式是基础；社区应制定长期可行的发展战略及措施，以确保资源的可持续利用和保护环境。其次，社区建设应注重创造归属感和凝聚力；通过促进社区参与和社交互动，来加强居民之间的联系。再者，社区应鼓励居民之间的合作和相互关心，同时也要关注与周围环境的互动，以保护生态系统和提高社区的适应能力。最后，社区发展应注重居民物质生活和精神生活的可持续发展，关注居民的精神需求。

总体而言，绿色社区、生态社区、可持续社区和低碳社区都强调人类与自然之间应该和谐发展是重点内容。

7.1.3 低碳社区特点

低碳社区的建设是当前社会逐渐崛起的一种新型社区发展模式。低碳理念作为其核心理念，旨在通过节约资源、适度消费和减少生态影响来实现可持续发展。低碳社区的特点包含以下几个方面。

1. 低碳性

低碳社区的低碳性主要体现在多个方面。首先，体现在多层次规划和土地利用的合理性上（图 7-3）。通过合理规划社区的布局和土地使用，可减少能源浪费和环境污染，达到低碳的效果。其次，低碳社区的能源结构也具有明显的低碳性特征。再者，社区建筑也是低碳社区的重要组成部分，其低碳

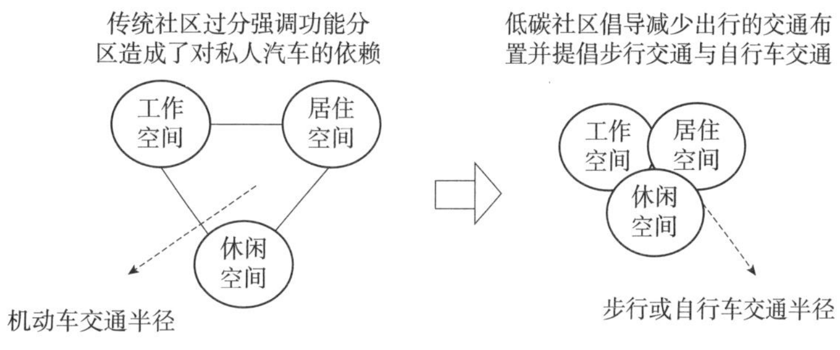

图 7-3　传统社区与低碳社区的规划比较

（图片来源：引自《低碳社区建设初探》）

性体现在选择低碳环保材料和高效率建造方式上，以及利用低碳技术来降低能耗。最后，景观营造也是低碳社区的重要方面之一，它通过充分利用自然环境或现有场地，降低景观营造的成本投入，减少二次污染的产生。

2. 和谐性

低碳社区倡导人与自然和谐共生的理念，倡导尊重自然，遵循因地制宜的原则进行土地开发。人们应该在开发过程中尽量减少对自然的干扰，以保护生态环境的完整性和稳定性。此外，低碳社区也需要彰显自然的特点，充分利用自然的能动性。通过优化自然环境，低碳社区可以创造更健康和宜居的生活环境。因此，低碳社区的发展应以人与自然的和谐共生为出发点，尊重自然、保护生态环境，并充分利用自然资源以实现优化的自然环境。

3. 包容性

低碳社区的包容性主要表现在对人的包容性，以人为本来提供住房并满足不同人的居住需求。在有限的土地资源内，低碳社区致力于解决更多人的居住问题，并在此过程中确保居住者的舒适性需求得到满足。这种综合考虑人的居住需求和环境保护的方法，可以为社区居民提供一个可持续发展的居住环境。通过采用低碳技术和策略，低碳社区不仅能够减少碳排放和能源消耗，还能够提高居住的质量和舒适性。

4. 循环性

低碳社区作为城市宏观生态系统的主要组成部分，关系到多个方面，包括社会、经济和生态多重组和的效益，通过推动低碳生活方式和可持续发展，可以有效提升居民生活品质。此外，城市低碳社区的发展还应该协调区域化发展，并与城市宏观生态系统加强互动关联，从而达到优化城市生态化循环的目标。

5. 高效性

低碳社区的构架是现代人、自然和社会复合生态系统运动形式的高效益流通转换，包括物质流、能量流、信息流和人口流。

7.1.4　低碳社区发展及趋势

1. 国内外低碳社区发展现状

我国低碳社区建设主要是由地方政府或开发商推动，目前仍以实验项目为主。与丹麦的太阳风社区和澳大利亚的哈利法克斯社区相比，中国的低碳社区建设仍然存在较大差距。因此，中国需要进一步加强研究和实践，以推动低碳社区建设的发展，并通过借鉴西方国家的经验，不断改进和优化中国的低碳社区建设模式（表 7-1）。

国内外低碳社区发展状况 **表 7-1**

建设年份	社区名称	社区规模	核心设计理念与建设手法
1979—1980 年	丹麦：太阳风社区	30 户	充分利用太阳能与风能、屋顶安装太阳能电池板、建设公共绿地与菜园等、减少对外部资源的依赖
1993 年	澳大利亚：哈利法克斯生态城	2.4hm^2 350~400 户	整合建筑与场地的生态性、绿色建筑顺应微气候、满足住户要求的同时降低交通量、资源可循环、植被再种植
2000—2002 年	英国：贝丁顿社区	1.65hm^2 100 户	社区使用可循环利用的建筑材料、太阳能装置、节水系统（建有独立完善的污水处理系统和雨水收集系统）和低碳出行模式（建有良好的公共交通网络）
1995—2006 年	德国：弗班社区	38hm^2 5300 人	公共建筑与住宅屋顶配太阳能电池板、垃圾分类与高标准的垃圾处理站、提高能源利用率、提倡无车出行
2007—2010 年	中国：广州亚运城社区	273hm^2 4.48 万人	鼓励以步行和自行车为主的交通方式、推行部分用地混用、推广在社区内就近解决就业
2008—2020 年	中国：唐山曹妃甸国际生态城	7430hm^2 2020 年常住人口 80 万人	以慢行交通线路作为城市骨架、混合土地功能提高利用率、构建多层次城市水系统、绿色环境生态修复、构建可再生能源体系
2008—2020 年	中国：上海崇明东滩生态城	1250hm^2 7700 户	为所有住宅和商业建筑提供可再生能源、施工劳动力和材料本地化、屋顶草坪和绿色植物起到自然隔热的作用，提高水的过滤能力，储存雨水用于屋顶灌溉
2010—2020 年	中国：无锡中瑞低碳生态城	240hm^2	采用世界领先的生态节能环保技术，贯穿生态优先、以人为本等理念，在全国首次将新能源、水资源循环、废弃物处理等生态技术进行整片区域的推广应用
2010—2014 年	中国：长沙太阳星城	51hm^2 4000 户	利用大型多层的集中泊车设施形成一个低能耗的社区交通网络、安装太阳能光伏发电装置、使用低碳建材

2014 年和 2015 年，中国政府发布了《关于开展低碳社区试点工作的通知》（发改气候〔2014〕489 号）和《关于印发低碳社区试点建设指南和通知》（发改办气候〔2015〕362 号），旨在推动低碳社区的发展。然而，目前还缺乏衡量低碳社区发展水平的评价指标，原因在于学者们将目光主要集中在低碳建设领域，并以此为框架来进行低碳社区的研究和分析，针对这一问题，学者们已经开始研究低碳社区评价指标体系，以期为低碳社区的发展提供科学的指导与支持。

2. 低碳社区推进趋势

（1）更加注重智慧，强调技术集成

综合运用节能低碳技术提高设备能效水平和优化能源结构是实现碳减量的重要手段。过去的研究表明，通过采用高效节能的设备和技术，可以显著降低能源消耗和碳排放。因此，新建低碳社区都配置光伏光热、电动汽车、储能设备等，以此实现能源利用的优化和减少碳排放的目标。此外，智能化发展将在未来低碳社区创建中占据重要位置。

（2）更加注重引导，强调观念转变

通过智能电网、智能家居设备等技术的应用，低碳社区将能够更加高效地管理和利用能源，实现碳减量的目标。然而，仅仅依靠技术的发展是不够的，低碳社区规划者将工作重心聚焦到引导居民生活观念的转变上。通过各种宣传活动和制度设计，促使居民在日常生活中采取低碳的行为方式，如垃圾分类、节水节电等。尽管引导低碳理念的效果在短期内难以明确衡量，但从可持续发展来看，这是一种必然趋势，未来低碳社区将更加注重智慧化发展和居民生活观念转变，通过综合运用节能低碳技术，实现可持续发展的目标。

（3）更加注重沟通，强调资源共享

优秀的低碳社区都具备官方网站和社交平台，这表明网络化是实现低碳社区资源整合的重要途径。随着低碳社区的发展，下一个阶段将是网络化。在此过程中，注重沟通和资源共享变得至关重要。通过网络化，低碳社区能够降低信息获取成本，实现跨界资源整合。预计未来的低碳社区将进一步发展成类似低碳社区联盟（Low Carbon Community Network）的交流组织，以加强各社区之间的合作与交流。

7.2.1 国外低碳社区评价体系

国外较早的时候就已经开始了低碳社区评价指标体系的研究。这些评价指标体系侧重于关注个人、社区和政府层面的导向作用。在推动低碳社区发展的过程中，法治建设、体制完善和社区建设被认为是非常关键的因素。以下介绍几种较为成熟且已投入运行的国外低碳社区评价体系：

1. 英国 BREEAM-Communities

英国的 BREEAM 体系是最先获得世界各国广泛承认的绿建评价体系之一（详见本书第 6 章）。2009 年英国进一步推出了 BREEAM-Communities 体系作为社区评价体系，扩展了评价对象的范围，不仅关注到个体的建筑，而且将注意力放在了整体社区的可持续性。

BREEAM-Communities 体系的总体原则和框架设置仍然保持了与 BREEAM 体系的一致性。BREEAM 体系作为一项被广泛应用和认可的绿色建筑评价体系，已经被多个国家以其为基础制定了本国的评价指标，而 BREEAM-Communities 体系的推出则为社区的可持续发展提供了更为全面和系统的认证方法和结构基础。无论是新建项目还是改建项目，各种类型的建筑都可以通过 BREEAM-Communities 体系进行评价，以实现社区环境、社会和经济的平衡发展。

BREEAM-Communities 体系是一种将社区按照建筑数量分为大、中、小三种规模的社区评价体系。该社区评价体系包括两项主要部分，即必须达标项和一般项。其中，一般项是评价社区可持续性的重要组成部分，包含了社会福利与经济评估、管理、土地利用与生态、资源与能源、交通及运输 5 个指标因子（图 7-4）。通过必须达标项和一般项的综合评估，BREEAM-Communities 体系可以全面衡量出社区的可持续性发展水平。整个框架体系显示，英国对能源利用的重视程度最高，因为能源方面的评价指标赋值最高。该社区评价体系的评价结果是以百分制形式表示，依据得分高低可以划分为 6 个等级（图 7-5）。

2. 美国 LEED-ND

LEED-ND 体系框架是用来评价社区可持续发展水平的一种方法。它包括精明选址与社区连通性、社区规划与设计、绿色建筑设施与建筑、创新设计、区域优先 5 个部分。每个部分都被赋予了不同的权重，根据其重要性被划分为必要项和得分项（图 7-6）。LEED-ND 体系的计分系统满分共 114 分，若是被测社区综合得分大于 46 分，即可达到认证级的水平。若所得分数高于 56 分，则可有机会能够获得银牌、金牌乃至白金级别的等级认证。通过

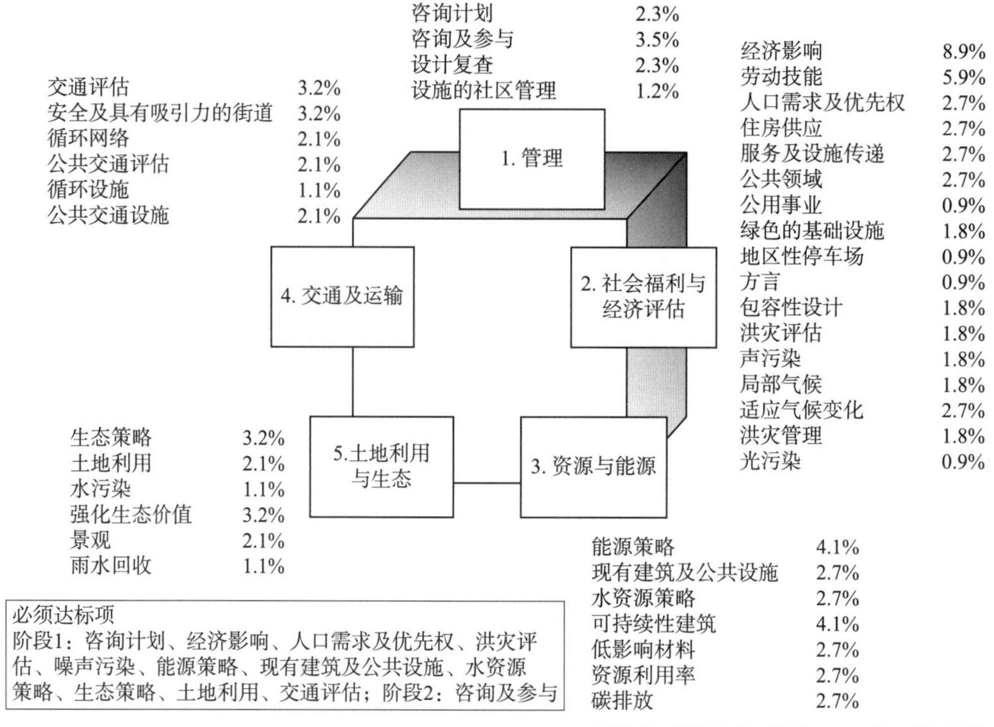

图 7-4 英国 BREEAM-Communities 体系框架

这种评分体系，可以认证社区在节约土地、合理选址与交通连通性、功能布局的规划设计等方面的等级。不同的分数要求对应着不同级别的认证，这为社区的可持续发展提供了一个框架（图 7-7）。

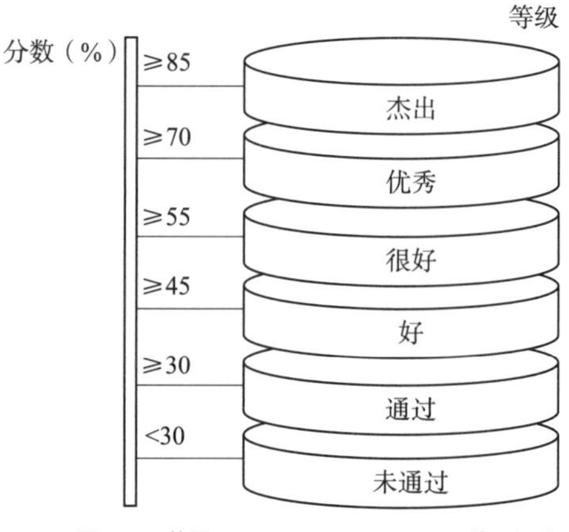

图 7-5 英国 BREEAM-Communities 体系评价结果等级划分

3. 日本 CASBEE for Urban Development

2008 年，日本发行了城市区域建筑发展分册 CASBEE-UD 体系。与其他评价体系不同，CASBEE-UD 体系关注建筑群的周边环境评价。该评价体系提出了生态效率（BEE）的概念，旨在评价建筑群的生态可持续性（图 7-8）。CASBEE-UD 体系的评价指标覆盖面广，考虑了建筑群的多个方面，评价过程相对复杂，需要考虑多个指标的权重和相互关系，以得出综合评价结论。评价结果并不仅是一个单一的分数，还综合考虑了多个因素。

尽管 CASBEE-UD 体系的理念和评价体系设计具有潜力，但评价过程相对复杂、操作步骤烦琐，且需要详细的数据和信息，导致其市场占有率

精明选址与社区连通性 Smart Location and Linkage	1.必要项：精明选址、濒危物种与生物群落、湿地与水体保护、农用地保护、回避洪水区域
	2.得分项：理想选址、褐地再开发、减少机动车依赖、自行车网络与存放、居住与工作联系度、坡地保护、动植物栖息地或湿地与水体保护的场所设计、动植物栖息地或湿地与水体保护的恢复、长期的动植物栖息地或湿地与水体保护管理
社区规划与设计 Neighborhood Pattern and Design	1.必要项：适宜步行的街道、紧凑开发、联系及开放的社区
	2.得分项：适宜步行的街道紧凑开发、混合使用的邻里中心多收入阶层的社区、减少停车范围街道网络、公交换乘设施交通需求管理、公共空间可达性、活动场所可达性、无障碍与通用设计、社区外延与公众参与、本地食物供给、行道树与遮阴的道路、社区学校
绿色基础设施与建筑 Green Infrastructure and Buildings	1.必要项：认证的绿色建筑、最小化建筑能耗、最小化建筑水消耗、建筑活动污染防治
	2.得分项：认证的绿色建筑、建筑节能、建筑节水、景观节水、现有建筑再利用、历史资源的保护与利用、场地设计与建设干扰最小化、暴雨水管理、降低热岛效应、太阳能利用、现场可再生能源供给、区域供热与制冷、基础设施节能、废水管理、基础设施循环利用、固体废弃物管理设施、光污染控制
创新设计 Innovation and Design Process	得分项：创新与优越表现、经过LEED认证的专业人员
区域优先 Regional Priority Credit	得分项：区域优先

图 7-6　美国 LEED-ND 体系框架图

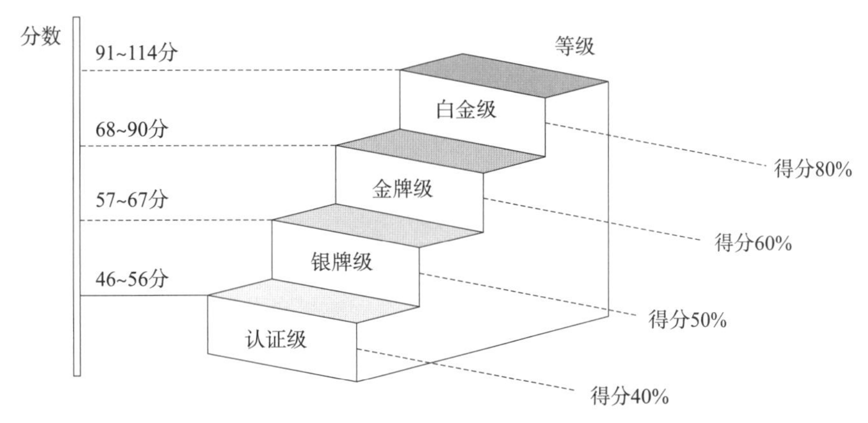

图 7-7　美国 LEED-ND 体系评价结果等级划分

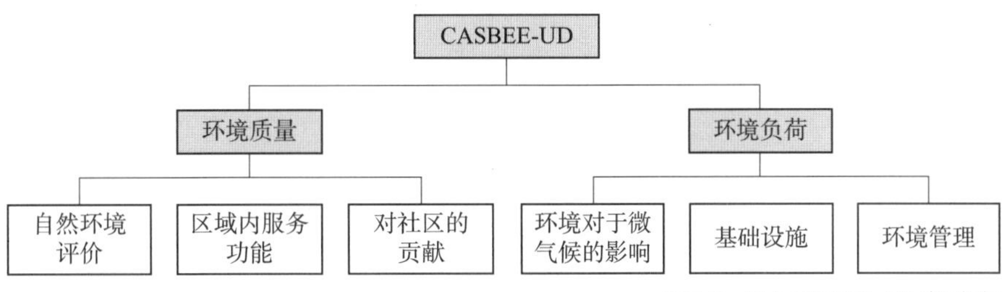

图 7-8　日本 CASBEE-UD 体系框架

指标体系	英国BREEAM - Communities	美国LEED-ND	日本CASBEE for Urban Development
颁布时间	1990年	1998年	2008年
指标因子个数	52	56	54
颁布机构	英国建筑研究所	美国绿色建筑委员会	日本可持续建筑委员会
指标框架体系	包括必达项（噪声污染、能源、水资源等11项）和一般项（社会福利与经济评价等5项）	精明选址与社区连通性、社区规划与设计、绿色建筑设施与建筑创新设计、区域优先5个方面	环境负荷L（交通和建筑部门的碳排放、碳汇）和环境质量Q（社会、经济和环境）2个方面，两者的比值是建筑环境效益

图 7-9　国外低碳社区指标体系现状

较低。国外的低碳社区评价指标体系研究现状具体总结如图 7-9 所示。

上述三个评价体系的指标因子设置主要包括生态环境、社区前期的规划设计、社区选址、社区水环境、能源利用、交通环境 6 个方面。社区选址主要以土地合理利用、住区安全性、良好生态环境和可达性作为实施原则。能源利用需要关注能源节约和可再生能源利用。对社区水环境的要求包括节约用水、污水处理、中水回收利用，以及雨水管理等方面。此外，低碳社区也应降低对机动车的使用频率，加强绿色低碳出行方式推广和交通设施建设。

7.2.2　国内低碳社区评价体系

近几年来，中国政府越发注重低碳社区、绿色建筑的建设。2013 年住房和城乡建设部印发了《“十二五”绿色建筑和绿色生态城区发展规划》（建科〔2013〕53 号），该规划明确强调了推进绿色城区建设和更新改造老旧社区的重要性。此后 2014 年，国家发展改革委发布了《关于开展低碳社区试点工作通知》（发改气候〔2014〕489 号），制定了低碳社区建设的具体目标和任务。虽然我国低碳社区研究起步相对较晚，但随着城镇化进程的不断推进，政府对低碳社区的重视程度逐渐提高。低碳社区已经成为国家重要建设项目之一，政府的关注和支持将会为低碳社区的发展提供强有力的支撑。

1. 低碳社区试点建设指南

2015 年国家发展改革委印发了《低碳社区试点建设指南》（发改办气候〔2015〕362 号），其中提到低碳社区建设原则、目标和措施，提供了一些建设低碳社区的实施方案和经验，并指出低碳社区包括城市新建社区（图 7-10）、城市既有社区（图 7-11）和农村社区（图 7-12）三种类型。通过推广这份指南，低碳社区的建设将得到更加系统和规范的推进，以实现更加可持续和环保的城乡发展。

图 7-10　城市新建社区—低碳社区试点建设指南

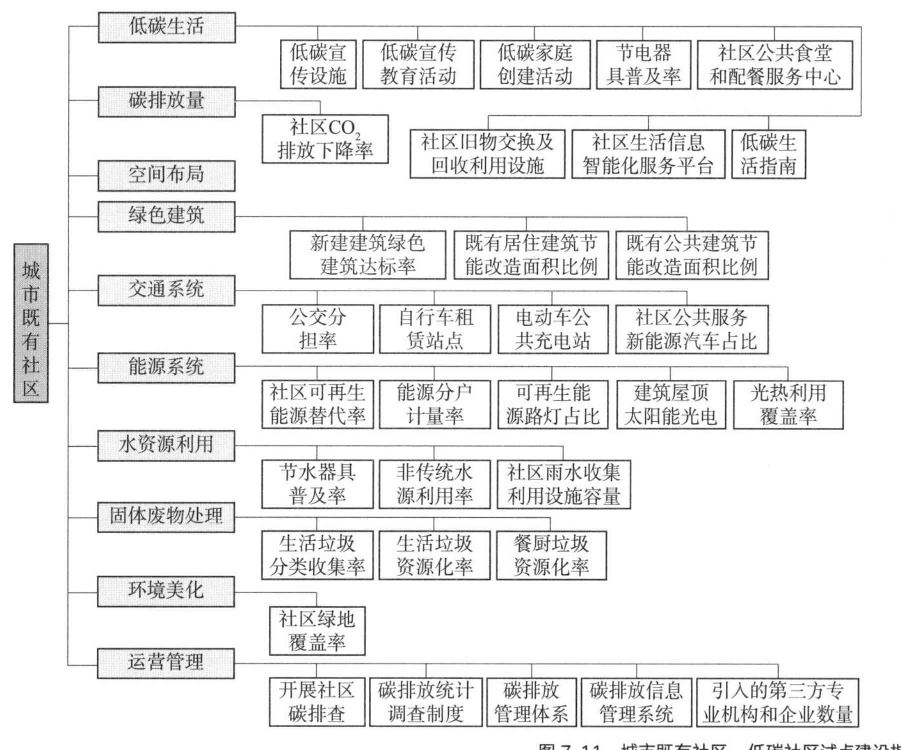

图 7-11　城市既有社区—低碳社区试点建设指南

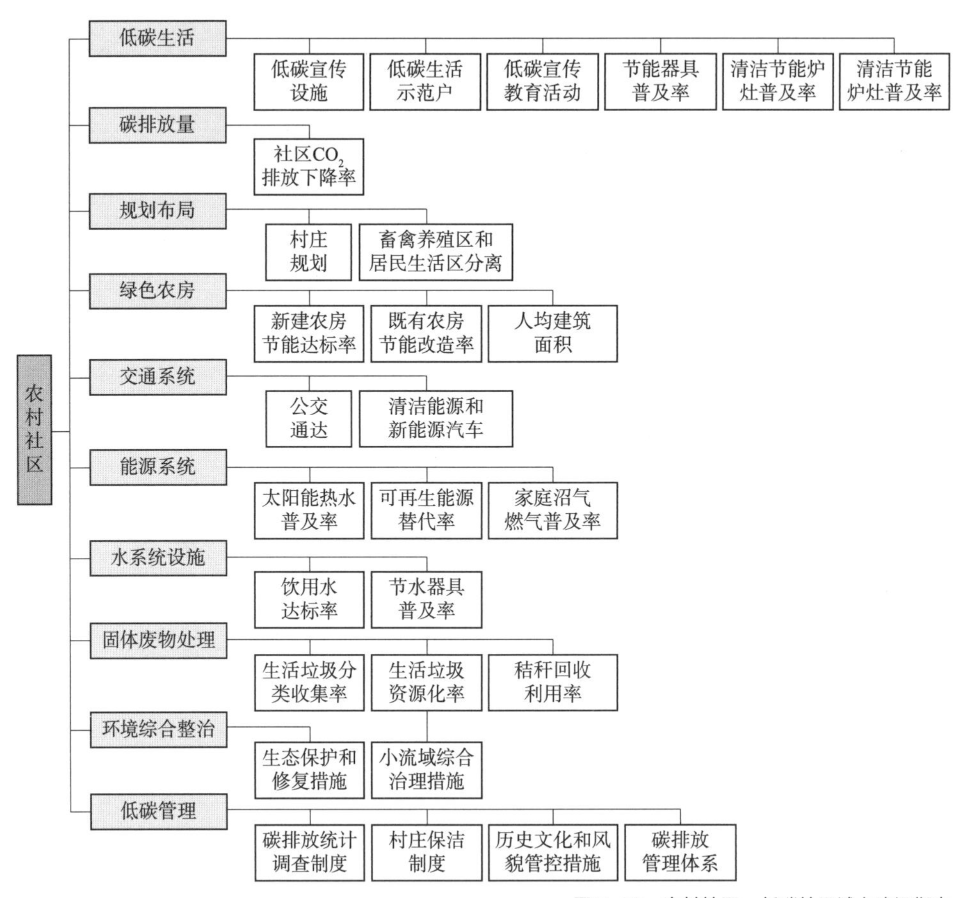

图 7-12　农村社区—低碳社区试点建设指南

2. 中国生态住区技术评估手册

《中国生态住宅技术评估手册》是当前我国应用广泛的低碳住区评价体系之一，自 2001 年颁布以来经历了 4 次再版修订，第四个版次更名为《中国生态住区技术评估手册》(第四版)，第五个版次更名为《中国绿色低碳住区技术评估手册》(版 5/2011)。《中国绿色低碳住区技术评估手册》(版 5/2011) 介绍了低碳住区评估体系、减碳量化评价和评价技术指南，包括 3 篇内容和 3 个附录。该手册认为建筑节能、水环境保护、水资源集约利用是生态住区建设的必要条件（图 7-13）。

3. 绿色生态住宅小区建设要点与技术导则

我国 2001 年 5 月颁布了《绿色生态住宅小区建设要点与技术导则》(图 7-14)，旨在助力我国生态文明建设，该技术导则是依据国家可持续发展战略和“十五”计划纲要的指导精神而提出，遵循了生态小区建设应以人为本、将住宅建设紧密地与环境及人类的生活本身融为一体的原则，目的是营

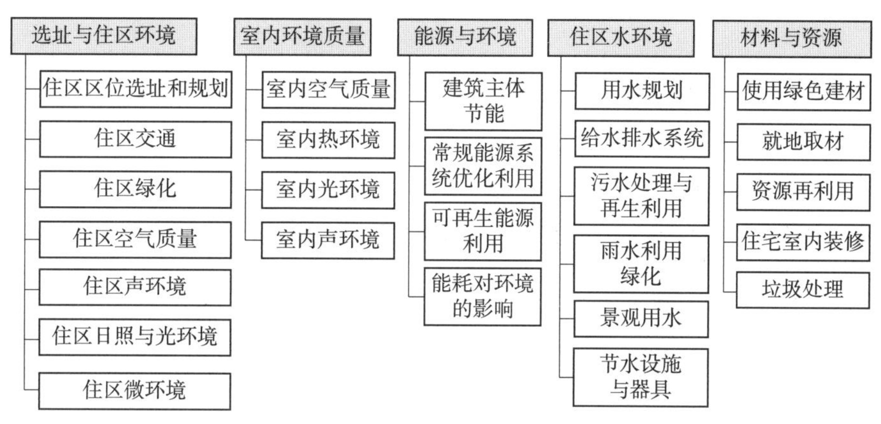

图 7-13 《中国生态住区技术评估手册》（第四版）体系框架

造出和谐的居住和人文环境。该项导则对我国低碳社区的建设有着相当程度上的引导作用，导则所规定的内容更适用在新建社区项目上，可有效引导新建社区在设计、施工、建造过程中提升能源的使用效率，并维持城市生态系统的稳定。

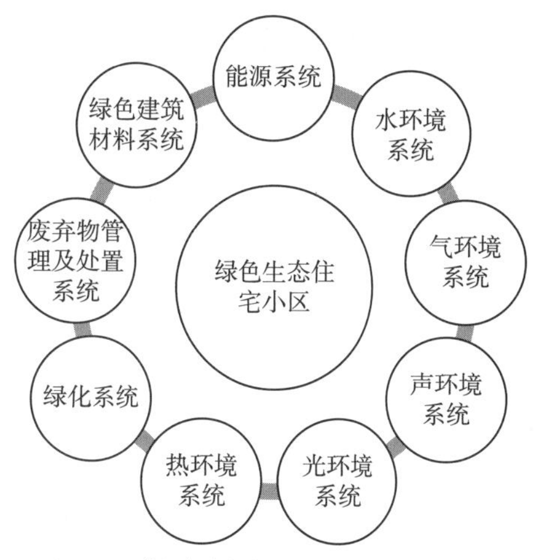

图 7-14 《绿色生态住宅小区建设要点与技术导则》体系框架

4. 中新天津生态城指标体系

中新天津生态城依据自身状况与定位，提出新的低碳社区评价指标体系。该指标体系包括控制性和引导性两类指标因子。其中，控制性指标因子被用在低碳社区设计和建设过程中的各个环节进行考核评价，以便监控社区的发展进程。而引导性指标因子则是为了指引社区未来的发展方向，为社区决策提供指导和参考。通过这样的指标体系，中新天津生态城能够在低碳建设中实现有效的管理和规划，以实现可持续发展的目标（图 7-15）。

5. 无锡中瑞低碳生态城建设指标体系

无锡中瑞低碳生态城在低碳、生态社区的建设中制定了一套指标体系。这个指标体系包括 7 个大类、15 个子项，并且提出了 47 个具体的指标（图 7-16）。与其他大多数指标体系不同的是，该指标体系具有独特的创新性，更加注重对生态城的预评价，并强调规划控制和建设引导的作用。通过这个指标体系，可以对生态城的建设进程进行综合评价和监控，从而为实现社区可持续发展和低碳生活方式提供指导和支持。

控制性指标因子

生态环境健康	自然环境良好	区内环境空气质量、区内地表水环境质量 水喉水达标率、功能区噪声达标率 单位GDP碳排放强度、自然湿地净损失
社会和谐进步	人工环境协调	绿色建筑比例、本地植物指数、人均公共绿地
	生活模式健康	日人均生活耗水量、日人均垃圾量、绿色出行所占比例
	基础设施完善	垃圾回收利用率、步行500m范围内有免费文体设施的社区比例、危废与生活垃圾（无害化）处理率、无障碍设施率、市政管网普及率
	管理机制健全	经适房、廉租房比例
经济蓬勃高效	经济发展持续	可再生能源使用率、非传统水资源利用率
	科技创新活跃	每万劳动力中R&D（Research and Development，科学研究与试验发展）科学家和工程师全时当量
	就业综合平衡	就业住房平衡数

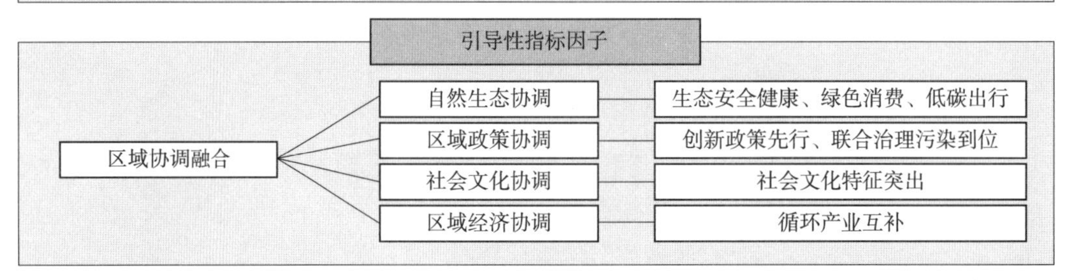

图 7-15　中新天津生态城指标体系

可持续城市功能	可持续生态环境	可持续能源利用	可持续水能源利用	可持续固废处理	可持续绿色交通	可持续建筑设计
合理高效布局 基础设施完善 配套设施齐全	自然环境良好 景观绿化丰富	能源节约利用 再生能源利用	水源节约利用 水源健康卫生 水源循环利用	垃圾收集管理垃圾再生利用	清洁能源使用 公共设施	建筑、环保、节能

图 7-16　无锡中瑞低碳生态城建设指标体系

根据表 7-2 中的总结，可以看出国内对低碳社区评价指标体系的研究现状，国内的大多数研究者以不同的低碳建设领域作为框架结构组织的基础，例如交通、建筑、生态环境、生活、公共管理和能源等。

国内外的研究已经充分探讨了低碳社区评价指标体系，其中框架设计和指标选择是可以重点关注借鉴的两个方面。在框架设计方面，需要考虑建筑、交通、能源、资源利用等核心要素，并且要考虑社区的运营管理；而在指标选择方面，重要的是纳入已有的相关工作，并且要考虑当地实际情况与特点。此外，全生命周期环境管理和引导性指标也是关键要点之一。同时，低碳社区评价指标体系需要考虑多个要素，通过设计合理的框架和选择恰当的指标来进行评价，并需要根据当地的实际情况和特点进行调整和补充，并引入全生命周期环境管理和引导性指标。这些措施的实施可以引领低碳社区建设的发展方向，并提供科学的评价依据。

国内低碳社区评价指标体系现状 表 7–2

指标体系	编写主体	时间	一级指标	指标个数
低碳社区评估指标体系	北京建筑大学学位论文（赵思琪）	2015 年	低碳生活、低碳建筑、低碳环境 3 个方面	15
低碳社区评价指标以及基准值体系	华中建筑（林青青等）	2015 年	生态绿化、资源循环、低碳交通低碳建筑、实施管理 5 个方面	15
中新天津生态城指标体系	中新天津生态城管理委员会、天津市环境保护科学研究院等	2014 年	控制性指标：生态环境健康、社会和谐进步、经济蓬勃高效 3 方面；引导性指标：自然生态协调、区域政策协调、社会文化细条、区域经济协调 4 个方面	控制性：22 引导性：7
低碳社区评价指标体系	第九届国际绿色建筑与建筑节能大会论文集（李亚男等）	2013 年	绿色建筑、能源、生态环境、管理精细、居民满意、环境宣传与公众参与、低碳出行、人均 CO_2 排放量 8 个方面	37
低碳社区指标、权重和基准值体系	生态经济（董销）	2013 年	低碳建筑、低碳技术低碳生活 3 个方面	16
中国生态住区技术评估手册	清华大学（聂梅生、秦佑国）	2007 年	选址与住区环境、能源与环境、室内环境质量、住区水环境、材料与资源 5 个方面	26

7.3.1 低碳社区建设

低碳社区建设起源于欧洲发达国家，如英国、丹麦和瑞典等，并已经形成了许多可供借鉴的模式。在建设低碳社区时，通过有效地借鉴和参考相关案例，可以为其提供有益的指导和可行性策略。低碳社区建设需要涵盖多方面的内容，包括建设模式、建设类型、建设内容和建设策略等。

1. 建设模式

目前，国外低碳社区建设模式主要以居民自建型、非政府组织运作型、政府与居民组织协作型、政府与开发商主导型四种类型为主。居民自建型指的是由居民自行组织低碳社区建设工作，居民具有较高的参与度和自治性。非政府组织运作型是由非政府组织承担低碳社区建设的责任，为居民提供支持和指导。政府与居民组织协作型意味着政府与民间居民组织共同协作，共同承担低碳社区建设的责任，充分发挥各自的优势。政府与开发商主导型是指政府与开发商合作，由开发商负责低碳社区的建设，并得到政府的支持和监管。

而国内主要有政府自建型、政府与开发商主导型、开发商建设型这三种类型。政府自建型指的是由政府独立负责低碳社区的建设工作。政府与开发商主导型模式意味着政府与开发商共同承担低碳社区建设的责任，共同合作推进项目的实施。开发商建设型则是由开发商独立负责低碳社区的建设工作。以上六种建设模式在不同国家和地区的实际应用中具有一定的特点和优势（表 7-3）。

国内外低碳社区典型案例建设模式列表　　表 7–3

序号	建设模式	该类社区名称	国家
1	政府自建型	昆明长青社区、广元芸香社区、扬州南河下低碳社区、深圳新桥世居近零碳社区、吉安竹笋巷低碳社区、中山北区社区	中国
2	开发商建设型	加州尔湾商业中心零碳社区，“再生村”，弗莱堡沃邦社区，长沙太阳星城	美国，荷兰，德国，中国
3	政府与开发商主导型	哈姆滨湖城、“柯本”街区,FujisawaSST 智能社区、丰四季台社区，中新天津生态城、广州亚运城社区、深圳光明新区绿色建筑示范区、北京长辛店生态城	瑞典，日本，中国
4	政府与居民协作型	弗班社区，多伦多黑溪社区	德国，加拿大
5	居民自建型	太阳风社区，南公园合作居住社区	丹麦，美国
6	非政府组织运作型	贝丁顿社区，哈利法克斯生态城	英国，澳大利亚

2. 建设类型

国外的低碳社区建设主要通过社区更新和宗地改造①来实现。这意味着将旧的社区进行更新和改造，以实现低碳目标，包括改善建筑能效、增加可再生能源的使用和改善交通系统等措施。然而，这需要政府的介入和支持，包括提供资金和政策支持。

与此相反，国内的低碳社区主要是通过新建社区来实现的。这意味着在新的城市规划中就考虑低碳和可持续发展因素，从而使整个社区都符合低碳标准。国内已建低碳社区可以分为与商业产业园区相结合和以社区街道的活动形式开展低碳文化宣传两种类型。第一种类型是将商业和居住区域相结合，便于居民可以在同一社区内工作和居住，减少交通污染。另一种类型的低碳社区是通过在社区内展开各种活动来倡导节能减排、低碳生活理念，如组织社区农场、推广垃圾分类和开展节能宣传等。

3. 建设内容

国内外的低碳社区建设主要关注利用低碳技术和相关策略来进行社区经济、社会和环境治理，以达到降低碳排放的目标。在低碳社区建设中，应考虑到多个方面的因素，如空间布局的合理规划、绿色建筑、绿色生态的建筑材料和技术的应用，交通设施的规划和建设、水资源的合理规划和管理、高质量的生活设施、关注绿色生态环境等。

1）空间布局

近年来我国的经济水平显著提升，然而现有的住宅却与这种提升不匹配。目前采用的封闭社区模式不利于居民的出行和社区功能的高效利用。为了满足居民的需求，需要建设低碳社区，并且其中用地布局是关键性内容，包括土地功能布局和空间结构体系的建立，目的在于践行低碳出行理念和促进“双碳”目标在社区层面的落实。

（1）低碳理念下的用地布局

国外研究指出，社区居民选择步行出行比例和社区总人口密度呈现正相关的关系。当社区的功能为职住混合型时，社区内就业岗位数量的增多能够有效减少机动车和其他通勤方式所产生的碳排量。较高的就业密度可以减少居民的出行距离，从而降低碳排放量。同时，土地利用的多样性也对居民出行方式产生影响，可以减少社区各项能源的消耗。国内相关研究也指出，更高的社区用地混合度对于居民选择低碳出行的交通方式有促进作用。

（2）社区土地合理利用

合理规划社区土地混合利用是为了在满足居民出行需求的同时，能够促

---

① 本书统一采用“宗地”，国外常用“棕地”。

进低碳发展。通过在居住区内统筹规划不同类型的功能设施，如商业设施、医疗卫生设施和小学、幼儿园教育服务设施等，可以为居民享受公共服务更大程度上提供方便，有效减少私家车的使用，从而实现减少交通尾气排放和能源的消耗。此外，合理化的土地混合利用还可以促进土地的集约利用。

①合理布局公共服务用地：在公共服务用地的布局中，应考虑到低碳交通和社区居民出行距离，合理安排文化娱乐设施、公共广场和绿地的位置，并鼓励步行和骑行等低碳出行方式。通过以低碳交通为基础的设计策略，确保社区居住区与公共服务用地的联通性和可达性，并合理布局公共设施，可以提升社区居民的生活便利性，同时减少其碳足迹。根据《城市居住区规划设计标准》GB 50180—2018 规定的公服设施配置要求和半径设计标准，以及学者研究发现的居民最为活跃的空间尺度为 1000m 的步行距离，可以得出结论：为了实现低碳发展并满足居民需求，商业服务设施、教育设施、文化休闲设施和医疗设施需要合理布局（图 7-17），这样可确保这些设施能够在 5、10、15min 的社区生活圈内便捷地提供服务。

②合理布局产业用地：职住平衡的社区布局形式是一种提升居民生活幸福感和低碳生态城市建设的重要方式。通过合理的空间组织模式，居民可以在居住地周边获得满足他们日常生活需求的各类设施，从而减少通勤需求和消耗的交通资源。同时，这种布局也有助于降低碳排放量，改变传统的职住分离的现象。要实现职住平衡，一个关键的因素是合理的产业布局。通过将相应的产业与居住社区结合起来，居民可以在家附近找到就业机会，从而减少长距离的通勤需求。

（3）提升社区不同功能空间的连通性

为了提高社区不同性质、功能空间的互相联通性和目的地的可达性，在低碳住区的组团内部，各组成要素应当相互协调、相互呼应，营造社区规划设计中各功能组团的互补性。社区生活圈的构建和他们之间的连通性也影响着低碳社会的建成，其中步行能力（5min 便民生活圈）成为构建低碳出行

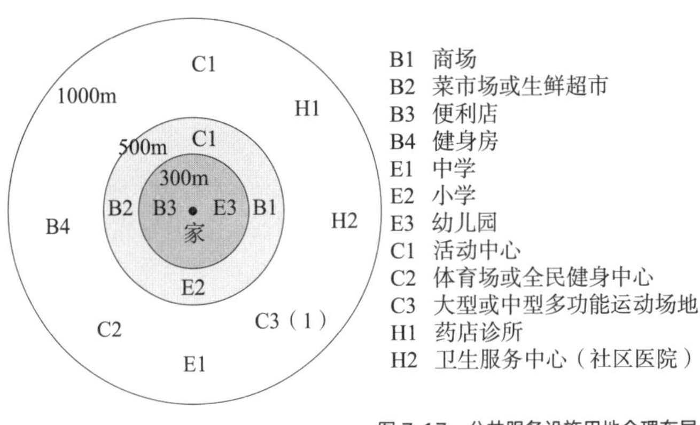

图 7-17　公共服务设施用地合理布局

尺度范围的参考基础，为了实现低碳空间布局，需要提供完善的配套服务设施。良好的低碳布局依赖于功能空间的互补和协调，社区生活圈的构建是核心要义，而社区与城市的共生关系和配套服务设施的可达性对低碳空间布局也至关重要。

①社区功能组团的构建：城市社区的发展历程中，社区中心、公共空间、学校等是生活圈的雏形。《城市居住区规划设计标准》GB 50180—2018 中基于居民步行能力建立社区生活圈。在低碳功能的空间组团中，通过考虑地理和人文环境双重因素，确定该组团的功能定位，包括商业、居住、教育、公共服务设施和医疗等。这些功能定位结合在一起，形成了低碳组团，并且建立了5min 便民生活圈，生活圈的半径为 500m（图 7-18）。

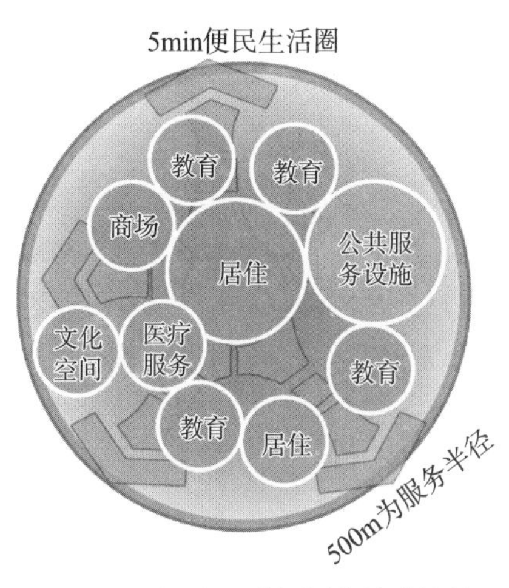

图 7-18　5min 便民生活圈的复合功能空间的低碳组团

②社区功能组团体系的构建：根据《城市居住区规划设计标准》GB 50180—2018，社区生活圈面积一般为 1.3~2.0km^2，以 15min 步行 800~1000m 为基础。社区内部由多个 5min 便民生活圈的复合功能空间组团构成。这些低碳组团之间形成互补关联关系，增强了社区的连通性。除了复合功能空间，合理布局城市道路、慢行系统和绿色空间，也是优化功能空间连通性的重要手段。这样的规划能够促进社区居民在 15min 内满足各类生活需求，并减少环境污染。

2）绿色建筑

建设单位在建设试点社区时，应严格遵守绿色建筑的比例和标准要求。这意味着在整个项目的规划和设计过程中，应当优先使用对于环境友好的建筑材料和先进的节能技术来降低能源消耗和对生态环境的影响。同时，设计单位也应关注当地的气候条件，采用可再生能源利用技术，通过合理规划建筑布局、遮阳方式和绿色通风装置等策略，降低能源消耗并提高室内的舒适度。此外，支持试点社区进行绿色建筑的认证，有助于推动更多的社区参与到绿色建筑的行列中来。在认证的基础上，可以加强设计管控和绿色施工的力度，降低建筑的能源消耗和对环境影响。

3）低碳交通设施

低碳交通设施的建设应优先保障社区与周边道路网络的顺畅衔接，提高整体交通效率，减少交通阻塞。其次，应合理规划人流车流密集区域的交通设施，特别需要考虑公共交通站点的设置。通过合理规划，可以降低大量私家车的出行需求，从而减少交通拥堵。另外，需要规划慢行交通系统，以提高不同交通方式的便利程度，包括建设人行道、自行车道、步行街等，给行人和非机动车提供更安全、便捷的交通环境。同时，在新能源汽车的推广方面，应该优先支持新能源充电桩等配套设施的建设，并倡导新能源汽车在公共机构和物流配送中的应用。这将有助于减少尾气排放，改善空气质量。

4）水资源利用系统

为了实现社区水资源的统筹管理，可以建设一体化的给水排水设施，从而实现社区内水资源的高效利用。同时，应该倡导雨污分流的理念，将污水进行分类处理并进行回用。此外，在社区建设中，可以从建筑、小区和社区三个层面考虑非传统水源的利用，建立中水回用系统。采用低影响开发理念，通过合理利用雨水和自然水系，实现社区内、外水资源的衔接和高效利用。通过统筹水资源、优化给水排水设施，以及非传统水源的利用，构建社区循环水务系统，实现节水、减排、高效利用水资源的目标。

5）固体废弃物处理设施

低碳社区的固体废弃物处理旨在建立高效、环保的垃圾处理系统。应强调合理布局便捷回收设施的重要性。通过在社区内合理布置回收设施，居民可以方便地进行垃圾分类回收，减少垃圾的产生量。此外，科学配置社区垃圾收集系统也是至关重要的。通过减少长距离运输，降低运输成本和能源消耗，促进资源的有效利用。因此，应当提倡将社区垃圾处理理念与科学配置社区垃圾收集系统相结合，以实现高效、环保的社区垃圾处理系统。

6）低碳消费方式

当前，低碳消费是一种全新的消费方式，其以政府为主导，企业为着力点，居民为主体，社会为支撑，并需要社会全方位地参与和推进。

（1）以政府为主导引领低碳消费

政府在引领低碳消费方面起着主导作用。为推进低碳消费，政策支持、广泛宣传和示范引导是不可或缺的路径。首先，政府应加强低碳消费宣传，旨在培养全民的低碳意识。其次，政府应创建绿色节能机关，并充分发挥其引领示范作用。最后，为建设节约型低碳政府，政府还需要完善相关的法律法规和政策。

（2）以企业为着力点推动低碳消费

以企业为着力点推动低碳消费，是促进可持续发展的重要策略之一。为实现这一目标，应推动清洁生产、开发低碳产品，以及建设低碳市场模式的发展。企业需要在内部积极推行清洁生产和节能降耗，通过减少或消除环境污染和资源浪费来改善生产过程。这些措施不仅能够减少企业运营成本，而且有利于降低碳排放和减少环境污染。同时需要加大低碳消费产品的研发力度，通过创新和技术进步来提供更多的绿色产品。

（3）以居民为主体实现低碳消费

改变观念，树立正确的低碳消费观念，是实现低碳消费的关键。居民需要意识到物质主义、消费主义和享乐主义等不合理的消费，不仅会对环境造成巨大压力，还会加剧资源枯竭和能源短缺。因此，他们应该培养日常低碳消费习惯，例如节约用水、垃圾分类等。

（4）以社会为支撑保障低碳消费

社会的支持是保障低碳消费的基础。低碳消费的实施需要社会的支持和认可，只有得到广大民众的认同和积极参与，才能够持续推动低碳消费的发展。舆论引导和监督是推进低碳消费的重要途径和手段。通过媒体引导，可以增加民众对低碳消费的认识和理解，提高其低碳消费意识，同时通过监督机制的建立确保低碳消费的实施和效果。

7）社区生态环境

社区在开发建设时，应优先禁止破坏自然景观，如生态林地、水塘湿地等，并鼓励城市规划部门划定禁止开发区。其次，还应本着对生态环境友好的态度，尊重基地原本的自然地形、地貌形态，如山川河流、古树等，并结合基地的自然条件状况进行社区的绿化环境设计。保护基地自然景观可以采用以下策略方法：

（1）采用点线面的布局形式

低碳社区采用点线面的布局形式构建完整的生态绿地系统，其中包括公园绿地、绿化带和口袋公园等。该布局的目的是通过实现自然碳汇的职能和缓解城市雨水排水系统的压力从而改善环境质量。同时，增加社区的公共绿地率为居民提供休憩娱乐空间。具体而言：在没有露台的住宅单元中，阳台或花坛至少有 $2m^2$ 的植物生长空间，充分利用每一个可能的绿色空间；结合道路布置线性公园；在城市道路交叉口和主次干道的公共建筑周围设置集中绿地，并在街道边设置公共绿地。

点线面的整体布局方式对于绿地生态系统与排水管道和地表径流系统的连接起着重要作用。通过合理布局点线面，可以将绿地与排水管道和地表径流系统有机地结合在一起，使得水流能够顺利流入绿地，并被绿地中的植物和土壤吸收和净化。

（2）结合生态廊道进行设计

通过将产业用地与城市主干道结合起来，可以布局为社区防护绿地，从而改善居民的生活环境、促进生态走廊的形成、为社区居民提供清静的居住环境，以及减少噪声和污染的影响。同时，利用湿地、河流、雨水花园或水渠进行生态修复也是一种有效的方法。重新塑造河道景观可以保护生物多样性，提升整体景观质量。这些生态修复手段不仅可以改善生态环境，还可以为居民提供丰富的生态景观。此外，这样的设计还可以为居民提供活动场所，为社区居民提供广阔的户外运动和休闲空间。

（3）合理的植物配比

在环境绿化设计中，应充分考虑当地本地植物的使用，以确保植物的多样性和生态系统的健康。植物的合理配比是确保绿化效果和环境可持续发展的关键。因此，为了适应当地的环境条件并降低碳排放量，合理的植物配比应该包括将本地植物所占比例提高到超过 40%。这样一来，可以最大限度地利用本地植物对于生态系统的适应能力，减少对外来植物的依赖。有助于保持地区的生物多样性，并在绿化设计中实现生态和可持续发展的目标。

（4）复层绿化种植方式

密植混种是提高 CO_2 固定量的有效方法，通过在狭小空间内密植不同种类的植物，可以增加植物的光合作用，进而加速 CO_2 的吸收与固定。复层绿化种植方式（图 7-19）对于提高绿色植物的存活概率和提高固碳能力颇有助益，它是将不同高度、形态和生长习性的植物层叠种植，从而最大限度地利用空间资源。与独自种植相比，复层绿化种植方式在提高固碳量的同时，还能发挥更好的经济效益。此外，复层绿化种植方式也能够提升低碳住区的绿化覆盖率，充分利用有限的空间，使绿化面积得到最大化。

4. 建设策略

低碳社区建设是一个复杂的项目，它需要在社会层面达成一致共识并共同努力。只有通过培养低碳文化、增强低碳意识，才能激发社会全体成员的参与。

（1）加强宣传教育，提高全民低碳意识

为了实现节能减排的目标，需要加强宣传教育，并提高全民的低碳意识。在宣传中，要突破低碳认识的障碍，向公众宣传全球气候变暖对人类生存发展的重大影响，以及低碳经济和节能减排的科普知识。同时，还需要宣传节能技术、节能产品和节能技巧，以帮助人们实现减少能源消耗的目标。

图 7-19　复层绿化种植方式

此外，培训和宣传环境保护法律也是非常重要的，为了更好地实施宣传教育活动，还需要创新宣传教育形式。例如，可以结合节能宣传周等活动，通过举办讲座、研讨会、展览等形式，向公众普及低碳生活方式和环保知识。

（2）强化科技创新，推广应用低碳技术

建设低碳社区需要克服低碳技术在创新方面的障碍。应鼓励将落后的建设装备和技术淘汰，提高现有资源的生产效率和能源利用效率。此外，必须开发和推广对低碳经济有强大带动作用的关键技术，加快产业化和服务化发展。为规范低碳社区建设和评价，需要完善低碳技术标准。在实际施行中，需要增加研发投入，突破技术瓶颈，提高资源利用效率。同时，还应加快关键低碳技术的产业化和服务化，建立相关的标准和评价体系。通过这些努力，将能够为低碳社区的建设作出重要贡献，为实现可持续发展目标迈出坚实的一步。

（3）培育低碳文化，倡导低碳消费方式

为了建设低碳社区，需要在多个方面进行低碳意识和文化的渗透，倡导民众采用低碳消费方式，营造社区低碳生活成为一种时尚的文化氛围，摈弃传统的高碳消费文化；通过网络传播节能科普知识、法律和政策；通过社区网络宣传节能产品和交流经验；展示社区节能规章制度和成果，培育低碳意识，通过全方位、多角度、宽领域的文化渗透，从而促进低碳社区的积极建设。

（4）倡导公众参与，形成共建共创合力

低碳社区建设过程中，公众参与是能够有效形成其创建合力的方式之一。通过多多参与社区倡议低碳实践活动中，公众能够增进他们的节能知识和技能。这种参与不仅是理论上的，还包括实际行动，比如使用节能设备、提高能源利用效率等。此外，公众参与社区低碳文化创建活动也有助于解决沟通和交流问题、化解分歧、凝聚共识。通过这种方式，社区成员可以相互分享彼此的经验和交流见解，共同推动低碳社区建设和低碳的生活方式。因此，倡导公众参与对于形成共建共创合力，推动低碳社区建设至关重要。

（5）强化组织领导，健全考核评价机制

为了建设低碳社区，强化组织领导至关重要。其中包括制定社区的低碳发展路径与战略，细化每个责任部门的建设任务和评价标准等，同时需对低碳社区建设进行跟踪、指导和监管，以确保其按照设定的目标和标准进行推进。在建设低碳社区的过程中，完善和严格执行低碳、节能相关法律法规也很重要，可建立相应的监督机制，保证相关法律条款的指导和约束作用得到积极发挥。或是制定优惠激励政策包括税收减免、资金补助和其他经济激励措施，以吸引更多地参与和投资。最后，为了推进低碳社区的快速发展，需要增加投入力度。包括增加财政投入、增强技术研发和技术支持，以及培训和教育等方面。

7.3.2 缓解潮汐式拥堵的社区更新策略

潮汐式交通成因较为复杂，一方面是由于城市规划的宏观布局、居民日常工作习惯等外部影响因素，另一方面是由于各地交通政策的引导、交通管制措施等内部影响因素。对于社区层面而言，交通系统的合理规划是关键环节。以低碳运行为目标的低碳社区，其交通规划设计的目的是希望促进居民主动选择低碳出行方式，同时有效减少过远目的地的低效率交通出行，提高居民出行通向目的地的慢行交通系统可达性，缓解城市高峰时段的交通压力。具体措施包括以下四个方面。

1. 采用小街坊密路网

合理的路网布局是慢行交通系统实现低碳出行的前提条件。一个合理的路网布局能够提高重要目的地的可达性，从而吸引更多人选择低碳的步行或是自行车等交通方式。同时，合理的路网布局不仅可以提高慢行交通系统的效率，减少交通拥堵，还能够增加居民的出行选择，并促进社区的归属感和幸福感的提升。

增大路网密度的方式　　表 7–4

方式	图示	操作内容
新增支干道路		①原本的路网密度不高时，在街区尺度上注意形成适合步行出行的道路，从而增加道路密度
		②建设开放型住区，对外放开社区内部的道路供外部区域通行使用，能够增加街区的路网密度，从而促进低碳出行方式的使用
连接断头道路		③连接已有的断头道路，使得道路交叉口的数量增多，且道路尺度扩大，有效增大道路网络密度

为了实现小街坊密路网布局，提出低碳出行的基本策略，即提升社区路网密度。其中，主要的措施是新增支干道路和打通断头路（表 7–4）。针对路网密度低的街区，可以进行支路增设，以此增加道路数量和长度。同时，可以适当开放内部道路，进一步提升社区路网密度。增设支路和打通断头路

的目的是提升路网密度，从而改善目的地的可达性，为低碳出行提供便利的条件。

2. 建立低碳交通系统

为了提升慢行交通系统的出行比例，缓解城市交通压力，可以建立以公共交通为主导的交通系统，并将其与土地的利用规划紧密结合。西方学者伯力梭（Bradshaw）提到绿色交通运行体系，把5项交通出行方式（步行、自行车、公共交通工具、多人共乘车、私家车）按照其绿色低碳程度进行排序。国内学者也对居民日常出行交通碳排放进行了研究，整理出不同出行方式碳排放系数（表7-5），发现低碳出行方法主要有步行、自行车和乘坐公共交通出行。

不同出行方式碳排放系数　　表7-5

出行方式	碳排放系数	单位	数据来源
轨道交通	9.1/13.1	g/km	《居民家庭日常出行碳排放的发生机制与调控策略》
公交车	35/21.28	g/pkm	《中国大众交通工具的碳排放强度表》
私家车	135/163.22	g/pkm	《中国大众交通工具的碳排放强度表》
自行车	0	—	《居民家庭日常出行碳排放的发生机制与调控策略》
步行	0	—	《居民家庭日常出行碳排放的发生机制与调控策略》

3. 应用低碳交通方式

低碳交通方式的普及应用可以选择以城市公共交通系统为核心的发展方式，也可以考虑以社区低碳慢行交通系统为主的方式。不论选择哪种低碳交通模式，慢行交通系统都具有重要意义。它们能够缓解城市交通拥堵问题，同时也有助于实现低碳交通的发展。

（1）建设人车分流的道路系统

为了实现社区的空间分离，规划者可以考虑实施“人车分流”措施，构建分离的人行道和车行道。规划设计者可以构建一个与生态环境、绿化带相结合的交通路网系统（图7-20）来满足社区内部步行、自行车骑行和私家车行的需求。为了达到建成低碳社区的目标，需要逐步创建完善的慢行系统，确保居民能够舒适地步行并保障他们的出行安全。同时为了确保骑行的安全，应明确划分车行道，并结合绿化设计来分隔，以减少噪声和排放物的影响。这样才能为居民提供舒适的低碳交通环境，使他们享受社区活动的乐趣。

（2）不同的低碳交通方式

步行、骑行和公交车出行是低碳出行几种常见方式（图7-21）。其中，步行适合短距离出行，其速度较慢，需要安全便利的出行环境的支持。据目

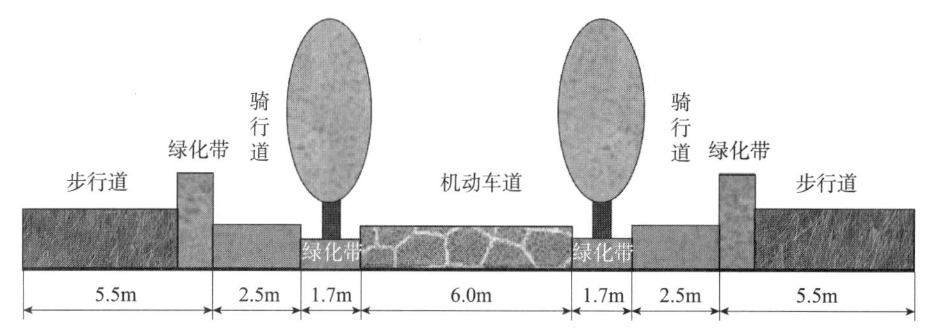

图 7-20　结合环境绿化的道路系统剖面
（图片来源：改绘自《生态城市建设背景下的低碳社区规划设计策略研究》）

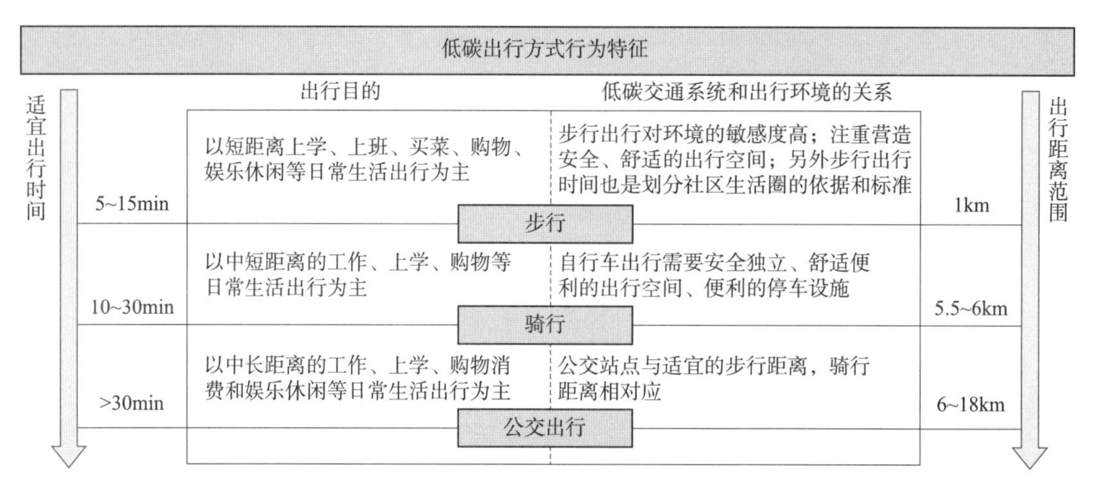

图 7-21　低碳出行方式行为特征示意图

前的研究表明，大多数居民对步行所需时间的接受范围一般为 5~15min。尽管人们对健康的认识不断加强，但超过 30min 的步行时间会使大部分人选择不步行。对于较远的目的地来说，步行往往效率低下，并且还会让人感到疲惫。研究发现，居民对于步行环境即步行道的敏感度非常高。街区的尺度规模是否适宜、是否缺乏路灯，以及其他道路安全设施布置等因素在影响步行环境的安全性方面起着重要的作用。为了提供一个良好的步行环境，提高步行比例，我们应该为步行空间保留足够的空间，使得居民更愿意选择步行作为他们的出行方式。

居民出行骑自行车的适宜时间范围是在 10~30min 内，骑行速度通常在 11~14km/h，出行距离在 5.5~6km 范围内。自行车与步行相比，骑行的出行范围更广，但对于较远目的地的出行并不适用。因此，自行车出行与公交车系统的相结合可为居民出行提供更大限度的便利。则应在公交站点周边设立共享单车停车点或是自行车租赁站点，便于居民实现便利的低碳出行。

公交车出行是一种受大部分居民欢迎的出行方式，因为它具有低碳、覆盖范围广、服务范围广，以及消费和运行成本低的优势。为了实现低碳出行的目标，在社区建设公共交通网络时，需要确保公交站点与居民步行和骑行的距离相适应。这就要依据社区的公交站服务半径和覆盖率，来保证公交站点的步行可达性。当居民的出行距离在 6~50km 的时候，可放弃汽油车，选乘坐地铁或公交车，这样可以减少一定比例的碳排放。当出行距离大于 50km 时，应放弃汽油车，改乘城际列车、轻轨、火车等低碳出行工具。

（3）合理的公交覆盖半径设置

为了方便居民进行低碳出行，社区需要建设轨道交通系统、公交交通系统和步行骑行道路，并且这些交通体系需要有效地衔接，以实现方便的换乘功能。同时，社区还需要与周边城市建立紧密联系，以便居民能够轻松地出行。这样一来，居民就可以选择更环保、更方便的交通方式，减少对汽车的依赖，从而减少碳排放，保护环境。

由于轨道交通系统没有完全覆盖所有地区，仍然存在一些剩余的出行距离，需要补充结合骑行、步行和公交车道的设计，因此，需要合理制定公交站点的服务半径。而公交系统的间距一般为 300~500m，可实现对社区的全面覆盖。如果以 300m 为服务半径，那么公交系统的覆盖率应该大于 50%。如果以 500m 为服务半径，覆盖率则应该大于 90%。则以公交站点为圆心，以某段距离作为半径来确定公交的覆盖范围，即可确定公交系统的服务范围。通过模拟计算，以正方形街区的规模和 300m 的公交服务半径为基础，得出适当的街区边长尺寸约为 200m。即道路中心线到街区边界的最远距离为 210m，而相邻公交站点的适宜间距为 400m（图 7-22）。

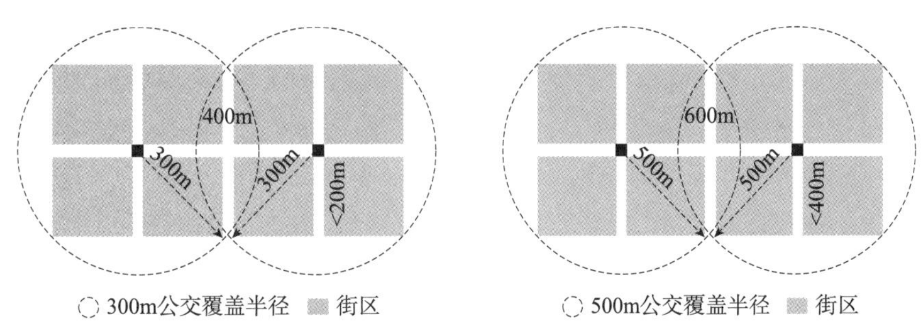

图 7-22 公交站点的覆盖（服务）半径确定的公交站点间距
（a）公交站点 300m 服务半径；（b）公交站点 500m 服务半径
（图片来源：改绘自《生态城市建设背景下的低碳社区规划设计策略研究》）

7.3.3 低碳社区运营管理策略

1. 建立社区碳排放管理系统

构建覆盖社区居委会各类参与者的温室气体减排运营管理体系，制定温室气体减排档案管理制度，可以有效明确各参与者的职责。建设社区居委会的关键是制定对应的考核评价体系。社区居委会内各企事业单位和高层住宅小区物业管理公司单位应设立温室气体减排信息管理专门岗位，负责日常低碳环保信息管理工作。构建该系统需加强社区居委会温室气体排放的统计核算，明确碳排放统计的对象和范围。参照结合相关数据和具体方法，借助相关统计数据、综合监测、调查统计等多种手段，组织开展温室气体减排统计核算。同时应构建温室气体减排总体评价和长效监督机制，每半年进行碳排放总量评价，并向辖区居民公开反映绿色可持续发展水平的相关基础指标并向社会公布相关信息工作单位。针对减少温室气体排放的重点领域和关键环节、重点消防安全单位、重点审查和生活设施，详细报告碳排放情况，构建第三方审查制度，进行更科学合理的监测和早期预警。积极落实预警机制，制定具体措施。

2. 推行低碳物业管理

在强化低碳物业服务管理方面，可以优先采取措施制定相关的管理制度和要求，以确保物业服务单位在推行低碳管理方面的资质和能力，促使物业服务单位加强其低碳管理水平和与之相匹配的服务质量。其次，需要鼓励引入市场化的专业运营服务，即通过与专业公司的合作，使其参与物业的投资、建设和运营工作。这种合作方式能够借助专业公司的经验和资源，提高物业管理的专业水平，并推动低碳管理的实施。

同时也可通过市场机制（如合同能源管理和第三方环境服务等）来提升低碳物业的管理能力。合同能源管理可以推动能源的有效利用和节约，而第三方环境服务则可以提供专业的环境管理和评估，进一步提升物业的低碳管理水平。最后，需要加强低碳物业管理培训，并积极鼓励社区居民和社会单位的参与。这样可以增加相关人员对低碳管理的认知和理解，提高他们在物业管理中的参与度，从而更好地推动低碳管理的落实和发展。

3. 建立智慧管理平台和监测系统

低碳社区的运营和管理体现在一些信息软件和智能系统对建设的各个环节进行持续的监控和管理。主要包括如下内容。

（1）楼宇自动化监控系统

楼宇自动化监控系统在智能建筑中扮演着关键的角色，是将建筑物内的暖通空调、给水排水、供配电、电梯、供热等众多分散设备系统集成到一个系统平台，是对各个设备的运行、安全状况、能源使用状况及节能管理实行集中监视、管理和分散控制的一套建筑物管理与控制系统。这个系统的建立可以保障建筑内部空间的舒适和安全，同时实现设备的经济运行，满足低碳社区对高效节能的要求。

（2）公共照明信息管理系统

公共照明信息管理系统被认为是低碳社区建设中不可或缺的一部分。它具备高自动化程度，能够自动监测和控制室外公共照明光源，无需人工干预。并且该系统的运行可靠，能够保证公共照明长时间稳定工作，减少因故障而造成的照明暗淡或停止使用的情况。此外，智能化信息管理系统的使用和维护相较于常规而言变得更加便捷，能够自动预警并报告公共照明故障，方便相关部门及时处理和修复。

（3）区域能源监控管理系统

区域能源监控管理系统是一个具备多种功能和作用的系统。首先，该系统可以对区域内的能耗情况进行细致的分类和分项计量，能够实时监测和记录能源消耗的各个参数。其次，它能够自动分析和对比能源的使用状况，从中发现问题，并提供相应的解决方案。最后，该系统还具备能源资源评估、能源成本分析、财务预算等功能，可以全面而准确地管理能源消费情况。区域能源监控信息系统能够有效提高能源使用的监控和管理水平，为节能工作提供重要的支持和指导。

（4）常用的人工智能和物联网回复系统

物联网在低碳社区建设中具有广泛的应用前景。首先，物联网可以应用于防入侵系统，通过连接和监控各种安全设备，有效防止未经授权的人员进入社区。其次，物联网还可以应用于智能停车场管理，通过传感器和通信设备实现停车场的智能化管理，提高停车效率和使用率。最后，物联网还可以用于区域能源监控，通过监测和管理能源的使用情况，实现能源的高效利用和节约。通过以上应用，物联网的应用将显著改变我们目前的生活方式。未来，物联网还将在更多的领域带来革命性的改变，为人们的生活带来便利和效益。

4. 构建多途径的低碳资金支持机制

低碳社区试点创建的资金来源多样化，部分地区创造了可供借鉴的低碳社区融资模式，如广东省中山市小榄村镇银行的“光伏互联网＋绿色金融”的低碳社区融资新模式。这些实践经验为其他地区在筹集低碳社区建设资金时提供了有益的参考和借鉴，促进了低碳社区模式的推广与发展。

5. 形成社区低碳工作的推广路径

通过为居民提供接触低碳技术的机会来推广社区低碳工作，可采取一系列措施。首先，在社区中举办低碳技术展览，让居民了解并体验各种低碳技术。其次，可以组织低碳技术培训班或研讨会，让居民学习和了解如何使用和应用这些技术。为了让居民从低碳实践中获得实惠，我们可以采取一些激励措施。例如，为居民提供有偿试用低碳产品的机会，让他们可以亲身感受到低碳带来的实际效益。或是开展低碳评比活动，通过竞争的方式让居民在低碳实践中获得荣誉和奖励，进一步激发他们的积极性。再次，为了能够定期、深入、持续地开展低碳工作，可以制定一份具体的低碳行动计划，并明确任务和时间表。最后，我们可以建立一个低碳工作交流平台，让不同社区之间可以分享经验、交流成果。通过这些沟通机制，可以扩大低碳的影响力，推动更多社区加入到低碳行动中。

6. 建立全生命周期管理制度

建立全生命周期管理制度，包括规划前期管理、开发前期管理、社区规划设计、项目施工管理和实施运行监测阶段。在规划前期，推行低碳社区规划，并寻求政策支持。在开发前期，重视低碳化发展，对场地进行登记和评估环境影响。在社区规划设计阶段，以低排放、高效能和适应性技术为目标，并提交审批。在项目施工阶段，采取措施减少环境影响，符合规定处理废弃物和污水。在实施运行监测阶段，不断改进和调整措施，实现全面有效的低碳生活方式。

思考与练习题

1.“零碳社区”与“低碳社区”有什么异同？零碳社区如何建设？
2. 请列举几个低碳社区建设国内外案例。
3.“双碳”目标下，老旧住区更新有哪些路径与策略？
4. 我国低碳社区未来发展方向和工作重点是什么？
5. 如何提倡公众低碳生活？

参考文献

[1] Fraker H. The Hidden Potential of Sustainable Neighborhoods：Lessons from Low-carbon Communities [M]. Washington：Island Press，2013.
[2] Li L，Yu S. Optimal Management of Multi-stakeholder Distributed Energy Systems in Low-carbon Communities Considering Demand Response Resources and Carbon Tax [J]. Sustainable Cities and Society，2020. 61：102230.
[3] Xie Z，Gao X，Feng C，et al.. Study on the Evaluation System of Urban Low Carbon Communities in Guangdong Province [J]. Ecological Indicators，2016（74）：500-515.
[4] BRE.BREEAM Communities-Technical Manual [S]. London：BRE，2017.
[5] U.S. Green Building Council. LEEDv4 for Neighborhood Development [S]. Washington：U.S. Green Building Council，2016.
[6] Institute for Building Environment and Energy Conservation. CASBEE for Urban Development-Technical Manu-al[S]. Tokyo：Institute for Building Environment and Energy Conservation，2014.
[7] 聂梅生，秦佑国，江亿，等 . 中国生态住区技术评估手册（第 4 版）[M]. 北京：中国建筑工业出版社，2007.

第8章 建筑碳中和指引下的建筑设计工程案例解析

> 建筑实现碳中和的难点是什么？
> 你能想到哪些碳中和建筑案例？
> 你如何从碳中和的角度评估身边的建筑？

我国地域气候条件多样复杂、社会经济发展尚不均衡，开展适应不同地域资源环境特征的建筑设计，将为建筑全寿命周期低碳化发展奠定重要基础。本章介绍了不同地域气候条件下的建筑设计工程案例，针对差异化的地域气候与场地条件，分别从低碳建筑设计和技术应用的层面，提出适宜的应对策略。本章知识框架，如图 8-1 所示。

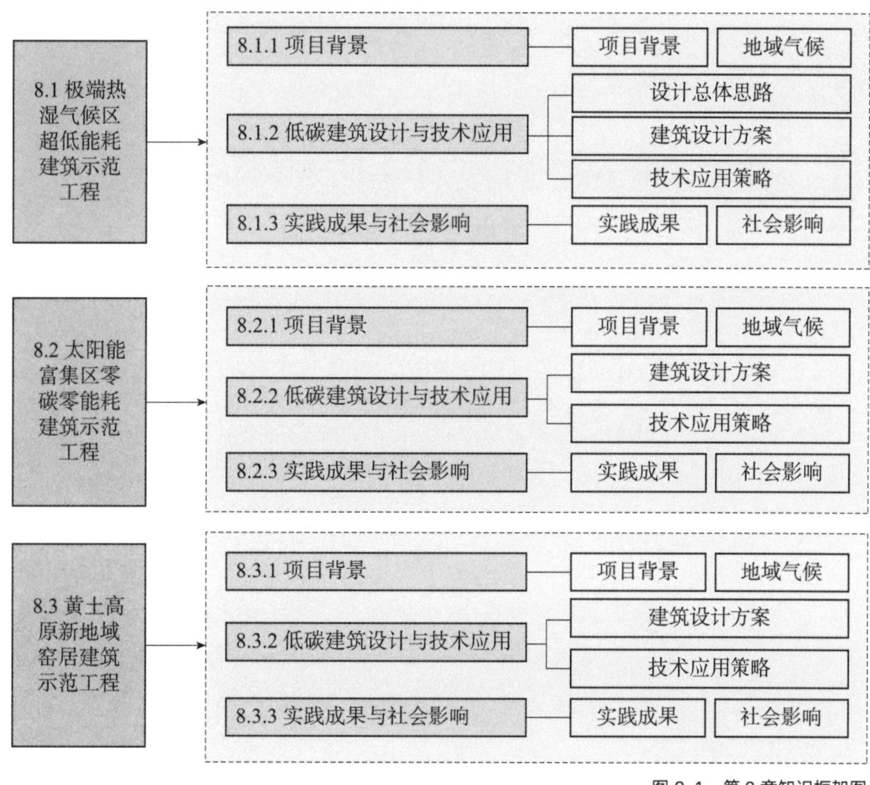

图 8-1 第 8 章知识框架图

8.1.1 项目背景

中国南海海域与岛屿面积约 350 万 km^2，南海南北纵跨约 2000km，东西横越约 1000km。该地区具有四季如夏、高温、高湿、高盐、强辐射的气候特征。依据我国建筑气候区划原则，该地区大部分区域全年日平均气温≥ 25℃的天数远大于 200 天，故被称为“极端热湿气候区”。

由于该地区特殊的气候条件与地理位置，导致照搬内陆建筑隔热、遮阳、自然通风等被动式技术难以满足当地人体热舒适需求，室内热湿环境营造全年依赖降温、除湿设备系统。而岛礁远离大陆，常规空调依赖的能源在此均属稀缺资源，从大陆长途转运成本高昂。但当地太阳能资源极其丰富，年日照时间超 3000h，年均太阳辐射总量超过 6500MJ/m^2，且太阳辐射强度与建筑冷负荷波动规律正向同步。因此，研发以利用太阳能为主的极端热湿气候区超低能耗建筑，创建低碳宜居的岛礁人居环境，具有极其重要的意义。

8.1.2 低碳建筑设计与技术应用

1. 设计总体思路

极端热湿气候区的特殊地理位置与自然条件对超低能耗建筑研发提出了严格要求。

（1）由于岛礁上无常规供电系统，要求建筑空调负荷必须足够小，且每栋超低能耗建筑用能必须能够“自持运行”。

（2）在夜间及阴雨天等天气条件下，蓄能系统能够保障空调系统正常运行，且空调设备系统应具备快速搭建、灵活更换的特点。

因此，极端热湿气候区低碳建筑设计存在以下关键问题：①确定准确可靠的建筑室内外设计参数；②提出热性能适宜的围护结构构造；③建立与极端热湿气候相对应的建筑热工设计方法；④研发能够连续运行的太阳能光伏空调系统。图 8-2 为研发极端热湿气候区超低能耗建筑的总体思路。

2. 建筑设计方案

（1）室内外热环境设计计算参数

由于极端热湿气候区的室内外设计参数尚不完善，研究的首要任务是明确极端热湿气候条件下人体热适应机理和气象与太阳辐射参数分布规律，并建立室内外热环境设计计算参数和太阳辐射参数的确定方法。

大量极端热湿气候区建筑环境实测和人员主观反映问卷调查表明，自然通风条件下，室内空气温度分布在 27~30℃，相对湿度常年大于 75%，人体

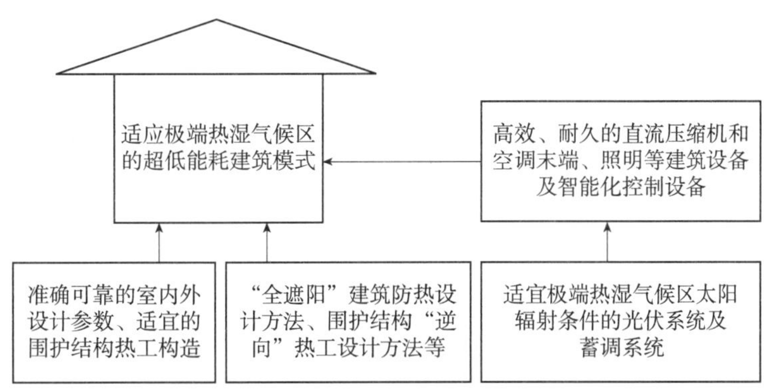

图 8-2　研发极端热湿气候区超低能耗建筑的总体思路
（图片来源：由绿色建筑全国重点实验室能源利用研究中心，提供）

皮肤表面无感觉蒸发难以进行，居民感到“闷热”，难以忍受。极端热湿气候条件下，影响人体热感觉的关键要素是室内相对湿度，调节湿度比调节温度更能显著提升人员热舒适水平。

基于多次现场实测取得的室外气象参数逐时原始数据，运用建筑气候参数统计整编原理和方法，可得到累年极端热湿气候区室外空气温度和相对湿度的日平均分布，进而通过现场实测得到日较差分布，并确定用于动态模拟分析的极端热湿气候区典型气象年（TMY）数据。图 8-3 显示了极端热湿气候区干球温度、相对湿度逐时变化规律。

极端热湿气候区纬度低，全年日照时间、日总辐射强度分布稳定均衡。按全年总辐射量，属二类太阳能丰富区。通过现场实测可获得岛礁太阳总辐射、逐时平均有效总辐射强度等参数，如图 8-4 所示。极端热湿气候区全年日照时间和总辐射强度分布均衡，当太阳辐射强度大于 18W/m^2 时，光伏发电板

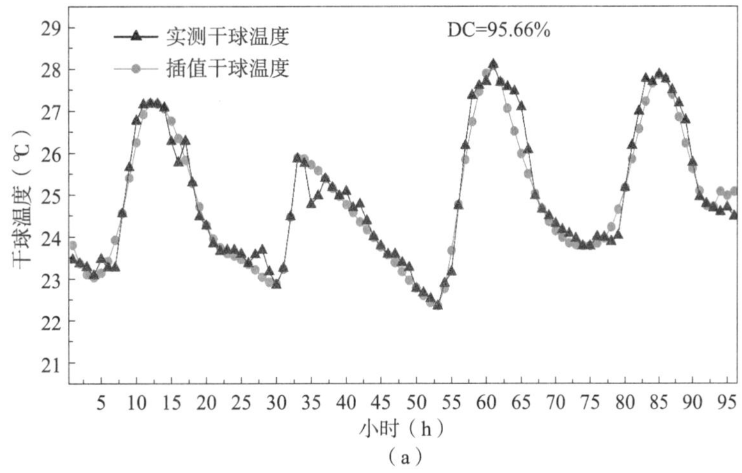

图 8-3　极端热湿气候区干球温度、相对湿度逐时变化规律
（a）干球温度逐时变化图
（图片来源：由绿色建筑全国重点实验室能源利用研究中心，提供）

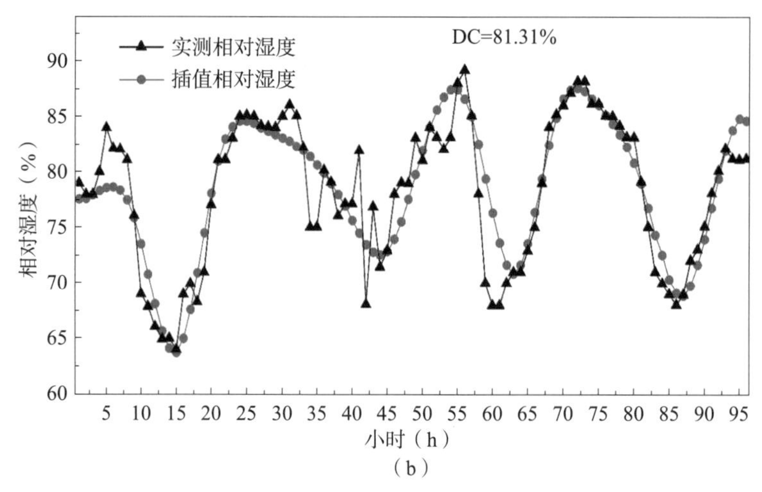

图 8-3　极端热湿气候区干球温度、相对湿度逐时变化规律（续图）
（b）相对湿度逐时变化图
（图片来源：由绿色建筑全国重点实验室能源利用研究中心，提供）

才开始产生电流，因此，将大于等于 18W/m^2 的辐射数据称为有效总辐射。

（2）建筑“全遮阳”设计

当极端热湿气候区建筑外墙等围护结构不接受太阳直射时，可大大降低空调负荷和能耗。适应极端热湿气候的“全遮阳”建筑创作原则和设计方法，如图 8-5 所示，在建筑外形和立面设计中，巧妙设计连廊、过道、阳台等辅助空间，实现建筑屋顶和各朝向外墙、门窗均不受到太阳直接照射，以隔绝太阳直射辐射对围护结构全部外表面的直接热作用，可减少空调负荷和运行能耗达 30% 以上。

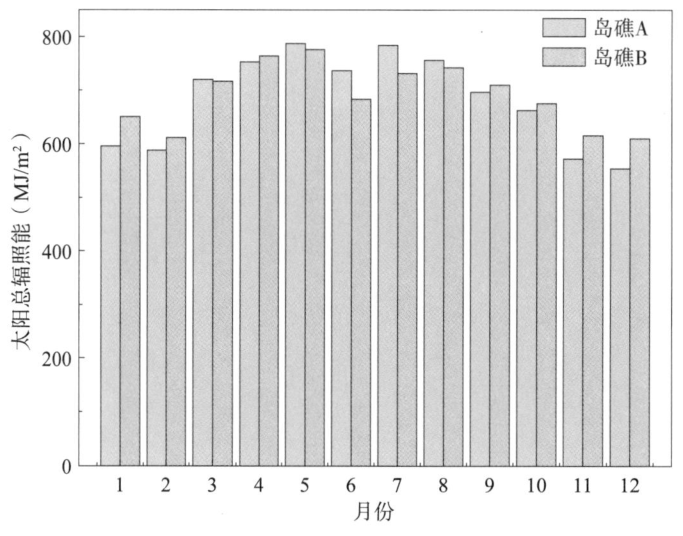

图 8-4　极端热湿气候区太阳总辐照月变化规律
（图片来源：由绿色建筑全国重点实验室能源利用研究中心，提供）

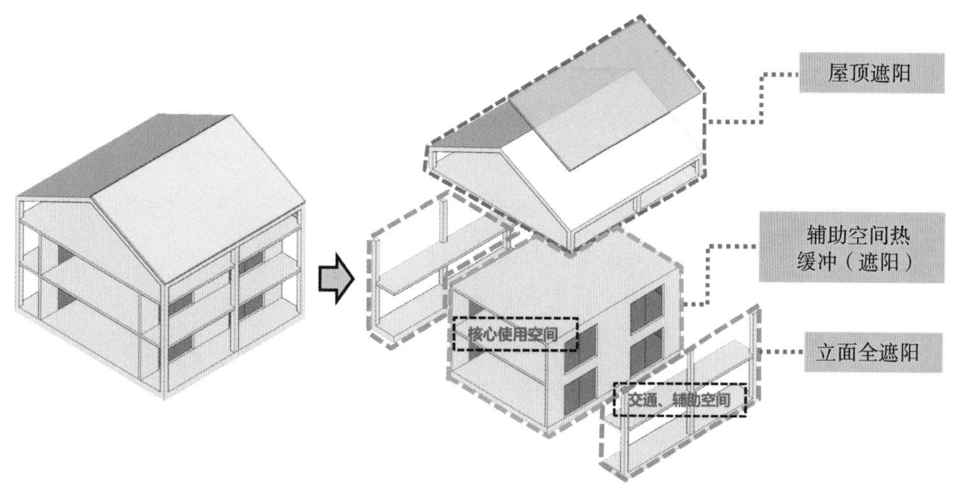

图 8-5　建筑“全遮阳”设计原理
（图片来源：由绿色建筑全国重点实验室能源利用研究中心，提供）

（3）围护结构“逆向”热工设计

以太阳能光伏空调系统制冷量为基准的超低能耗建筑围护结构“逆向”热工设计原理，如图 8-6 所示。围护结构热工性能应“服从”光伏空调系统性能，在给定光伏供冷系统性能、建筑功能的前提下，依据特定气候和太阳辐射参数，遵循建筑物冷负荷必须小于建筑物能够获得供冷量的原则，依次确定超低能耗建筑围护结构传热系数和构造。

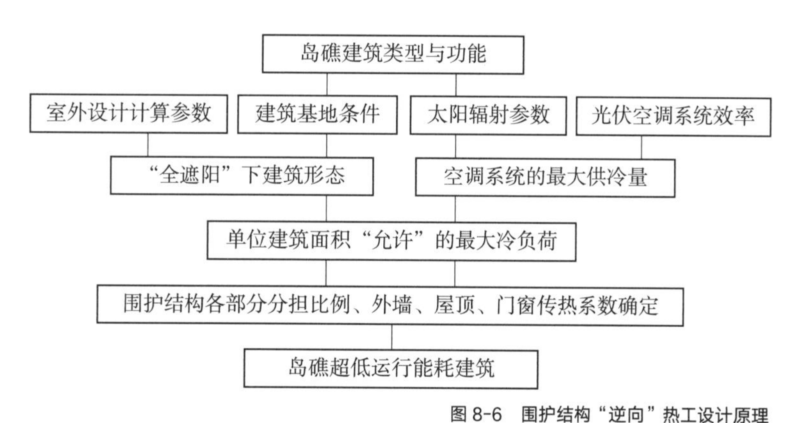

图 8-6　围护结构“逆向”热工设计原理
（图片来源：由绿色建筑全国重点实验室能源利用研究中心，提供）

3. 技术应用策略

基于极端热湿气候区建筑空调负荷特征，应用太阳能光伏驱动的空调系统形式及优化设计方法，以及蓄冷蓄电两级蓄调、模块化光伏空调机组等关键技术，将为极端热湿气候区建筑实现空调系统的化石能源近零消耗提供技术保障。

（1）空调负荷特征与系统形式

全遮阳设计后的建筑空调负荷以除湿负荷为主、温差传热负荷为辅，并且波动较小。根据极端热湿气候区太阳能资源特点和建筑空调热湿负荷构成特征，宜采用与负荷特征匹配的太阳能光热除湿、光伏发电制冷的岛礁建筑特有的空调系统形式，形成光热光伏系统、制冷机组和空调末端等设备之间的优化匹配设计方案。

（2）光伏空调蓄电蓄冷两级组合蓄调技术

针对太阳总辐射的周期性和随机性特征，宜采用短期蓄冷与长期蓄电的两级组合蓄调系统方案（图 8-7），以解决太阳能光伏发电不稳定难题，系统经济成本最大可降低 50%。

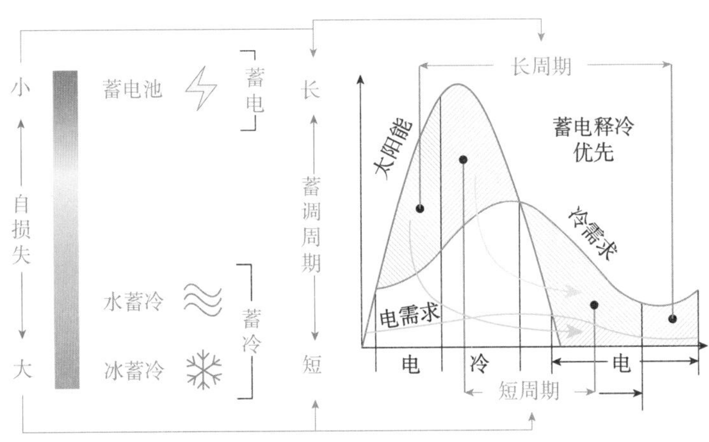

图 8-7 “蓄电蓄冷”两级组合蓄调原理

（图片来源：由绿色建筑全国重点实验室能源利用研究中心，提供）

（3）模块化太阳能光伏空调机组技术集成

研发高效的模块化光伏空调机组，对光伏蓄能、逆变、制冷等单元进行有机集成，可实现空调机组快速组装和灵活替换，能效和太阳能保证率显著提升，有效提高光伏空调系统的可靠性。

8.1.3 实践成果与社会影响

1. 实践成果

（1）研究揭示了极端热湿气候条件下人体热适应机理和南海岛礁气象与太阳辐射参数分布规律，建立了室内外热环境设计计算参数和太阳辐射参数确定方法。

（2）首次提出了适应极端热湿气候的“全遮阳”建筑创作原则和设计方法，创立了以太阳能光伏空调系统制冷量为基准的超低能耗建筑围护结构

"逆向"热工设计方法，引领了极端热湿气候区超低能耗建筑模式的发展。

（3）研究揭示了极端热湿气候区建筑空调冷负荷特征，构建了太阳能光伏驱动的空调系统形式及优化设计方法，提出了蓄冷蓄电两级蓄调、模块化光伏空调机组等关键技术，为极端热湿气候区超低能耗建筑提供了技术保障。

2. 社会影响

依据上述研究成果，创作了适应极端热湿气候的超低能耗建筑模式，集成运用了"全遮阳"设计原理、围护结构"逆向"热工设计方法和模块化光伏空调等专项技术，运行后现场实测结果证明达到了预期目标。除少数高环境需求的房间外，建筑室内热环境调控全部依赖太阳能空调系统，基本实现零能耗运行，如图 8-8 所示。

2018 年对率先投入运行的酒店建筑室内热环境进行了现场实测，结果表明：在极端热湿气候区最热的五月份，仅靠建筑物屋面光伏系统驱动空调，可满足人体热舒适的基本需求。研究建立的超低能耗建筑模式、热工设计方法和技术体系，在多个岛屿建设中得到了大面积推广和应用。

图 8-8　极端热湿气候区超低能耗建筑设计图

（图片来源：由绿色建筑全国重点实验室能源利用研究中心，提供）

8.2.1 项目背景

青藏高原地区冬季寒冷漫长、低压缺氧，常规能源相对匮乏，但太阳能等可再生资源丰富，充分利用高原富集的太阳能资源，结合地域建筑文化，因地制宜，创建特有的建筑主被动太阳能高效利用原理方法与节能技术体系，对改善高原地区人居环境、降低建筑供暖能耗与碳排放量、减少环境污染具有积极意义。

示范项目位于青海省海北藏族自治州刚察县，平均海拔 3300.5m。该地属于典型的高原大陆性气候，日照时间长，昼夜温差大。冬季寒冷，夏秋温凉，1 月平均气温 -17.5℃，7 月平均气温 11℃，年平均气温 -0.6℃，其中供暖期长达 242 天。年日照时数 3037h，日照百分率为 68%，5—9 月平均日照在 14h 以上，属长日照区域，年总辐射可达 6580MJ/m^2，太阳能资源仅次于拉萨。

8.2.2 低碳建筑设计与技术应用

1. 建筑设计方案

项目总建筑面积 7800m^2，基本户型面积 78m^2，均为单层砖混结构建筑，层高 2.8m，其中被动式太阳能供暖住宅 80 套（6240m^2），主被动结合太阳能供暖住宅 20 套（1560m^2）。示范工程项目实景，如图 8-9 所示。

（1）场地规划与建筑朝向

为充分利用太阳能资源，建筑应选择在向阳的平地或坡地上，争取尽量多的日照。项目所在地青海省刚察县以山川和山地为主，建筑物不宜布置在

图 8-9　示范工程项目实景
（图片来源：由绿色建筑全国重点实验室能源利用研究中心，提供）

山谷、洼地、沟底等凹形场地，因为凹地冬季易于沉积雨雪，其融化蒸发将带走大量热量，增加围护结构负担，增加建筑能耗与碳排放量。该地区传统建筑基地选址通常依地势起伏错落布置或因山就势，散居在向阳坡地上，不仅有利于阻挡寒风侵袭，而且有利于接受太阳辐射。因此该项目工程场地位于阳坡上，地形总体北高南低，争取建筑物接受太阳辐射最大化。

建筑物朝向的选择应综合考虑冬季太阳能热利用和防止冷风侵袭。为了保证建筑物及集热面接收到足够多的太阳辐射，应使建筑物朝向控制在正南偏东西 30° 以内，且最佳朝向为正南及偏东西 15° 以内。考虑到该地区冬季太阳能分布最强烈的特点，朝向宜调整为正南或南略偏东为宜。

一定的日照间距是建筑充分得热的条件，但从节约用地的角度，日照间距不宜过大。目前，常规建筑一般根据冬至日正午太阳高度角来确定日照间距。青海省地区冬季通常 9：00—15：00 6 小时中太阳辐射量占全天辐射总量的 90% 左右，太阳能建筑日照间距应保证冬至日正午前后共 5 小时的日照，并且在 9：00—15：00 没有较大遮挡。经计算，该工程建筑日照间距为 14m，建筑高度为 4.7m，后排与前排地形高差约为 1m，日照间距满足最小间距要求。

（2）平面布局与形体设计

太阳能建筑内部的平面布置在满足建筑功能要求的基础上，还应考虑主要房间在冬季获得足够多的太阳热量、最大限度地利用自然采光，以降低建筑常规热能利用，减少照明能耗，改善室内光热环境。

采用小进深空间、大面积南墙成为建筑设计的主体思路。在平面布局上，应根据北冷南暖的温度分区来布置各房间，以缩小供暖温差，节省供暖能耗。如图 8-10（a）所示，主要房间（卧室、客厅）尽量布置在南侧暖区，并尽量避开边跨。次要或辅助房间（卫生间、厨房、过道等）可以布置在北侧或边跨，形成温度阻尼区，北侧各房间的围合对南侧主要房间起到良好的保温作用。

被动式太阳能建筑主要将南墙面作为集热面来集取热量，东、西、北墙面通常为失热面。按照尽量加大得热面减少失热面的原则，应选择东西轴长、南北轴短的平面布局。经模拟计算，建议将建筑平面短边与长边之比控制在（1∶4）~（1∶1.5）为宜，具体取值根据实际情况而定。

（3）被动式太阳能利用

被动式太阳能供暖技术可依靠房屋本体来完成对太阳能的集热、贮热和释热过程，不需要设置供暖所必需的管道、散热器等设备，其结构和运行简单，投资少，节能效果明显。充分利用北半球中高纬度地区太阳高度角夏季高、冬季低的特征，通过对建筑物构造、朝向、南向外墙与外窗的巧妙设计，以及选取适宜的建筑材料等方式，使建筑物达到冬暖夏凉的效果。

该项目主要采用集热蓄热墙和附加阳光间两种形式，如图 8-10（b）所示。

集热蓄热墙构造由外向内依次为 4mm 玻璃盖板、100mm 空气层、10mm 瓦楞铁皮、15mm 细石砂浆、40mm 聚苯板、240mm 黏土砖和 15mm 细石砂浆，其中，瓦楞铁皮外表面颜色选择了被藏族人民广泛接受的藏红色，在保留传统藏族民居色彩的同时也起到了吸热材料的作用，集热蓄热墙上下各设置可开启关闭式通风孔，其中上部设置 2 个，下部设置 3 个，尺寸均为 200mm×200mm，内附可启闭式木盖板。冬季昼间，太阳辐射透过外玻璃，大部分被设置有吸热材料的蓄热墙所吸收，一部分被吸收的太阳辐射热量主要用于加热玻璃盖板与墙体外表面之间的空气，被加热的空气在热虹吸作用下，经过集热蓄热墙上通风孔进入室内，室内空气经下通风孔流出并进入集热蓄热墙的空气层被再次加热，如此循环，形成对室内的供暖作用；另一部分则以导热的方式通过集热蓄热墙，再经过内表面对流辐射的方式，将热量带入

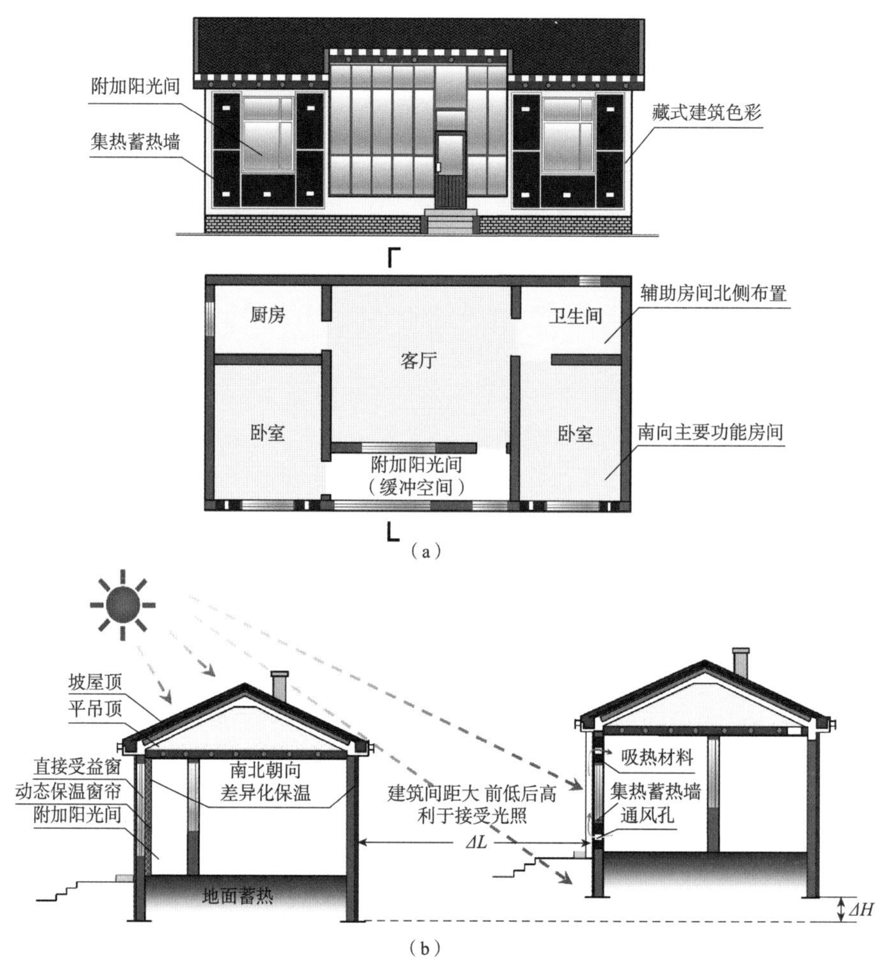

图 8-10　示范项目平面图、剖面图及被动式太阳能策略

（a）平面图；（b）剖面图

（图片来源：由绿色建筑全国重点实验室能源利用研究中心，提供）

室内，形成对室内的供暖作用。

在冬季夜间，关闭集热蓄热墙通风孔，减少室内热气流外流，并增加集热蓄热墙体的保温措施，使得在白天加快室内温升的同时，在夜间减少室内散热速率。夏季则关闭集热蓄热墙上部通风孔，打开北墙、南墙玻璃盖板上，以及蓄热墙体下通风孔，利用玻璃与蓄热墙之间的空气夹层“热烟囱”效应，将室内热空气抽出，而室外冷空气经过北墙进入室内，以达到降温目的。但是由于该地区夏季凉爽，平均气温不高的特点，基本不需要采取降温措施，因此在施工过程中，将北墙通风孔与南面玻璃上通风孔封住，仅玻璃下通风孔可自由开启，以便为蓄热墙内清灰。

附加阳光间为客厅南墙外搭建的封闭玻璃间，阳光间南立面和顶部框架上均铺装 4mm 普通玻璃，南立面中间位置设置玻璃窗，在夏季阳光间内温度过高时，打开窗户用于通风换气降温。在冬季，附加阳光间首先起到空气集热器的作用，太阳辐射透过阳光间加热室内空气，并被地面和客厅南墙外表面所吸收。通过客厅南墙门窗的开启，阳光间内的热空气流入客厅，并通过南墙导热作用将热量送入客厅，改善室内热环境。

2. 技术应用策略

虽然青藏高原地区太阳辐射强度位于全国前列，但是由于冬季气候寒冷，仅依靠被动式太阳能技术难以完全满足冬季室内热舒适要求，需与其他辅助热源相配合。在被动太阳能设计的基础上，设置主动供暖设施，可在很大程度上降低设备投资，节省常规能源，降低建筑供暖能耗。

主动式太阳能供暖系统，主要包括太阳能集热器、蓄热装置、散热装置、管道和阀门等。为保证供暖系统的安全性和稳定性，还加入了电辅助加热系统，如图 8-11 所示。白天，工作介质（防冻液）在集热器内经太阳辐射照射加热，再经集热循环系统，加热蓄热水箱内的水，蓄热水箱内的水进入低温辐射盘管，形成散热循环，加热室内空气。另外，可从主动式太阳能供暖系统中的蓄热水箱内引出生活热水管。

当供暖负荷较大，被动和主动太阳能供暖无法完全满足室内热舒适所需供热量时，可开启辅助电加热设备，考虑到电辅助长期开启所承担的电费负担，该示范工程散热系统也与县城市政供暖系统相连接。

8.2.3 实践成果与社会影响

1. 实践成果

（1）研究建立了适宜于太阳能富集区的建筑设计新模式，创建主被动式相结合的太阳能高效利用原理方法与节能技术体系。

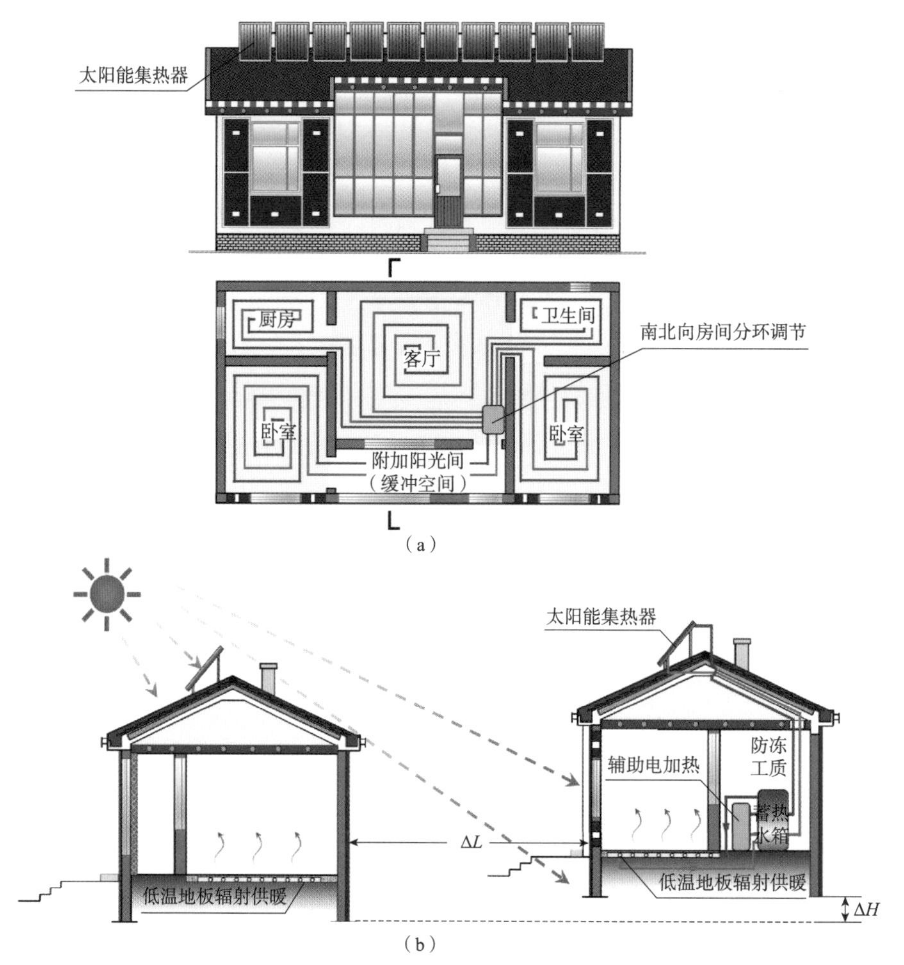

图 8-11　示范项目平面图、剖面图及主动式太阳能策略
（a）平面图；（b）剖面图
（图片来源：由绿色建筑全国重点实验室能源利用研究中心，提供）

（2）依照建筑功能需求，创造注重空间舒适性的平面设计，在设计中融入藏族文化符号，保留地域特色，又充分利用可再生自然资源，营造出满足室内热舒适性能要求的建筑。

（3）在被动式太阳能设计方面，主要采用了集热蓄热墙、附加阳光间。并利用集热部件的设置形成多重组合，例如直接受益式＋南向附加阳光间、直接受益式＋南向集热蓄热墙，直接受益式＋南向集热蓄热墙＋南向附加阳光间、屋顶集热器低温辐射盘管＋直接受益式＋南向集热蓄热墙＋南向附加阳光间等。

（4）在主动式太阳能供暖系统方面，主要使用了太阳能集热器、蓄热装置、散热装置、管道和阀门等，并加入电辅助加热系统，以保证供暖系统的安全性和稳定性。

2. 社会影响

示范工程综合运用建筑围护结构非平衡保温、被动太阳能与主动式太阳能供暖系统组合优化设计方法等理论和方法。通过对示范工程进行全面系统的测试分析评价可知，附加阳光间和集热蓄热墙等集热部件在供暖期起到了明显的节能效果，新型组合式太阳房在供暖期可节约供暖能耗达 86.6%。

充分利用可再生资源是我国调整能源结构、发展循环经济的重要策略之一。尤其针对常规能源缺乏，太阳能、风能等自然资源相对丰富的青藏高原地区，在该类地区充分使用自然资源，在满足室内热舒适要求前提下，降低建筑能耗和减少环境污染成为发展的必然。青海省刚察县农牧区主被动太阳能供暖示范工程是此理念的强有力的实践，对解决该地区常规能源缺乏、减少环境污染、提高人们生活水平具有积极意义。而且随着该示范工程的建成以及使用，在技术上实现了较大的突破，在实用性上得到了住户的广泛认可，对青藏高原地区农牧区住宅，以及太阳能供暖建筑具有重要的示范作用和巨大的推广潜力。

8.3.1 项目背景

窑洞民居是我国黄土高原地区独有的一种传统乡土居住建筑。按照窑洞的建造材料，可将其简单分为土窑和砖石窑两大类；若按照建筑布局与结构形式来区分，一些学者将窑洞分为下沉式窑洞、靠山式窑洞与独立式窑洞三种类型；而当地老百姓习惯将窑洞分为土窑、接口窑、靠山窑、四明空窑与下沉式窑洞等几种类型。窑洞民居主要分布在中国西北部、黄河中上游的黄土高原地区，绵延横亘 63 万 km^2，在陕、宁、陇东、晋中南、豫西和冀北常见，在内蒙古自治区中部等地也有少量分布。

黄土高原是窑洞产生、发展和传承的土壤，该地区大陆性气候显著，气候偏冷且气温年较差和日较差都比较大。年平均气温为 9.4℃。最冷月为 1 月，日平均气温 -6.3℃；最热月为 7 月，日平均气温 22.9℃。气温平均日较差为 13.5℃，年较差为 29.2℃，日平均气温不高于 5℃的天数为 130 天。该地区较为干旱，全年降水量约为 526mm，且集中在 6—9 月。一年中 8 月份相对湿度最大，可达到 66%~78%。1 月相对湿度最小，约为 45%~60%。该地区太阳能资源丰富，年日照时数可达 2400 多个小时，仅次于西藏自治区和西北部分地区，为太阳能的利用提供了非常有利的条件。

8.3.2 低碳建筑设计与技术应用

示范项目位于陕西省延安市枣园村，地处一连山和二连山的山坡上，坐北朝南，北面为高山，山脚下南面是西川河及川地。枣园村山地、坡地上植被稀少，水土流失严重，具有典型陕北黄土高原地形地貌特征。示范项目开始于 1996 年分四批投入建设，1999 年底完成第一批 48 孔（16 户）和第二批 36 孔（6 户，每户为 3 开间双层窑居）；2000 年完成第三批新型低碳窑居建造完成，共建 32 孔，8 户村民住进了新居（每户为 2 开间双层窑居）；2001 年完成 104 孔新型低碳窑居投入建造。示范工程项目实景，如图 8-12 所示。

图 8-12 示范工程项目实景

（图片来源：由绿色建筑全国重点实验室绿建基础研究中心，提供）

1. 建筑设计方案

（1）场地规划

项目依山就势，合理地利用地形、地貌，充分利用土地资源，在现有村址的坡地上充分挖潜，利用坡地，设置村落住区为主体，进行了村民基本生活单位及窑居宅院的建设。通过不同生活组团的布局，形成丰富的群体窑居外部空间形态（图 8-13）。

规划设计中尽可能理顺现有道路秩序，充分利用地形地貌，进行护坡、整修和道路走线的调整。将居住生活用地分为三个区域，按照村落——基本生活单元——窑居宅院的结构模式灵活布局，按照公共——半公共——私密的空间组织生活系统，并强调在各层次之间相互联系的同时保持相对独立完整。

（2）平面布局与形体设计

项目综合利用坡地，节约土地资源。在平面布局上增加东西向跨度，缩短进深，以增大南向集热面积，并有利于窑居后部采光，避免过多的凹凸，减小体形系数，有助于减少供暖热负荷。窑居房间平面布置参考现代住宅设计原理，增设卫浴空间，按使用性质进行划分，厨房、卫生间和卧室分开，满足现代生活需求。同时，错层、多层空间与阳光间的结合形成丰富的窑居外部空间形态（图 8-14）。

建筑形体的设计上，避免在外围护结构设置过多形体变化，较小的体形系数，有助于减少供暖热负荷。

（3）被动式太阳能利用

传统窑居的共性缺陷是空间单调、空气品质不佳、采光不均匀，不满足

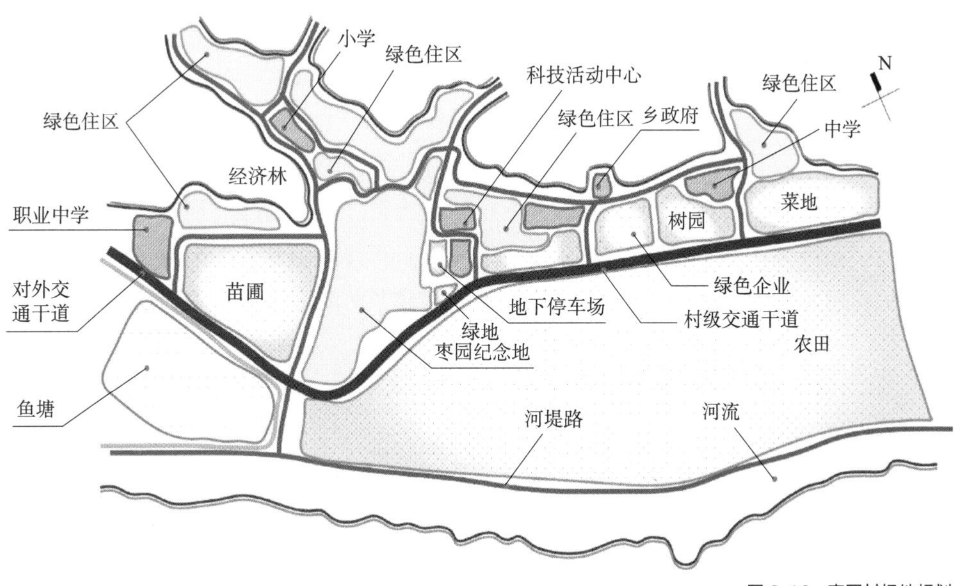

图 8-13　枣园村场地规划

（图片来源：由绿色建筑全国重点实验室绿建基础研究中心，提供）

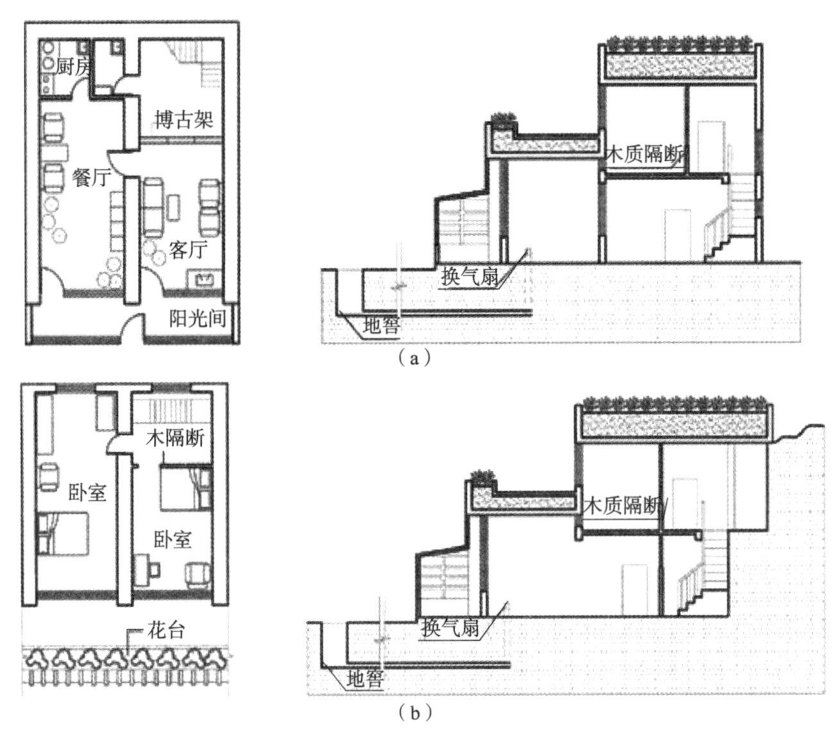

图 8-14 新窑居平面图与剖面图
(a)独立式;(b)靠山式
(图片来源:由绿色建筑全国重点实验室绿建基础研究中心,提供)

现代生活的需求;测试发现,尽管总体可达“冬暖夏凉”,但室内温度分布不均,窑脸处是保温隔热的薄弱环节,为此提出了保留窑居的厚重型结构,并结合当地丰富太阳能资源、改善室内热环境质量的设计思路。

新窑居模式的“内核”为“窑居太阳房”。进一步采用性能指标分析时,发现较其他太阳能集热部件,附加阳光间系统热性能最佳,且以二层窑居附以阳光间供暖,其太阳能供暖率和节能率等综合指标最优。因此,新窑居设计方案实施时,选用了以附加阳光间为主的 2 层窑居形式。围绕这一核心进行优化设计,逐步提出新窑居设计方案的改进措施:采用南向蓄热墙体—南向增设附加阳光间—采用卵石床蓄热结合附加阳光间—采用错层窑洞空间布局结合附加阳光间—最终形成“南向阳光间集热 + 卵石床蓄热 + 错层空间热压通风”的优化方案(图 8-15)。

2. 技术应用策略

项目实施和推广了一整套低碳适宜性建筑技术,主要包括:可再生自然能源直接利用技术、常规能源再生利用技术、建筑节能节地技术、窑洞民居热工改造技术、窑居室内外物理环境控制技术、废弃物与污染物的资源化处置与再生利用技术及主体绿化技术等(图 8-16)。

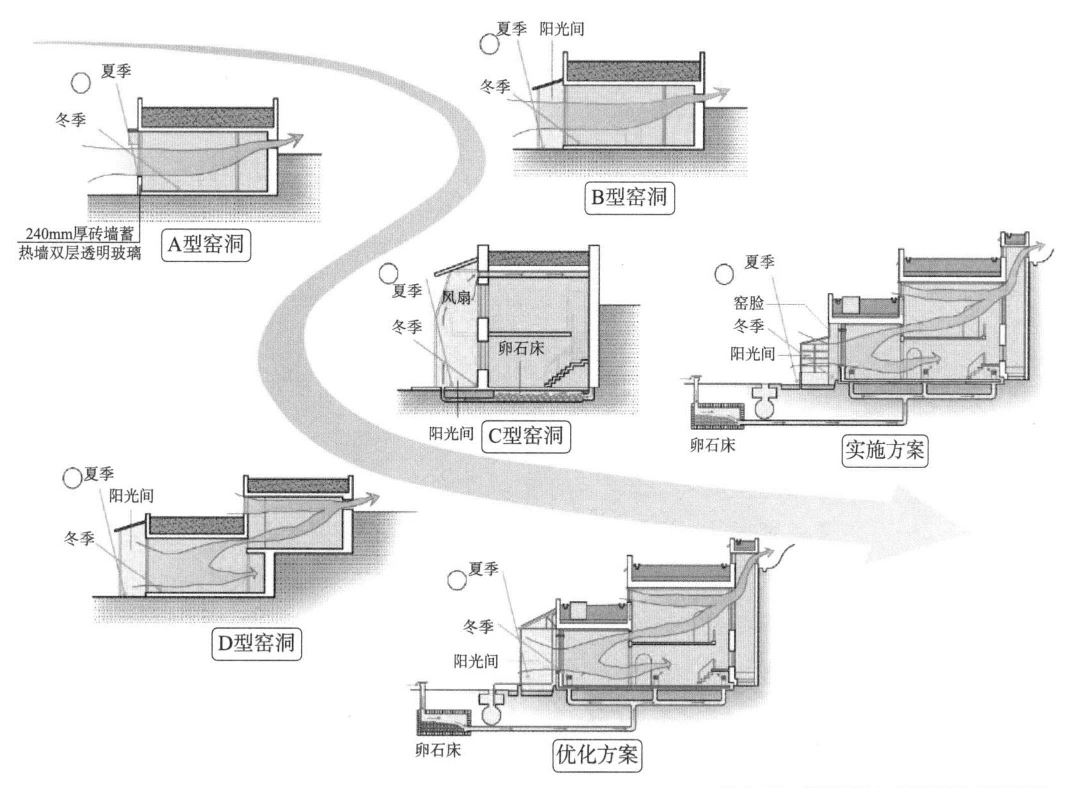

图 8-15　新窑居设计方案优化过程示意图
（图片来源：由绿色建筑全国重点实验室绿建基础研究中心，提供）

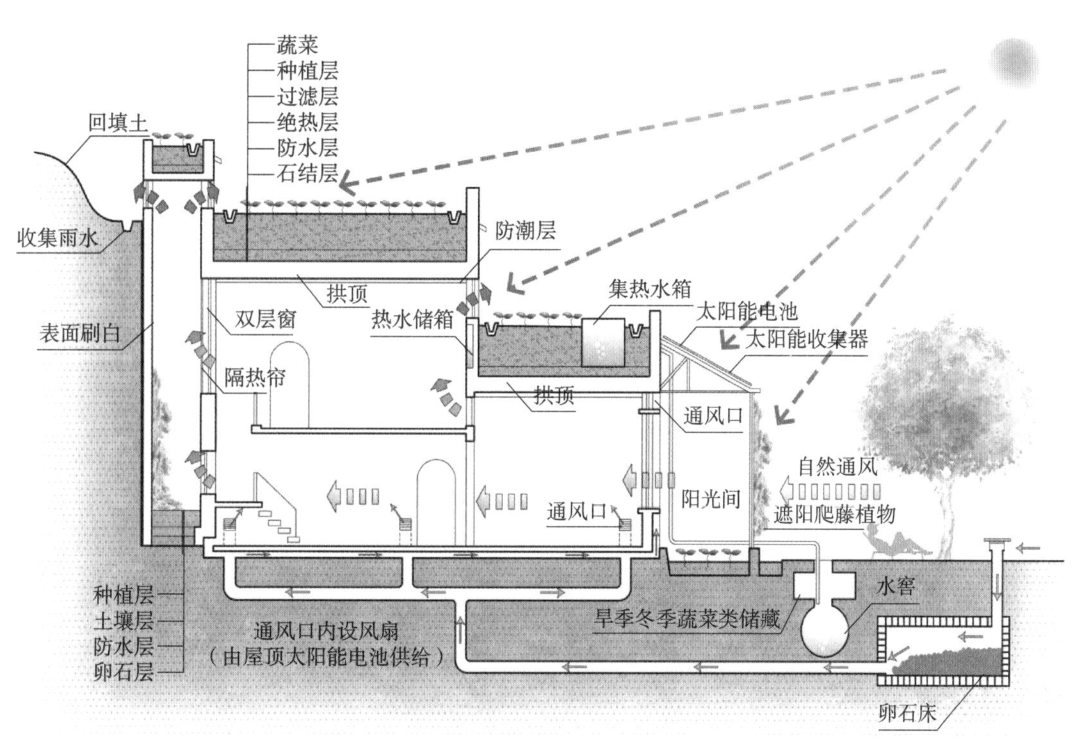

图 8-16　新型窑居建筑剖面设计原理图
（图片来源：由绿色建筑全国重点实验室绿建基础研究中心，提供）

对枣园村 3 户人家进行了地冷地热技术试验。具体做法为在院内挖地窖，设有通道与室内墙壁上的排气扇相通，利用排气扇进气或出气，使室内环境既能在夏季降温又能在冬季得热，改善了室内空气质量的同时，又调节了温度。

在运用风压通风和热压通风原理的基础上，全部新型窑居都合理地组织室内通风。独立式窑居可采用自然通风，需北面开窗，应注意尽可能缩小窗户面积，并采用双层窗或设置保温装置。这样做必然以损失窑洞的热环境为代价，但同时能够改善室内后部的光照环境。靠山式窑居可采取错层后的天窗与窑洞后部的通风竖井相结合的做法。上述措施保证了冬季换气和夏季降温的要求。

以玻璃窗替代了原来的麻纸窗户，并且采用双层窗或单层窗加夜间保温的方式提高保温性能，同时注意增加门窗的密闭性能。门洞入口处采用了保温措施以防止冬季冷风的渗透。在北向增加窗户，但窗户面积非常小，而且采用了双层窗并设置保温装置。

夏季，南窗设遮阳板，或综合绿化，种植藤蔓植物。

新窑居院落全面实施立体庭院经济，窑顶采取多功能和多样性种植经济作物，既美化了环境，改善了气候，又发展了经济。

在窑顶采用了新型防水技术应用，结合室内有序组织的自然通风能保持夏季室内温度场分布均匀，防止了壁面与地面泛潮。

新窑居建成后，对其使用效果进行系统的测试和评估工作，实地测试与调查显示：在夏季，室内温度可维持在较舒适的温度范围内（25℃以下），同时波动很小，比空调送风环境更加舒适，起到自然空调的作用；在冬季，室内温度维持在 10~15℃的基本舒适区间内，比传统窑居的室温提高了约 5℃（图 8-17），且温度场分布更均匀（图 8-18）。室内采光系数明显高于传统窑居（图 8-19）；同时，复式空间及通风开口的组织显著改善了窑洞内的通风情况。

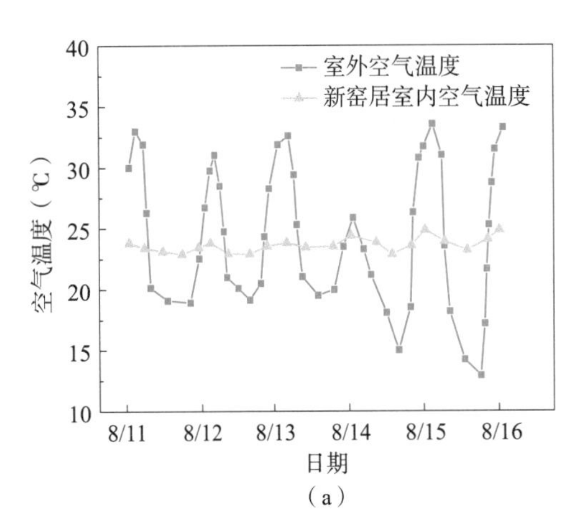

（a）

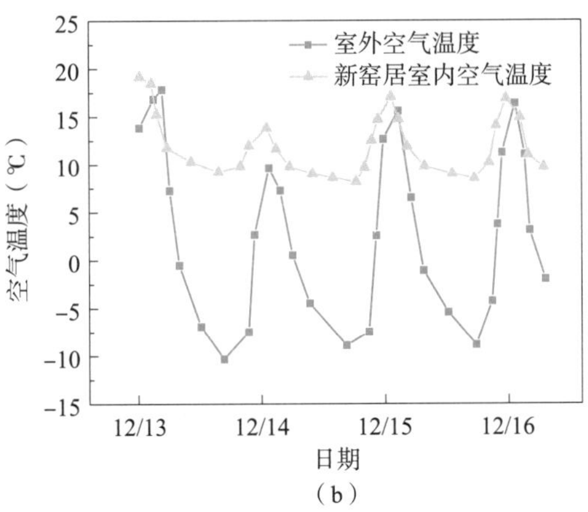

（b）

图 8-17 新型窑居冬夏季室内外空气温度实测

（a）夏季；（b）冬季

（图片来源：由绿色建筑全国重点实验室绿建基础研究中心，提供）

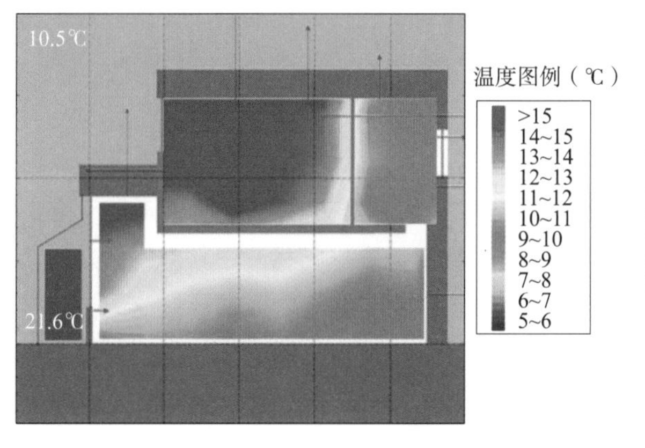

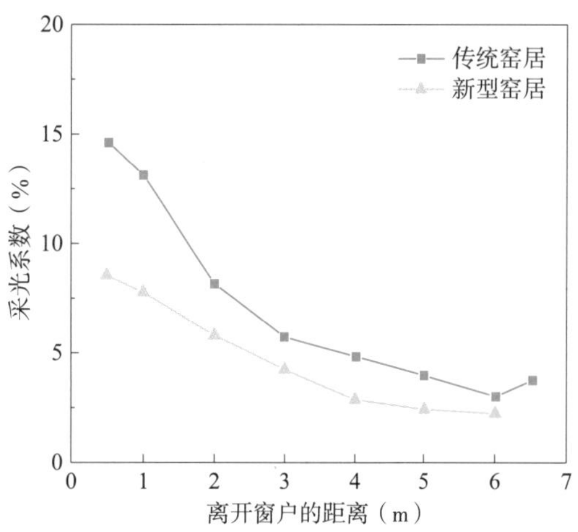

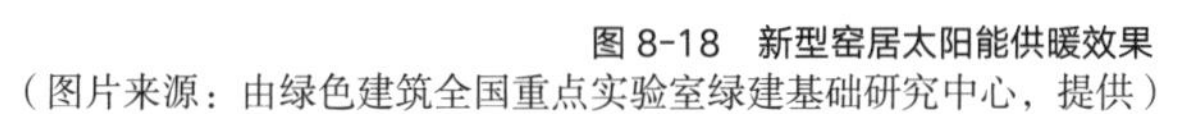

图 8-18　新型窑居太阳能供暖效果
（图片来源：由绿色建筑全国重点实验室绿建基础研究中心，提供）

图 8-19　新型窑居与传统窑居室内采光状况
（图片来源：由绿色建筑全国重点实验室绿建基础研究中心，提供）

8.3.3　实践成果与社会影响

1. 实践成果

（1）提炼了传统窑洞民居生态建筑技术体系。传统窑洞民居中蕴涵有丰富的协调人与自然关系的生态建筑经验；通过采用现代建筑科学方法将其变成了可用于当地居住建筑设计的定量化的技术体系。

（2）建立了新型低碳窑居建筑设计理论和方法。本研究建立了既能满足现代生产生活方式，又具备节约能源、高效利用资源、保护自然生态环境特点，还继承了优秀的地方传统居住方式、习惯和生态建筑经验的新型窑居建筑设计理论和方法。

（3）建立了新型窑居太阳房动态设计理论和方法。窑洞民居空间形态与太阳能动态利用有机结合是新型低碳窑居的关键技术之一，项目研究从理论和设计方法上解决了窑居建筑冬、夏季利用太阳能与室内热环境的动态设计问题。

（4）建立了零辅助能耗窑居太阳房设计理论和方法。合理的空间形式和构造方法，可以在窑居建筑中实现零辅助供暖和空调能耗；项目研究从人体热感觉、窑居热环境需求，平面与空间、构造与材料诸方面出发，首次解决了窑居建筑实现零能耗的设计问题。

（5）建立了新型窑居建筑绿色性能与物理环境评价指标体系。通过理论分析和对传统窑居与示范工程的几个冬夏季的对比测试研究，首次建立了新型窑居绿色性能与室内外物理环境的评价指标体系。

（6）初步建立了中国传统民居生态建筑经验的科学化技术化及再生的思

路和方法，这对研究解决中国传统居住建筑文化持续走向生态文明和现代化的问题提供了一条途径。

2. 社会影响

新窑居模式改进了传统窑居的缺陷，继承了其生态经验，满足了人们的现代生活需求，因而为当地居民广泛接受。在枣园村建设新窑，搬进新窑居，成为一种“时尚”，并对城市的住宅建设产生重要影响。据统计，新窑居模式在陕西延安城乡地区成功建成约 5000 孔、10 万 m^2，按国家建筑节能标准提供的计算方法，新窑居建筑节能率达到 80% 以上，远高于同期城市建筑的设计节能率。

思考题与练习题

1. 思考气候条件对人居方式、地域文化及传统建筑风格的影响。

2. 在极端热湿气候区超低能耗建筑示范工程中提到了研发适宜岛礁建筑的光伏空调系统。试分析这种系统在其他地区的应用潜力和可能性。

3. 思考太阳能富集区公共建筑设计中如何应用主被动式结合的太阳能技术。

4. 分析新地域窑居建筑模式如何平衡建筑的功能性、文化传承和节能降碳的目标。

5. 根据这些示范工程案例，建筑碳中和涉及多个方面，如建筑设计、能源利用和社会影响。在实现建筑碳中和的过程中，分析政府、产业和个人在推动可持续建筑方面应扮演怎样的角色，以及如何促进碳中和建筑的规模化和普及化。

6. 请分析建筑碳中和指引对建筑设计和工程有哪些影响？

7. 建筑碳中和的实施对社会和环境有什么影响？

参考文献

[1] 刘加平，谢静超，王莹莹，等 . 极端热湿气候区超低能耗建筑关键技术与应用 [J]. 建设科技，2023（11）：20-23.

[2] 刘加平 . 绿色建筑——西部践行 [M]. 北京：中国建筑工业出版社，2015.

[3] 杨柳，刘加平 . 黄土高原窑洞民居的传承与再生 [J]. 建筑遗产，2021（2）：22-31.

第9章 建筑碳中和的过去与未来

> ➢ 建筑领域主要减碳技术有哪些？
> ➢ 建筑低碳发展与低碳能源之间有何关系？
> ➢ 为实现“双碳”目标你应该如何做？

本章整体知识框架，如图 9-1 所示。

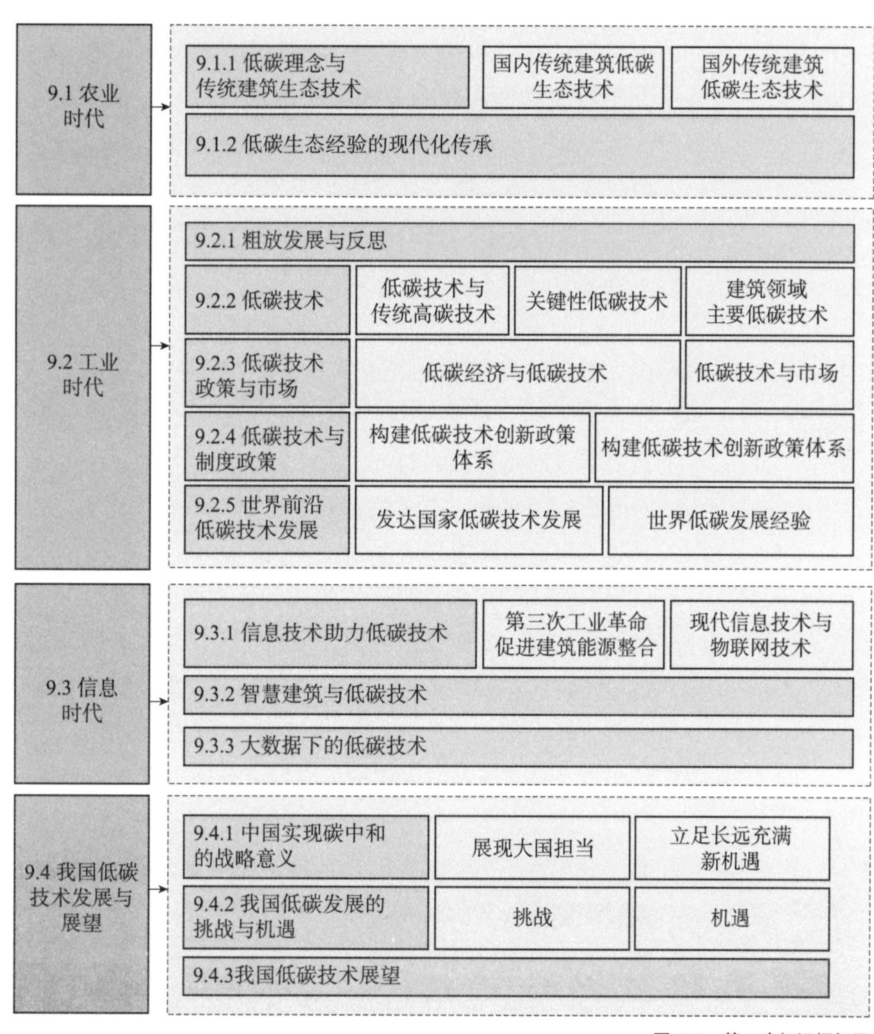

图 9-1 第 9 章知识框架图

9.1.1　低碳理念与传统建筑生态技术

传统建筑经验是建立在农业、手工业社会时期有限的自然资源和技术条件上的，由于种种限制，当时的人们便将有限的资源进行最大限度地利用，创造出了几乎不需要外部能耗即可达到相对适宜的室内环境，进而体现了人与自然和谐融洽的关系。以上这种利用有限资源创造相对舒适环境的朴素原始生态技术与当下建筑低碳节能概念十分吻合，是当下低碳发展范式创新的源泉，并促使人们反思自身的行为。

1. 国内传统建筑低碳生态技术

低碳理念与技术在我国传统建筑中普遍存在，我国传统民居经过几千年的演变，不断与其所处环境相互作用，最终形成了一种人、建筑、环境之间的和谐关系，其中便凝聚着农业时代先民的生态营建经验与建造方法，展现了当地居民的生态节能智慧。

（1）我国传统民居中的技术指导思想

我国幅员辽阔，地形复杂多样，在漫长的历史长河中形成了丰富多样、特征鲜明的地域文化与建筑，当地居民在与自然的互动中，树立了尊重自然、顺应自然、天人合一、适度适中的自然观与生态意识，在此自然观与生态意识的指导下，先民们在顺应自然规律的基础上，合理利用自然资源，做到了人与自然环境和谐共生。

作为思想意识指导下产生的行为实践，我国传统民居在各方面体现着传统的自然观，其营造过程深刻表达了与自然融合的环境意识。我国民居在营建过程中无不就地取材，因材施料。就地取材大大减少了运输过程的能量与资源消耗。因材施料在保证建筑安全性的同时减少了建筑运行的维护成本，这与当下建筑领域减少建材运输和建筑运行碳排放不谋而合。

我国民居营建并非一味地追求舒适性或雄伟永恒等极端目标，现代科学也已证明过于高大的空间或恒定不变的室内环境对人的生理与心理都会产生消极影响，我国古代先民所追求的舒适性是一种适宜的、相对稳定的室内环境，其实现途径主要是通过建筑选址、空间营造、材料选择等一系列因素综合调控。建筑在自然工况下运行就可以达到相对舒适的范围，传统民居是根本意义上的绿色低碳建筑。

（2）我国传统民居中的低碳技术

我国农耕时代的先民发展出各种技术手段，从而尽可能地获取有利自然资源，规避不利自然条件，减少能量消耗，最终创造出既符合自身需求又适宜当地环境的良好居住空间。

聚落及建筑选址方面主要遵循的原则为：因地制宜，趋利避害。站在资源利用、创造宜居环境的角度上，背山面水可以阻挡冬季寒风，减少了冬季建筑物的热量散失；夏季又可以利用水体蒸发降温，创造舒适的室内外环境。以当地自然环境为基础进行选址，最大化利用有利的自然资源条件，改造不利条件，而非彻底消除，降低了土石方和建造能耗，减少对周围环境的影响，同时创造出了适宜的居住环境。

寒冷地区的建筑以获取日照和防寒保暖为主要目的。我国华北地区纬度较高，气候寒冷干燥，坐落在此处的北京四合院坐北朝南四面围合，门窗朝内开启，院落宽阔，进深较浅，四面高大围合的院墙遮挡了冬季寒冷的北风与风沙。正房朝南开启的门窗可将夏季的东南季风引入室内，庭院两侧的厢房借助大开间小进深的庭院，在冬季也可以获得较好的日照。建筑两侧面积较小的东西山墙不仅减小了建筑冬季散热量，也降低了夏季西晒对室内环境的影响，避免房间过热。据测算北京四合院墙体平均厚度达 490mm。以土和砖为主砌筑的外墙保温隔热性能好、蓄热能力强，可以很好地适应华北地区冬季寒冷漫长的气候条件，以及应对温差变化对室内环境的影响。以碎砖混合其中的“软心墙”则很好地利用了废弃的建材。火炕作为冬季供暖的主要手段，坑下设有烟道与厨房灶台相通，利用厨房灶火余热产生的高温烟气加热炕面达到供暖的目的，充分利用了能源。

我国南方地区多山地丘陵，夏季炎热潮湿，在这样的环境中降温除湿、节约土地成为创造舒适居住环境的主要矛盾。南方合院演化出了异于北方的窄面宽大进深的院落空间，配合檐廊与屋面下的夹层空间，遮挡夏季太阳辐射，创造凉爽的室内环境。狭长高耸的天井空间在白天可以配合较大的挑檐遮挡阳光，降低天井温度，与室外高温空气形成温度差，利用热压通风。夜晚，院内空气受周边蓄热物体放热影响，温度上升，室外的冷空气下沉进入院内，形成夜间通风，类似于一个低碳绿色中庭。传统民居中的狭窄巷道被称为冷巷，对院落整体通风效果的提升十分显著。当室外有阵风时，狭窄的巷道可创造热压和风压差来提升风速降温。民居屋面上可自由开启的天窗，在夜间大门关闭时打开，风沿窗吹入，从后窗或楼梯间吹出，增强院内通风效果。这些被动式技术手段无疑是当今低碳减排概念的有效实践。

2. 国外传统建筑低碳生态技术

国外传统民居建筑在实践中同样是基于各地自然情况，结合各自生活习惯，对其所处环境采取“真实、客观”的理性科学回应方式。古埃及时期的内院式民居将主要房间设在北向并配有敞廊，以应对当地炎热的气候。这种内院式民居后来发展到两河流域和地中海沿岸，并依据当地居民生活习惯和环境条件进行演变，一直到文艺复兴时期的西班牙民居中仍体现着这种内院式民居的特征。由于欧洲大陆的气候差异性，各地民居均演化出了适应各地自然条件的“被动式”技术特征，如生活在欧洲寒冷地区的日耳曼人的传统独幢式民居大厅带有中间门厅，相当于保温缓冲空间以防风保暖；而在气候条件相对温和的欧洲南方，民居建筑则演化为围绕庭院修建遮阳棚的形式。

不管是东方还是西方，都认识到了环境的重要性，建筑在处理与人与环境的关系中不断发展演化。我们要将西方理性科学方法与东方自然和谐的生态观结合，辩证地看待我国现代化进程中科学理性的作用，以中华文明传统智慧引导现代化建设方向，将中华文明的生态智慧纳入我国现代化绿色低碳发展之中。

9.1.2 低碳生态经验的现代化传承

相对于现代建筑而言，传统民居是诞生于可利用资源有限，对自然的改造能力有限的农业、手工业时代，这就决定了其在建设和运行过程中对环境的破坏较小，对资源的依赖较低。也正是因为如此，优秀的传统民居也蕴含了农耕时代先民们适应自然、利用自然、保护自然的生态建筑思想和经验，这正是当下我们维护生态平衡、实施可持续发展战略的珍贵借鉴对象。

我们仍应该清楚地认识到，传统建筑的时代局限性。随着生产力的发展和人们对居住环境要求的提高，传统建筑已不能满足当下需要，但是建筑领域技术发展与传统民居营建所面对的自然因素是相似的。因此，传统民居营建和运行过程中展现出来的生态技术方法与今天的低碳建筑技术体系具有高度的相似性。借助现代技术和全球化优势，整理挖掘传统民居建筑中的绿色生态技术经验，并将其科学化、技术化，用现代的眼光重新审视中国传统民居在处理人与环境、建筑三者关系方面的巧妙之处，以为今用。

9.2.1 粗放发展与反思

自西方工业革命以来，工业化随着全球化在世界广泛展开，工业文明在为人类社会的进步作出巨大贡献的同时，也因人类对自然界的过度索取和破坏而激发出种种矛盾，并随着时间的推移不断加剧，具有集中爆发的风险。这使得人们开始重新反思人与自然、社会和自身的三大关系，思考人类在具有强大技术能力之后如何合理运用自己的能力，强调一种平衡、协调与稳定。

9.2.2 低碳技术

低碳技术也称为清洁能源技术，是指通过提高能源使用效率来稳定或减少能源需求，同时降低对煤炭石油等化石燃料依赖的技术。广义地说，所有可以降低因人类活动而产生的温室气体的技术都可以称为低碳技术，其主要手段为减少碳源和增加碳汇。

1. 低碳技术与传统高碳技术

低碳技术依托于低碳经济，是社会发展模式和能源利用模式的根本性转变，在影响因素和作用机理上与传统“高污染、高消耗、高排放和低效率”的高碳技术有着根本性差别。

首先，低碳技术的价值观是可持续的而非对自然的征服与掠夺。低碳技术的本质是低污染、低排放、低消耗、高效率地使用资源，主张技术创新必须建立在促进自然生态系统的可持续发展基础上。

其次，低碳技术的衡量标准是多元化的，评价标准综合了能源消耗、经济效益、环境成本及碳排放程度，而非以经济指标和经济效益作为单一的衡量标准。

最后，将资源利用效率纳入经济发展动力中。能源利用率与循环使用率较高、碳强度较低、优先使用清洁能源等方面是低碳技术区别于高碳技术的显著特征。

2. 关键性低碳技术

低碳技术从源头减碳和末端固碳两方面发力。源头减碳主要体现在能源方面，以低碳甚至零碳的新能源代替高碳化石能源并提升能源的利用效率。末端固碳主要是 CO_2 的捕捉、封存、利用技术。

（1）太阳能

太阳能具有清洁、无污染、可再生的特征，是当下理想的化石替代能源之一。太阳能电池转化率是太阳能发电量的决定性因素。我国太阳能发电技术将在以下几个关键方面取得重点突破，①太阳能电池，研发更为高效率低成本的光伏电池，和满足建筑需求多样化的太阳能光伏组件，提升对光伏组件回收处理和再利用效率；②光伏建筑一体化，注重光伏建筑一体化电池技术的研发，进一步完善光伏建筑一体化的建设规范标准，突破光伏发电并网关键技术瓶颈；③将太阳能发电技术与人工智能、大数据等先进技术结合，将太阳能光伏发电技术引向自动化、智能化、规模化。

（2）生物质能

生物质能在各类可再生能源中具有环境友好、成本低廉和碳中性的特点。以生物质作原料供能的技术主要有生物燃气技术、生物质发电技术、固体成型燃料技术，以及生物液体燃料技术等。生物质产品开发也因其低成本高值性的优势，成为当下备受关注的生物质能技术热点之一。数字技术、人工智能等先进技术与生物质资源开发利用相结合，将为生物质能技术发展带来新机遇，将生物质技术带向规模化、多元化、智能化和网络化的发展方向。

（3）核能

核能技术的发展受到多方面因素的影响，特别是在日本福岛核事故后，核能的安全性问题愈发受到国际社会的关注。全球范围内正在探索新一代先进安全核能技术，以解决上述发展制约，主要包括提升燃料的可持续性和创新性，应用具有高安全性、功率小、多用途、灵活性强的小型堆，将储能系统或其他可再生能源系统与核能结合等方面。打造低碳协同混合系统，以提高核能运用的灵活性和安全可靠性。

（4）资源循环利用

资源循环利用作为缓解资源压力和节能减排的有效途径之一。主要涵盖了矿产资源的综合利用，工业生产中三废（废水、废气和废物固体物）的回收利用，城乡生活垃圾的再利用和水资源循环利用与节约等方面。国家发展改革委在《“十四五”循环经济发展规划》（发改环资〔2021〕969号）中明确提出，到2025年，我国将基本建立资源循环型产业体系，基本建成覆盖全社会的资源循环利用体系。我国正加紧资源循环利用技术装备优化升级，以最终实现资源的再造和梯级利用。下一步应及时将废旧太阳能光伏板等新废物纳入循环利用范畴，同时研发新型废弃物的回收利用技术，保证各类废弃物的有效回收和高效利用。

（5）碳捕技术

CO_2的捕捉、封存与利用技术简称为CCUS（Carbon Capture，Utilization and Storage），该类技术已成为当下解决CO_2排放问题的有效手段，世界范围内已建立起多个不同规模的CCUS项目。未来发展方向是降低CCUS技术的运用成本，解决运输过程中的安全性问题，集中突破制约大规模商业化推广应用的关键性技术，扩大技术适用范围。

3. 建筑领域主要低碳技术

（1）太阳能发电技术

太阳能发电技术作为太阳能替代传统能源产出的主要途径之一，主要有光热发电与光伏发电两种形式。太阳能光热发电技术正朝着“高参数、大容量、连续发电”三个方向发展。高参数即为聚光比高、运行温度高和热电转换效率高，其核心技术有高精密度跟踪控制系统、高热流密度下的传热、太阳能热电转换等。大容量为发电规模大，进而降低发电成本，提高市场竞争力。连续性则主要指提高储热效能。

太阳能光伏发电可与建筑相结合，即光伏建筑一体化，将光伏器件与建筑屋顶或玻璃幕墙结合，吸收太阳能用于发电以降低发电成本。太阳能光伏发电正从单一的屋顶光伏发电渗透到农业、交通、资源管理等领域，在未来有望成为一种广泛应用的清洁能源。伴随着新兴储能技术发展，与储能技术结合也是太阳能光伏发电的重要发展方向之一，太阳能光伏发电的利用率和可靠性将大大增强。

（2）风能发电技术

风能作为重要的可再生能源之一，蕴量巨大，发电成本约为太阳能光伏发电的 30%~50%，且占用空间较少，因此风力发电潜力巨大。风力发电与建筑物结合是风能在建筑中使用的一个重要发展方向，将大容量的风力发电机置于建筑中，不仅改变了原有建筑供配电系统，同时解决了现阶段风力发电站建设场地占用及电力运输损耗的缺点。现阶段风力发电与建筑结合的关键问题是研发生产满足建筑使用需求，同时具有低噪声、低振动、安全可靠等特性的大容量风力发电机，以及风力发电的储存。在建筑被动式设计与技术方面，建筑物的自然通风设计，成为建筑节能减排的重要手段之一。现阶段，自然通风的研究与技术主要方法有理论分析法、实验研究法、计算流体力学 CFD（Computational Fluid Dynamics）法等，其中 CFD 模拟技术发展已十分成熟且结果可靠，其模拟结果已纳入我国绿色建筑评价体系中。

（3）地热能技术

作为储量大、分布广、稳定可靠的清洁能源，地热能在建筑中多与热泵技术结合，发挥土壤或地下水的良好储热性。在冬季，地源热泵系统利用低位热能为建筑供暖，同时储热以备夏季制冷。夏季，建筑中的热量可以释放到地下给建筑降温，同时储存冬季供暖热量。建筑领域对地热能利用的关键技术主要集中在换热器的传热模型、回填材料、地下岩土的热物性和热泵系统所用工质等方面。我国地热能的开发主要集中在浅层区域且技术较为成熟，中深层地热能供热仅适用于地热资源条件较好的地区。

（4）建筑电气化技术

全面实现建筑终端的电气化，是减少建筑碳排放的有效手段。我国全面电气化的主要障碍就是北方供暖仍以直接燃烧化石能源作为热力来源，未来亟需构建新型热力系统，将供热热源转化为低碳或零碳热源。目前的解决办法有电热协同、热电协同和跨季节储热几种，但都还存在需要突破的瓶颈技术。在此背景下，以热泵等电力驱动替代锅炉燃烧供热成为化石燃料替代的重要手段。面对建筑电气化水平不断提升，下一步需全面开发适用电气化供能的各类电器设备。

（5）建筑能源系统的柔性响应

未来可再生电力将是建筑供能的主导，建筑作为能源系统中的重要环节，为了适应“荷随源动”的用能变革，建筑自身的柔性用电成为至关重要的环节。为实现柔性用电，增强建筑自身用能的可调性，需引入有效的能源储存、释放和利用技术，如建筑本体蓄冷蓄热技术、电器设备技术和蓄电池技术等。

如何发挥单体建筑量大面广的特点，实现规模化聚少成多的效果，利用建筑本体围护结构的热惯性和蓄热特性，配合运行调节策略，以实现适应低碳能源电力系统的响应，是未来建筑柔性用电的重点发展方向之一。建筑中的电器设备也是具有柔性调度潜力的柔性资源，建筑电器设备的用电负载特性如何适配建筑用电的柔性调节成为未来建筑电器发展的新方向，其中分布式蓄电池作为重要的储能手段，发展潜力较大。目前不断扩大的电动汽车规模，使得电动汽车电池有望成为未来建筑能源系统重要的可利用柔性资源。

（6）低碳建筑技术的选取与优化

建筑的节能减排是多技术综合协调的结果，需要在设计阶段就对大量的节能技术进行整合与优化，以实现最终目标。建筑师作为建筑设计阶段的主要影响者，在面对低碳设计工作跨专业协同上，往往显得力不从心。在集成建筑设计和建筑性能评估等方面 Rhino+Grasshopper 设计平台具有明显优势，但因操作较为复杂，运用成本较高并未得到普及。性能驱动的设计技术或称为性能化设计技术将人工智能技术直接引入建筑设计之中，模拟预测设计方案的全生命周期碳排放，并结合算法对建筑设计方案进行优化。现阶段，数字技术在低碳建筑领域的发展仍受限于训练样本数据不足，结果可靠性不强等因素，故建筑设计方案与全生命周期碳排量相对应的数据库建立将是未来数字技术在建筑设计中运用的基础保障与发展方向。

（7）建筑工业化

建筑业的工业化、装配化和施工组织管理的科学化对于建筑业节能减排，减少建筑垃圾和推进我国工业化、现代化发展具有重大意义，同时也是实现我国建筑工程高质量绿色可持续发展要求的主要途径。近年来，我国已明确提出“大力发展建筑工业化”的战略目标，建筑工业化正在向更加系统化和集约化的方向快速发展。

为促进我国建筑工业化更好发展，还需从关键结构体系和技术体系入手，扩展我国建筑业工业化的概念和技术标准体系的运用范畴。增强装配式建筑的创新能力，提升装配式建筑的集成应用化、标准化和通用化程度，加快建筑工业化的全产业链建设，降低我国建筑工业化产品的制造、销售和建设成本，形成装配式建筑全生命周期的整体策划与方案设计，打造全生产流程可管控可追溯的信息化管理平台。

（8）建筑运行阶段节能减排技术

降低建筑运行阶段的能耗与碳排放的重点体现在建筑围护结构上，具体有两方面，一方面是结构本身的低碳，减少建筑结构材料在生产运输过程中的碳排放；另一方面是提升围护结构的保温隔热性能，降低建筑供暖制冷能耗，其中较为先进和成熟的技术有各类节能墙体和被动式墙体技术。另外以变相墙为代表的复合相变材料也是未来建筑围护结构节能减排的主要创新方向。屋顶低碳技术近年来发展迅速，主要有新型保温材料的开发与运用、通风屋面、绿化屋顶、冷屋面系统（金属反射、浅色涂层反射）、蓄水屋顶等，较为前沿的还有智能技术和生态技术等。门窗低碳技术主要从两方面提升建筑保温隔热性能，以减少建筑制冷与供暖能耗：①增加门窗的绝热性；②提高门窗的气密性。

（9）综合管理技术

建筑能源的综合管理技术主要是对建筑物各用能系统的能耗进行模拟预测和实时监测，提高能源运行效率，进而达到节能减排的目的。建筑能源管理技术由三大部分组成：①建筑能耗预测技术；②能源资源配置技术；③系统整体优化技术，即面向整个系统提出最佳整体优化技术从而达到节能效果。建筑碳排放管理模式作为低能耗、低污染、低排放的高效管理方式，是高效利用资源、追求低碳 GDP（Gross Domestic Product）的主要手段之一。将碳排放管理模式运用到建筑项目运行过程中，不但可以扩大低碳技术效应，也有助于提升管理者的低碳意识。碳排放管理模式技术主要包含了对建筑电器、设备运行进行实时智能监控的低碳技术和物业管理系统低碳技术两大部分。

（10）建筑固碳技术

建筑有机材料的减碳固碳技术，主要是使用天然植物建材或利用植物的呼吸生长作用，以及土壤中的微生物活动来达到减碳固碳的目的。具体技术有建筑垂直绿化、绿色屋顶，使用天然植物建材等。

木材作为天然可再生材料，在节能减排方面具有巨大优势，植物建材在生产加工过程中较混凝土和钢材节能减碳，植物生长过程中也会吸收大量 CO_2，木构件拆解后也可循环利用。现代木结构根据建筑材料和建造形式的不同，可分为原木结构、轻木结构、梁柱结构和混合结构等四种类型。在现代木结构技术运用方面还应继续优化木结构建筑设计和木质建筑组件的设计与制造，采用更多标准化、模块化的木材构件，提高运输组装效率。提升木结构建筑拆除后废旧物的回收利用率，充分发挥木材的固碳作用。

建筑表面的绿化形式主要有屋顶绿化和垂直绿化两种，建筑表面的绿化植被在吸收 CO_2 的同时，可以减少夏季建筑受到的辐射热，土壤也有保温保湿作用，从而减少建筑供暖与制冷能耗，达到节能减排的目的。

德国作为现代绿色屋顶的发源地，已将屋顶绿化的相关工程经验与技术写入了德国绿色屋顶技术指导手册《绿色屋顶建筑设计、实施及维护指南》。其他国家在借鉴德国经验的基础上也都提出了适合本国的发展策略。我国近年来在绿色屋顶方面发展迅猛，但仅限于经济比较发达的地区，还未全面普及。现如今，绿色屋顶正不断向着密集型和精绿化发展。垂直绿化对于建筑节能减排的贡献与屋顶绿化相似，现阶段垂直绿化的新技术有直壁容器式绿化系统、垂直模块式绿化系统和无纺布营养液式绿化系统。

随着无机材料固碳特性不断被发掘，建筑设计中使用具有固碳特性的无机建筑材料已成为建筑领域节能减排的重要途径之一。在生产端，建材工业可通过提高工艺技术水平、使用替代燃料、提高水泥熟料质量等方式进行节能减排。在使用端，混凝土水泥、砂浆水泥、建筑过程中损失的水泥，以及水泥窑灰均具有可观的碳汇功能，如混凝土在处理、回收利用阶段未碳化的部分仍会继续吸收 CO_2，掩埋的混凝土也会不断地吸收土壤中的 CO_2。

当下国内外许多科研机构或水泥制造商已采用具有节能减排作用的新技术与工艺，如英国利用镁硅酸盐替代传统水泥中的石灰石，生产工艺所需温度相较于传统水泥更低，CO_2 排放更少，同时此类新型水泥在硬化过程中可持续吸收空气中的 CO_2。未来混凝土固碳技术将突破砌块生产这一基础阶段，与建筑设计结合更加紧密，通过优化环境要素设计，开发适宜性更强的固碳建筑技术，大大提升建筑整体的固碳性能。

9.2.3 低碳技术政策与市场

1. 低碳经济与低碳技术

工业革命后人类进入了化石能源时代，在各方面对化石能源已形成了高度依赖的“技术—制度”综合体，而低碳概念的提出和技术的发展，不但降低了人类活动对环境的影响，同时也是打破对化石能源依赖的重要手段。目前世界各国正在积极寻求高效利用和替代化石能源的新技术和新能源。从世界各国低碳经济发展经验来看，首先，各国政府的高度重视，政府在财政税收与法律保障两方面推进低碳经济发展。其次，各国根据国情侧重于适合本国的重点低碳技术领域研发，以提高发展效率，降低投入成本。最后，低碳经济的建设是全社会共同责任，政府是主导与协调力量，企业、科研机构与居民大众才是主体。最终目标是低碳意识在全社会层面的普及，实现可持续发展。

（1）低碳能源技术与经济

产业革命往往与能源技术的重大变革同时发生。从国际低碳经济发展角度来看，技术进步与能源结构调整是推动低碳经济发展的两驾马车。其中技术进步是指在减少或抵消人类活动带来的碳排放方面实现革命性突破。能源结构调整则是可再生能源的开发与高效利用。低碳能源技术已成为人类社会走向可持续低碳经济，迈向低碳生态文明的重要基础与保障。

现阶段我国能源消耗中化石能源燃烧占到了80%以上，要实现“双碳”目标就必须发展可再生能源，能源产业格局的重大调整与重构是摆脱高碳能源的必经之路，促使产业链、供应链、价值链向中高端发展。技术创新是经济发展的源泉和动力，我国需在能源供给、能源储存、能源电力和碳循环技术等方面突破创新，带动工业、交通、建筑等其他部门用能技术的全面绿色低碳化升级。低碳绿色发展将引领经济社会的全面转型，加快形成全社会层面的节约资源和保护环境的产业结构、生产生活方式和空间格局。

（2）碳中和目标带动下的“碳经济”

我国的碳排放管理与交易早在2011年就将高能耗产业纳入其中，并依据“总量控制”与“配额交易”的原则，陆续在北京市、上海市、天津市、重庆市、深圳市、广东省、湖北省、福建省等地区建立碳排放权交易市场，后又分阶段引入更多行业主体。2021年颁布的《中央和国家机关能源资源消耗定额》（国管节能〔2021〕33号），将碳排放配额、碳量指标、碳排放权交易方式等通过相关政策约定并予以实施。表明我国在日后的经济发展中，碳排放交易商品化将不断深入，碳排放交易带来的经济受益面将更加广泛，碳中和将成为推动我国经济未来可持续发展的重要动力之一。

新能源与可再生能源的使用、提高设备设施的能源效率、人工智能技术的引入是实现“双碳”目标的重要手段。在淘汰高能耗设备设施和产品的同时，具有低能耗高效率优势的企业市场份额和收入水平必将上升。随着碳中和的实现，新能源、能源装备、信息化建设、碳捕集利用与封存等相关技术必将得到广泛运用，形成巨大的低碳产业发展空间，产生众多新兴产业，创造大量就业机会。“碳经济”将成为新的经济增长方向。

2. 低碳技术与市场

低碳技术与市场的建立加快了低碳技术创新成果的转化效率，从需求端刺激低碳技术自主创新，保证低碳技术创新沿着实用性市场需求方向发展。为优化低碳技术自主创新市场环境，还应作出以下努力。

在资金方面，利用市场优势建立支持低碳技术自主创新的投融资体制，发挥市场的资源配置优势，优化金融资源的使用效率，拓宽低碳技术自主创新投资渠道，吸纳更多投资主体。发挥国际资本市场的积极作用，为低碳技术创新的发展提供金融支持。

在市场服务运行方面，建立有利于低碳技术研发的市场法治环境，规范市场秩序，完善低碳技术的专利制度。构建多层次、多渠道、全方位的低碳技术中介服务体系，搭建成果转化与技术转移平台，简化低碳技术成果向商品化、产业化转化的中间过程。利用好国际碳市场大平台，促进国内低碳企业与技术走出去，将国外先进低碳技术请进来，借鉴世界低碳技术发展经验，建立与世界接轨的中国特色低碳技术市场与金融体系。鼓励金融机构积极参与，充分利用资金中介和交易中介的既有交易平台，发挥金融机构的相关专业知识与技术优势，规划相关交易制度，构建未来碳交易市场的基础。

低碳消费与低碳技术创新是相互促进的两方面，拉动低碳消费需求增长，促进低碳消费方式的多样化发展，是推动低碳技术发展与创新的重要手段。反过来低碳技术创新又可以刺激低碳消费。在个人层面，加强低碳消费意识宣传培养，将消费方式转向节约、低碳、绿色。引导企业进行技术创新和产品升级。在国家层面，政府部门应作出表率，如节能减排设备的使用，制定相关单位或公务人员的能耗标准约束等。在标准制定上，尽快将碳排放标准纳入国家与地方经济衡量指标，完善国内低碳技术标准，同时参与国际低碳技术标准制定，实现绿色低碳 GDP 增长。

低碳技术创新具有一定的市场盈利前景，符合国家产业发展政策。许多发达国家已围绕 CO_2 减排，建立了以一系列金融衍生品为支撑的碳金融体系，促进碳经济发展。我国也于 2011 年正式开展碳排放权交易试点工作，为下一步建设和实施全国性碳排放权交易体系提供了经验支持。伴随着碳交易市场的不断发展，碳市场金融化特征加深，一系列金融衍生产品和工具不断产生，对化解碳市场风险促进碳资产保值增值具有重要意义。当下我国碳金融创新正朝着示范阶段突破，向着规模化、标准化交易体系方向发展。

9.2.4 低碳技术与制度政策

低碳、零碳与负碳技术的创新与应用是“双碳”目标实现的前提。在不掌握核心技术的前提下对先进低碳技术的盲目引进、学习和模仿不具有可持续性和自主性，至今为止全球范围内也并未出现进入高度工业化后再实现碳中和的经济体。我国实现碳达峰的技术需求和制度环境具有特殊性，不能照搬其他国家发展经验。2023 年 4 月，国家标准化管理委员会等十一部门发布了《碳达峰碳中和标准体系建设指南》(国标委联〔2023〕19 号)，明确指出了碳达峰碳中和标准体系制修订方面的重点任务，指南的发布标志着我国已进入“双碳”政策的全面推进和落实阶段。

技术与制度的协同创新是低碳技术创新的保障与动力。组织创新满足了低碳技术创新与运用的需求，为低碳技术创新提供了外在动力，提升了技术创新的转化效率，降低了创新成本，从而大大降低了低碳产业转型带来的高风险。

1. 构建低碳技术创新政策体系

政府需要在技术创新过程中发挥其引导作用，以弥补市场引导的不足，确保技术创新沿着社会最优方向发展。我国已颁布了一系列涉及全球气候变化的法律法规，如《可再生能源法》《中国应对气候变化国家方案》《中国应对气候变化的政策与行动》白皮书等，《国家中长期科学和技术发展规划纲要 2006—2020 年》更是对中国低碳技术发展提出了政策性要求并作出战略性部署。我国政府在制定有关低碳政策时将长期战略和短期计划相结合，既关注前沿技术研发，也重视基础性低碳技术创新与相关工艺设备的优化，深化低碳技术战略层次。持续关注长期性低碳技术创新发展，引导低碳技术创新沿着最优路线正确发展。促进信息交流平台的搭建，保证创新主体间技术合作与信息交流效率。将技术推动和需求拉动相结合，采取一系列如财政扶持税收优惠、市场采购等综合政策措施来降低创新成本，化解创新风险。

中共中央、国务院已经成立了碳达峰碳中和工作领导小组，确保 2030—2060 年间，国家层面“双碳”目标阶段性实现，实现建筑业基本转型，形成“1+N”政策体系和碳中和标准。“1+N”政策体系将《2030 年前碳达峰行动方案》（国发〔2021〕23 号）落实在各个分领域，以政策手段促进各主要领域的低碳化转型和创新，其中对建筑行业的要求主要体现在建筑供能与耗能上。在建筑供能方面，要优化能源结构，控制和减少煤炭等化石能源的使用，“十五五”时期要逐步减少煤炭消费，针对不同能源特点发展低碳能源。促进低碳基础设施建设和节能低碳建筑发展鼓励装配式建筑发展，鼓励绿色建材发展与推广。将绿色低碳理念贯穿落实于建筑全生命周期之中，建设绿色低碳城市与乡村，最终形成一批部分近零碳、零碳、负碳建筑和减碳过程中的建筑。负碳建筑和零碳建筑将成为主体，最终达到可预见、可清晰描述、可国际比较的建筑碳达峰目标。

2. 构建低碳技术创新保障体系

政府积极发挥引导作用，采取灵活多样的政策手段，促进低碳技术创新朝着最优路径发展，营造追求技术创新的低碳环境。

用好政策工具，将技术推动和需求拉动两种政策手段相结合，灵活运用于不同发展阶段。以实际鼓励政策激励新技术研发的投资，在产业化运用阶段，保障市场的公平秩序，促进国际渠道的开拓，最终建立起适合本国经济体制的低碳技术创新政策体系。支持产学研合作技术创新模式发展，充分发挥政府调节与引导作用，明确不同主体间的权利和义务，保护各方合法权益，确保相关法律法规落到实处。建立合理科学的利益分配机制，化解技术研发风险，促进低碳技术创新的积极性，搭建低碳技术创新信息交流与合作平台，不断深化产学研合作技术创新模式体系。

9.2.5 世界前沿低碳技术发展

1. 发达国家低碳技术发展

（1）英国

英国作为节能减排行动的主导国家之一，在节能减排方面一直处于领先示范地位。1977 年英国颁布了涉及节约能源的政府性文件《长期节能规划》，2003 年英国政府对节能减排目标作出了明确的定量标准，2007 年公布的《气候变化法案》草案，承诺在 2050 年实现温室气体排量降低 60%，2009 年英国政府正式颁布涉及能源、工业、交通和住房等多个方面的国家战略性文件《英国低碳转型计划》，标志着英国正式向低碳经济转型。在绿色建筑规范评估方面，英国建立了世界上第一个完整的绿色建筑评价体系——BREEAM 体系。

（2）德国

德国因缺乏传统能源多依赖进口，对节能减排要求较高。零能耗零排放建筑一直是德国未来建筑的发展方向，随着《能源节约法》的多次修订与优化，德国建筑效能不断提高。德国建筑能耗标准平均每三年更新一次，多为强制性要求，流入市场的建筑和设备必须达到相关要求。德国同时也是世界上最早开始进行绿色建材相关认证的国家，第一个认证计划是给通过认证的产品颁发受到社会广泛认可的“蓝天使”标志，该标志的赋予可为产品带来巨大的经济效益和社会认可度。

（3）美国

美国作为 CO_2 排放大国，政府通过各种手段综合推进建筑节能，主要手段有制定产业行业标准、技术创新与研发、新能源的使用与推广、制定减税政策等。美国建筑节能的特点是注重建筑设备的节能和建筑能耗的优化管理控制，并最终实现整体能耗的降低。在建筑评价体系方面，美国制定了一套完整的建筑节能标准体系——LEED 体系。在能效标识方面，最为著名的是由美国环保署（Environmental Protection Agency，EPA）和美国能源部（Department of Energy，DOE）联合推动的“能源之星”能效标识项目，涵盖了家用耗能器具、照明器具、建筑门窗等建筑及之外的共 31 类 1300 多种能耗产品，对美国建筑节能减排目标的实现具有重要作用。

（4）日本

日本是资源贫乏的国家，许多重要的资源依赖进口，然而日本却依然成为“世界经济和能源消费大国”，这与日本低碳技术创新政策及其相关政策的制定和实施紧密相关。日本在建筑节能减排方面提出了“建筑的低碳节能与环境共存设计”和“环境共生住宅”两大理念，包含了建筑使用寿命、建筑与自然环境的关系、节约资源和再循环等内容，并在详细的建筑法规中落实。同时政府也将节能管理工作纳入节能减排工作之中，保证节能减排目标的实现。日本还制定了一套覆盖面积广，评价方式灵活、适用本国的绿色建筑评估体系——CASBEE 体系，提出了建筑环境效率（BEE）的概念。

2. 世界低碳发展经验

从国外推进建筑领域节能减排的工作中不难发现，其节能减排的途径主要是提高能效、降低建筑能耗、增加可再生能源使用几个方面。由于发达国家城市化完成度较高，大多为既有建筑，新建建筑较少，且建筑运行阶段也是建筑全寿命周期能耗与排放的主要部分，故其重视建筑运行阶段的节能减排。

目前，我国低碳技术的普遍研发水平与国际先进水平之间仍存在不小差距，要在短时间内提高水平，除了要依靠自身的自主创新，还要加强与国际乃至国内先进地区之间的交流合作，促进低碳关键技术的不断突破。同时在合作过程中也需注意，我国低碳发展的现实条件与发达国家不同，具体表现为人居密度大、建筑室内环境的健康舒适需求仍在增长、极端冷热气候频发、既有建筑与城市更新规模均较大等几方面特征，在节能减排过程中既要借鉴发达国家经验，也需因地制宜，以我国具体国情和地方特征为出发点，实现建筑行业的节能减排目标。

9.3.1 信息技术助力低碳技术

当下已经进入大数据信息化时代，建筑行业数据量和业务规模巨大，这与信息化、互联网、大数据等先进技术具有很强的适配性。当下我国的低碳建筑发展正处在一个黄金机遇期，借助先进信息技术可以使我国低碳建筑技术得到实质性的快速发展。

1. 第三次工业革命促进建筑能源整合

美国未来学家杰里米·里夫金（Jeremy Rifkin）在《第三次工业革命》一书中预言一种建立在互联网和新能源相结合基础上的新经济模式即将到来。当下智能制造、互联制造、绿色制造，特别是互联网技术与新型可再生能源的融合将成为新工业革命的主要特征，以化石能源为支柱的能源体系，将转向以可再生能源为基础的“后碳时代”。

这种转变主要表现在：①能源生产方式由集中式向分散式转变；②能源储存从单一电能向多样化转变；③能源的分配方式由集中供应向分布式供应转型；④交通方式由高耗能高排放向零排放低耗能转变。在“后碳时代”建筑成为能源互联网的物质载体，当建筑可以利用其周围的各种能量时，每一座建筑都是一个小型发电厂，利用建筑周围的清洁能源进行间歇式发电，完全做到建筑能源的自给自足，同时将剩余的能量转让或储存或通过电力智能网络分配共享。每一幢建筑、每一户家庭，都将成为建筑能源互联网的一部分和能源接入点，新的能源体系将分散的能源转换整合成一个交互共享无缝连接的有机整体，以逐渐取代原有的化石能源体系。

2. 现代信息技术

低碳技术主要通过计算机技术、现代通信技术和控制技术实现智能化，而三者的核心技术就是现代通信技术。现代信息技术可以保证建筑建造和运行过程中各种设备信息的采集、交换、储存、检索和显示的通畅，保障整个建筑高效快捷地运行。利用信息技术中的信息通信技术和互联网技术，可以实现对低碳建筑各系统的使用和管理信息的实时监控与综合处理，以便及时发现问题并采取有效的解决措施，优化低碳建筑运行过程中的资源配置与使用效率，推动未来低碳建筑朝着集约化、系统化、标准化的方向发展。

3. 物联网技术

工业和信息化部 2011 年 5 月发布的《物联网白皮书》指出“物联网是通信网和互联网的拓展应用和网络延伸，它利用感知技术和智能装置对物理世界进行感知识别，通过网络传输互联，进行计算、处理和知识挖掘，实现人与物、物与物的信息交互和无缝连接，达到对物理世界实时控制、精确管理和科学决策的目的”。发展至今，物联网的应用已涉及各行各业并取得了一定的成就。

物联网与低碳智慧建筑的结合本质就是将低碳建筑中的各种信息进行整合，向上集成到物联网的应用平台，为各部门提供相关服务。

应用物联网技术，可以将低碳建筑各子系统接入整体系统，搭建数字化管理门户，实时监测各类建筑设备的运行状态，提供物联网系统集成服务，最终实现各子系统信息融合。物联网技术还可以运用到建筑设备运行和能耗的监测与管理中，提供能耗数据、设备运行状态和运行记录等设备资料，为设备故障诊断和建筑的节能控制与优化提供依据。随着科技的发展物联网与建筑的结合越来越紧密，并逐渐渗透到智能家居、安全防范、节能减排等领域，成为低碳建筑未来发展的新亮点。

9.3.2 智慧建筑与低碳技术

智慧建筑作为信息时代的建筑，以集成技术和控制技术为核心，借助计算机网络构建的信息交互平台进行数据采集，优化组合各子系统及相关要素之间的关系，提高资源利用率，以达到建筑整体运行的最佳状态，最终实现建筑系统的智慧化。智慧建筑通过智能化技术手段减少建筑碳排放，可有效服务于低碳建筑技术的合理高效运用，进而减少建筑全生命周期的资源消耗与 CO_2 排放量，减少对环境的污染。低碳建筑的节能减排主要从材料、能源和智能化三方面入手，而智慧建筑中所利用的数字化、信息化、集成化和自动化技术恰好可以服务于低碳建筑的节能减排技术，控制建筑运营成本，统筹优化建筑全生命周期内各阶段与要素之间的关系，为低碳建筑技术植入“智能基因”，达到低碳技术的综合合理使用，提升建筑及低碳技术的适用性，降低运行成本，节约资源。

9.3.3 大数据下的低碳技术

大数据，是将超出人类所能解读的数量规模的信息处理为各个小型数据集合进行分析，进而得出许多额外的信息和数据关联性。

建筑作为一个开放的人工系统，通过物质流、能量流、信息流作为建筑运行的内在机制。而在大数据时代，各种“流”都可以转化为数据流，所以低碳建筑的核心问题之一就是大数据的搜集和分析。建筑能耗大数据是低碳节能建筑大数据的核心。借助建筑能耗监测平台获取的大数据信息和相关分析结果，低碳建筑可以实现对建筑能耗的快速决策反馈和优化控制，将技术节能增效与管理节能增效结合，实现持续节能。现有节能工作正向以能耗数据为导向的方向转变，这也将促使建筑节能工作真正落实，为建筑节能运行和改造提供科学依据，从而使建筑节能潜力向现实节能转化。

当下基于 AI（Artificial Intelligence）和大数据的智慧决策平台日渐成熟，将 AI 辅助技术运用在建筑企业管理决策层面，通过集成市场数据、项目进度数据、成本数据等，为管理层提供智慧商业看板，并利用人工智能技术提供决策分析辅助，从而大大节省人力成本，提升工作效率。

9.4.1 中国实现碳中和的战略意义

1. 展现大国担当

中国致力于推动各国采取更果断的行动并且促进国际社会协力应对气候变化带来的挑战。根据测算，若中国在减碳方面不采取更加积极的举措，预计2050年碳排放量将相较现状降低10%~20%，这与碳中和目标相距甚远，而如果中国只减排14%，在2℃温控目标的情景下，全球其他国家必须实现减碳超过59%；在1.5℃温控目标的情景下，全球其他国家必须减碳超过94%，甚至达到负排放。这对全世界来说将是很难实现的任务，因此，对于实现碳中和，中国责无旁贷。

2. 立足长远充满新机遇

中国选择坚定地朝碳中和目标努力，为本国更长远的发展带来了新的机遇。更高的减碳目标实现能够改善自然环境，减少自然灾害，改善人们的生活品质。如果不采取进一步措施，在目前趋势下，天灾、疾病和资源匮乏等恶果将越来越频发。

绿色经济的持续发展能够直接提升中国中长期GDP和就业率。一方面，在实现碳中和目标的过程中，绿色技术投资将贡献超过2%的中国GDP。另一方面，根据国际可再生能源机构（署）（International Renewable Energy Agency，IRENA）的预测，即使仅在2℃的路径下，绿色经济相关行业，尤其是可再生能源、建筑、交通、垃圾处理等行业，到2030年也能够为中国带来约0.3%的就业率提升。通过进一步发展关键绿色能源和绿色科技，中国能够大幅减少对高碳能源的依赖。大力发展可再生能源，这对于提高国家能源安全有着重要的战略意义。

9.4.2 我国低碳发展的挑战与机遇

1. 挑战

（1）低碳技术自主创新体系

当下中国低碳技术自主创新仍然面临着低碳核心技术缺失、自主创新能力不足、企业技术自主创新机制不完善、政策环境不佳缺少宏观统筹协调等问题，严重制约了我国低碳技术自主创新能力的进一步提升。为了摆脱困境，应该立足国情，加快实施促进经济增长方式转变的低碳技术自主创新战略，高度重视低碳技术自主创新能力体系建设，大力发展低碳技术，调整能源结构，引领低碳消费生活方式，促进低碳经济发展。

（2）全球碳权竞争形成的产业压力

中国建筑市场体量巨大，同时也坐拥众多工程建筑企业，如何将这一规模优势转变为话语权优势，是每一家建筑企业必须面对的问题。这种话语权源于对标准的制定权，源于低碳绿色发展之下真正的技术优势和市场竞争力。

当前，中国建筑产业的上下游企业并未完全准备好应对这一全球碳权竞争，根据英国石化巨头英国石油公司（British Petroleum，BP）公司在2021年7月发布的《BP世界能源统计年鉴2021》，2020年中国单位GDP的碳排放强度约为世界平均水平的3倍，建筑施工建造所需的水泥、钢材、玻璃等关键原材料的生产和运输的低碳转型仍较为缓慢。在这一背景下，中国建筑企业如何参与全产业链进行碳标准制定，并遵循切实可行的路径进行碳强度削减，将成为中国建筑产业能否具有在未来全球建筑业话语权的关键。

（3）碳基线与碳核算困难

由于建筑产业横跨建材生产、施工建造、运行维护等多个环节，涉及的企业主体类型与政府监管部门多，其碳监测和核算体系高度复杂。我国碳排放计算内容和相应的计算方式进行了明确规定，但在实际操作过程中，由于企业自身原因而无法实现精确监测和计算，建材生产企业、建筑施工方、建筑运营方之间存在较大的信息和数据差，从而导致建筑的全生命周期碳排放核算不完整。从当前中国碳排放交易的实践也可看出，目前对于建筑碳交易仅限于主体清晰方法简单的建筑运行维护阶段。面向未来，若要真正在建筑全产业链推动低碳绿色发展，如何确定基线、落实核算主体和流程，将成为全行业和监管部门面对的重要课题。

（4）建筑施工企业亟待转型

企业层面，我国建筑施工企业在业务结构和能力上普遍呈现“重工程建设、轻设计运营”的特点，在基础设施和城市运营的高质量设计环节较为薄弱，房建、基建和房地产开发业务占据多数中国建筑施工企业营收主体的核心。

相对单一的业务构成，大大限制了作为中国建筑业核心环节的施工企业的发展。如果要实现更大的减碳可能，则需要建筑施工企业在建造前端的绿色设计和后端的绿色运营层面发挥更大的作用。对标发达国家，在城镇化率达65%和75%的关口时，建筑业增速将明显放缓，中国也将在2024年迎来65%关口。这一切都要求中国建筑企业在低碳绿色发展的大趋势下，尽快完成发展模式和业务结构转变，补全能力短板，发挥其作为核心环节的产业链引领整合与支点撬动作用。

（5）前端老龄化叠加后端年轻化

最后不能忽视的一大挑战来自建筑行业的人力资源供给。工地端的老龄化和管理端的年轻化已成为中国建筑产业的典型人力特征。国家统计局发布的《2022 年农民工监测调查报告》显示，中国农民工平均年龄已达 42.3 岁；其中 50 岁以上农民工所占比例为 29.2%，较 2021 年提高 1.9 个百分点。建筑行业基础劳动力的快速老龄化使得未来建筑行业的长期劳动力供给成为挑战，也使得新建造方式的应用、新技术的部署存在更长的潜在适应磨合期，增加工人培训成本。

当前，中国建筑行业职业工人培训体系尚未健全，大量工人仅接受了简单的建造技能培训，难以胜任复杂度高、技能要求高的建造技术，更难面对低碳绿色发展对建筑行业提出的新要求。低碳绿色发展要求在设计端、建造端和运营端进行大量新知识和技术的探索与应用，如 BIM 的全流程设计和绿色建筑设计和运营等。如何有效地构建企业创新与知识管理平台，真正激发年轻员工的潜力和动力，值得每一家建筑企业深思。

2. 机遇

在低碳绿色发展带来的巨大挑战面前，中国建筑行业同样将迎来前所未有的重要历史机遇期。将规模优势转化为全球话语权的机遇、从资源驱动向创新驱动模式转变的机遇、建筑全链打造新业务和新模式的转型机遇，共同推动建筑业全面转型与行业碳中和目标的实现，助力低碳绿色可持续发展进程。

（1）将规模优势转化为全球竞争优势的机遇

近 10 年来，随着中国建筑市场的快速发展，中国建筑企业已经成长为全球巨头。在美国《工程新闻纪录》（*Engineering News-Record*，ENR）“2021 年全球最大 250 家国际承包商”榜单上，排名前 10 的企业中有 7 家是中国建筑企业。

伴随着中国建筑企业走向世界的速度不断加快，中国建筑企业也迎来了全面提升自身全球话语权的机遇。在全球应对气候变化的过程中，碳权正在成为企业的核心竞争力，中国建筑企业作为行业龙头，有责任、有义务树立全球建筑行业低碳绿色发展标杆。

此外，中国新型城镇化的发展经验也将助力中国建筑业在全球影响力的提升。围绕超大城市形成城市群将成为未来全球范围内城镇化的主旋律。在中国，围绕北京市、上海市，以及大湾区核心城市的大型城市群构建早已展开。城市群的构建将直接带动建造业务的发展，利好建筑企业的传统主业。但更为重要的是，低碳绿色发展的新阶段意味着大量城市新需求的出现，政府和居民对于更绿色、更现代化的城市需求不断增加。这将为建筑企业的进一步发展二次点火。中国新型城镇化的发展经验也将为世界提供样板，提升中国建筑业整体话语权。

（2）从资源驱动向创新驱动模式转变的机遇

建筑业作为传统行业，一直以来严重依赖劳动力资源和粗放的建材资源使用，难以进行效率提升。当下伴随着多领域的建筑技术革命，创新越来越成为建筑行业发展的关键驱动力。

此外，中国建筑行业经历了过去10年的高速增长，预期将进入成熟发展期。在这一过程中，市场竞争将越发激烈，行业集中度不断提高，过去的资源驱动模式已经不可持续，中国建筑企业正在走向创新驱动发展的模式，面临打造新的核心竞争力的机遇。

在建筑核心主业增速放缓的情况下，中国建筑企业正在不断探索和培育新业务，参考全球领先建筑企业的发展经验，能够带来持续现金流的运营业务将是重要发展方向。未来，中国建筑企业可进一步探索下游运营业务，从建造商转变为城市整体服务商。

（3）建筑全链打造新业务和新模式的转型机遇

波士顿咨询公司（The Boston Consulting Group，BCG）与世界经济论坛（World Economic Foram，WEF）联合20多个建筑企业发布的《重塑未来的建筑》系列报告中对未来建筑界有三大构想：①建筑与虚拟世界，在未来世界中，智能建筑系统将深刻影响建筑行业；②工厂主导现实世界，人类社会受企业影响越来越大，在企业对成本效益的追逐下，工厂化预制和模块化建筑将得以普及；③绿色建筑成为大势所趋，在越来越大的气候变化压力之下，环境友好型建筑方式和可持续性的建筑材料将成为世界的不二之选。

建筑业上游方面，建筑领域专业投资、绿色建筑设计咨询将成为新业务增长点。尤其是在绿色建筑领域，绿色建筑不仅为建筑建造带来新业务机会，还将持续带动绿色设计、节能运营等上下游业务。在运营端，值得关注的是智慧城市体系正在全球范围内快速推进，数字化的城市管理、交通体系、医疗体系正在加速普及。

中国市场投资热点包括可持续基础设施、数据驱动治理及数字化管理。其中最具代表性当属信息技术的新型智慧城市建设。智慧城市的建设和运营为众多建筑业新技术、新产品提供应用场景，帮助建筑业真正实现数据驱动的绿色化。其构筑的数字化基础设施网络，将促进整个城市不同产业部门间的碳足迹追踪。

在低碳绿色发展潮流之下，挑战与机遇并存。位于建筑产业链上的企业只有清楚地了解自身优势与资源，明确最需把握的关键机遇点，同时积极应对行业挑战，制定清晰的业务转型、能力提升路线，方能在全球建筑业的新一轮竞争中脱颖而出。

9.4.3 我国低碳技术展望

我国于 2005 年首次提出减碳目标后，在低碳技术、碳经济、碳市场方面皆有长足进步。2011 年后，我国碳排放增速变缓，维持在 5% 以下。2020 年，因可再生能源开发利用而减少的 CO_2 排放量约为 17.9 亿 t，煤炭消费占能源消费总量较 2012 年降低 11.7 个百分点。目前我国部分低碳技术已处于世界领先地位，但仍存在如核心技术缺乏、创新动力不足、资源结构与经济发展制约严重、全社会低碳意识不够等问题。未来我国低碳技术发展需注意以下几点。

第一是以掌握核心技术为发展目标，以技术创新为发展动力，注重构建以企业为主体、市场为导向、产学研相结合的创新体系。关注技术与制度的协同创新，以制度保证来化解低碳产业的高风险。在低碳技术整合方面，增加低碳技术之间的互补性和系统性，搭建低碳信息交流与合作平台，促进科技成果转化效率，保证低碳信息的有效整合与推广。

第二是煤炭能源的低碳化发展。我国“富煤、缺油、少气”的资源结构和以化石能源为主的消费现状，在短时间内难以改变，以煤炭能源清洁高效利用技术、煤转换工艺研发技术为基础的高碳能源低碳化发展已势在必行。

第三是突破经济发展阶段的刚性制约，努力解除碳锁定效应。如何在保持经济高速稳定增长的同时，解决城市能源消耗与废气排放的问题，已成为我国当下推进低碳发展的重点关注领域。碳锁定效应在我国企业中仍然广泛存在，企业生产仍沿用高碳发展模式，要想更换低碳设备与生产方式需要巨大投入，从而形成了碳技术锁定效应。这就需要增加我国未来低碳战略技术储备，处理好因淘汰非低碳落后产能带来的一系列社会问题。

第四是深化全社会低碳认知，培养低碳意识。在企业方面，低碳技术更新理念与创新思想需要进一步培养。社会方面，广大居民的低碳生活习惯还未建立，低碳理念渗透不够。应继续推广和宣传低碳理念，培养居民低碳意识，培养低碳专业管理与技术人员，建立综合性多方位的低碳发展模式。

现如今，实现碳达峰、碳中和将是一场广泛而深刻的全球变革。碳达峰、碳中和进程的不断深入将促使各国加速新一代技术的研发，在可预见的未来，全球将进入一个能源、工业、交通、建筑、科技等全领域技术快速变革与持续升级的时代。碳中和技术将成为衡量全球各经济体核心竞争力的关键指标之一。

为尽早实现建筑行业的碳中和，我国建筑领域在建筑材料方面不断探索研发具有节能性、低碳性和固碳性的新型建筑材料；在建筑设计方面，尝试构建低能耗、净零碳建筑结构形态设计模式，在建造工艺方面，不断进行低碳化改进，在建造运维技术方面与数字化、智能化等先进技术结合，最终转向以全生命周期碳中和为目标的低碳技术路径发展方向。

思考题与练习题

1. 简述建筑领域主要减碳技术。
2. 简要分析建筑低碳发展与低碳能源之间的关系。
3. 思考为实现“双碳”目标，你应该如何做？

参考文献

[1] 赵群．传统民居生态建筑经验及其模式语言研究 [D]. 西安：西安建筑科技大学，2005.
[2] 汤国华．岭南湿热气候与传统建筑 [M]. 北京：中国建筑工业出版社，2005.
[3] 王蔚．不同自然观下的建筑场所艺术——中西传统建筑文化比较 [M]. 天津：天津大学出版社，2004.
[4] 维特鲁威．建筑十书 [M]. 罗兰，英译．陈平，中译．北京：北京大学出版社，2012.
[5] 清华大学建筑节能研究中心．中国建筑节能年度发展研究报告 2022(公共建筑专题)[M]. 北京：中国建筑工业出版社，2022.
[6] 邹德文，李海鹏．低碳技术 [M]. 北京：人民出版社，2016.
[7] 王泽凯．太阳能光热发电技术应用与发展 [J]. 玻璃，2012，39 (6): 30-35.
[8] 钟军立，曾艺君．建筑的自然通风设计浅析 [J]. 重庆建筑大学学报，2004 (2): 18-21.
[9] 曹丽莎，沈和定，徐伟涛，等．现代木结构建筑对环境和气候的影响 [J]. 林产工业，2020，57 (8): 5-8.
[10] 沙涛，李群，于法稳．低碳发展蓝皮书：中国碳中和发展报告 (2022) [M]. 北京：社会科学文献出版社，2022: 5-67.
[11] 王少伟．智能建筑与物联网结合的研究 [D]. 西安：长安大学，2012.
[12] 刘思明，石乐．碳中和背景下工业副产氢气能源化利用前景浅析 [J]. 中国煤炭，2021，47 (6): 53-56.
[13] 郑青亭．专访波士顿咨询 CEO 李瑞麒：为如期实现碳中和目标中国须投入至少 14 万亿美元 [N]. 21 世纪经济报道，2021-03-23[2024-04-19].